冶金工业出版社

普通高等教育"十四五"规划教材

# 传递现象相似原理及其应用

冯权莉　彭　建　编著

北 京

冶 金 工 业 出 版 社

2022

## 内 容 提 要

　　动量传递、热量传递和质量传递，在传递机理、传递过程和传递结果等方面十分相似，本书旨在介绍这些传递现象相似原理及其应用。

　　本书内容有动力学物性相似、微分衡算相似、分子传递相似、层流传递相似、湍流传递相似。全书分4章，配有适量例题和习题。

　　本书可作为化工、石化、冶金、轻工、动力、环境和生物医学等专业教师、研究生和本科生的教材和教学参考书，也可供相关专业的工程技术人员参考。

**图书在版编目(CIP)数据**

　　传递现象相似原理及其应用/冯权莉，彭建编著. —北京：冶金工业出版社，2022.5

　　普通高等教育"十四五"规划教材

　　ISBN 978-7-5024-9119-2

　　Ⅰ.①传…　Ⅱ.①冯…　②彭…　Ⅲ.①传递—现象—高等学校—教材　Ⅳ.①TQ021.3

　　中国版本图书馆 CIP 数据核字(2022)第 057720 号

**传递现象相似原理及其应用**

| | | | |
|---|---|---|---|
| 出版发行 | 冶金工业出版社 | 电　话 | (010)64027926 |
| 地　址 | 北京市东城区嵩祝院北巷39号 | 邮　编 | 100009 |
| 网　址 | www.mip1953.com | 电子信箱 | service@mip1953.com |

责任编辑　杨盈园　美术编辑　彭子赫　版式设计　禹　蕊
责任校对　王永欣　责任印制　禹　蕊
北京虎彩文化传播有限公司印刷
2022年5月第1版，2022年5月第1次印刷
787mm×1092mm　1/16；13.5印张；324千字；205页
**定价49.00元**

投稿电话　(010)64027932　投稿信箱　tougao@cnmip.com.cn
营销中心电话　(010)64044283
冶金工业出版社天猫旗舰店　yjgycbs.tmall.com
(本书如有印装质量问题，本社营销中心负责退换)

# 前　言

动量、热量和质量传递，在传递的机理、过程、物理-数学模型、边界条件、求解方法和求解结果等方面十分相似。在一定条件下，这种传递现象相似可以使某些极其复杂的湍流问题得以解决，例如，用范宁摩擦因子求解湍流场中的传热系数和传质系数，把传质的研究成果应用于传热等。作者编写本书的目的是介绍三种传递现象相似和类比。

目前，有关三种传递现象多以"列"排列，即按传递现象安排内容，先动量传递，再热量传递，最后质量传递。R. B. Bird 在其名著 *Transport Phenomena* 中，推荐了按"行"排列，即按"传递类型"安排内容，把三种传递相似的内容安排在同一单元，如速度边界层、热边界层、浓度边界层，层流流动、层流传热、层流传质等。两种安排方式各具特点。本书将以"行"排列，这也是本书的特点。

注意到传递的基础理论与数学运算的关系，对一个传递现象的求解，其程序是对传递现象的物理分析、建立微分方程、给定边界条件、简化数学模型、进行数学运算、求得问题的解，可见数理方程的建立和求解在传递中至关重要。但是数学推导是手段，它服从于对三种传递现象相似的理解和应用。

本书特别强调定解条件和使用条件。前者是建立数学物理模型、简化数学模型的重要内容，后者是指某一数学模型适用于何种流体、何种流道、何种流型以及是否处于定常态等。

目前，我国高校中广泛采用的以学生学习成果为核心的成果导向教学，存在着把专业教育与思想政治教育分割、各行其道的问题。如何培养出德才兼备的大学生，主要在于培养体系中各类课程与思想政治理论课相辅相成理念的把握与落实。本书作为理工科的基础课程，可以引导学生具有用科学的立场看待事物、分析问题、认识社会的科学思维和辩证观念。

课程思政内容可通过扫描书中的二维码学习，如：价值观引导——以讲故事的形式，引发学生的爱国情怀，建立价值取向；方法论传授——辩证统一、科学思维能力的培养；工匠精神——热爱祖国青山绿水，关注社会热点，增强社会责任等。

本书是在作者于 1997 年出版的教材《传递现象相似》的基础上修改、补充、完善的，书中体现了作者在多年的教学和科研工作中对传递知识的更进一步的认识和理解。

在本书即将付梓之际，作者要感谢昆明理工大学夏光榕教授为本书审稿，感谢昆明理工大学教务处和学院领导的支持，感谢我的学生对此书付出的劳动，并感谢我的家人在本书撰写过程中的理解、支持和帮助。

由于作者水平有限，书中定有不妥和未能尽善之处，希望读者给予指正。

作　者

2021 年 8 月

# 目　　录

# 主要符号表

$A$——面积、截面积、传热面积、传质面积，$m^2$

$C$——固体比热容，$J/(kg \cdot K)$；系统总摩尔浓度，$kmol/m^3$

$C_D$——曳力系数、阻力系数、平均曳力系数，无因次

$C_{DX}^0$——喷出参数为零时的局部曳力系数，无因次

$D$——直径，m

$D_I$——管内径，m

$D_{AB}$——组分 A 通过组分 B 的扩散系数，$m^2/s$

$E$——单位质量的总能量，$J/kg$

$F$——力、外合力，N

$F_B$——质量力（体积力），N

$F_d$——曳力、摩擦曳力，N

$F_g$——单位质量流体所受的重力，$N/kg$

$F_i$——惯性力，N

$F_s$——表面力（机械力），N

$F_{df}$——形体曳力，N

$F_{ds}$——摩擦曳力，N

$F_x, F_y, F_z$——外力在直角坐标系 $x$、$y$、$z$ 三个方向上的分量，N

$F_{ix}, F_{iy}, F_{iz}$——惯性力在直角坐标系 $x$、$y$、$z$ 三个方向上的分量，N

$F_{xB}, F_{yB}, F_{zB}$——质量力（体积力）在直角坐标系 $x$、$y$、$z$ 三个方向上的分量，N

$F_{xg}, F_{yg}, F_{zg}$——流体所受重力在 $x$、$y$、$z$ 方向上的分量，N

$F_{xp}, F_{yp}, F_{zp}$——压力在直角坐标系 $x$、$y$、$z$ 三个方向上的分量，N

$F_{xs}, F_{ys}, F_{zs}$——净机械力在直角坐标系 $x$、$y$、$z$ 三个方向上的分量，N

$G$——质量速度、质量通量，$kg/(m^2 \cdot s)$

$G_A$——组分 A 的传质速率，$kmol/s$

$H$——焓，$J/kg$

$I$——湍动强度，无因次

$J_A$——相对于摩尔平均速度的组分 A 的摩尔通量（浓度梯度引起的摩尔通量），$kmol/(m^2 \cdot s)$

$K$——总传热系数，$W/(m^2 \cdot K)$；比例系数、常数，无因次

$L$——长度，m

$L_e, L_t, L_D$——流动、传热、传质进口段长度，m

$L_y$——湍动标度，m

$M$——质量，kg；摩尔质量（分子量），$kg/kmol$

$M_A, M_B, M_m$——组分 A、组分 B 的分子量、平均分子量，kg/kmol

$N$——组分 A、B 的总摩尔数，kmol；相对于静止坐标的总摩尔通量，kmol/$(m^2 \cdot s)$

$N_A$——相对于静止坐标的组分 A 的摩尔通量，kmol/$(m^2 \cdot s)$

$N_{A\theta}$——组分 A 的瞬时传质通量，kmol/$(m^2 \cdot s)$

$P$——总压力，N/$m^2$；棒条周边长，m；润湿周边长，m

$P_C$——临界压力，N/$m^2$

$Q_1$——单位质量吸收的热量，J/kg

$Q_0$——通过端面 $x=1$，$x=0$ 处的总热量，J

$R$——气体通用常数，$R=8314.34$J/$(kmol \cdot K)$；脉动速度关联系数，无因次

$R_A$——单位体积中组分 A 生成的摩尔速率，kmol/$m^3$

$T$——温度，绝对温度，K

$T_s$——壁面温度，K

$T_c$——临界温度，K

$U$——单位质量的内能，J/kg

$V$——体积，$m^3$

$W$——单位质量所作功，J/kg

$X$——$x$ 方向上单位质量流体的质量力，N/kg

$X_r, X_z$——径向轴向方向上单位质量流体的质量力，N/kg

$X_\theta$——柱坐标方位角或球坐标余纬度方向上单位质量流体的质量力，N/kg

$X_\Phi$——球坐标方位角方向上单位质量流体质量力，N/kg

$Y$——$y$ 方向上单位质量流体的质量力，N/kg

$Z$——$z$ 方向单位质量流体质量力，N/kg

$a$——比表面积，$m^2/m^3$

$a_A, a_B$——组分 A、B 的质量分数，无因次

$b$——冷凝膜厚度，m

$c_A, c_B$——组分 A、B 的摩尔浓度，kmol/$m^3$

$c_{Ao}, c_{As}$——组分 A 在边界层外，界面处的浓度，kmol/$m^3$

$\bar{c}_A$——组分 A 的时均浓度，kmol/$m^3$

$c'_A$——组分 A 的脉动速度，kmol/$m^3$

$c_p$——定压比热容，J/$(kg \cdot K)$

$c_V$——定容比热容，J/$(kg \cdot K)$

$d$——管径，孔径，m

$d_e$——当量直径，m

$d_0$——管外径，m

$e$——绝对粗糙度，mm

$f$——范宁摩擦系数，无因次

$g$——重力加速度，m/$s^2$

$h$——对流传热系数（膜系数），$W/(m \cdot K)$

$h_x$——局部（$x$ 处）的对流传热系数，$W/(m \cdot K)$

$h_m$——平均对流传热系数，$W/(m \cdot K)$

$h_x^0$——喷出参数为零时的局部对流传热系数，$W/(m^2 \cdot K)$

$j_A$——相对于质量平均速度的组分 A 的质量通量（浓度梯度引起的质量通量），$kg/(m^2 \cdot s)$

$j_{Ax}, j_{Ay}, j_{Az}$——$j_A$ 在 $x$、$y$、$z$ 三个方向上的分量，$kg/(m^2 \cdot s)$

$j_A^e$——组分 A 的涡流扩散质量通量，$kg/(m^2 \cdot s)$

$k$——导热系数，$W/(m \cdot K)$

$k_m$——平均导热系数，$W/(m \cdot K)$

$k_0$——基准温度下的导热系数，$W/(m \cdot K)$

$k_c^0, k_c$——气相传质系数，$m/s$

$k_{cm}^0, k_{cm}$——平均对流传质系数，$m/s$

$(k_{cx}^0)^0$——喷出参数与零时的局部对流传质系数，$m/s$

$l$——长度，$m$

$n$——系统的组分数，无因次相对于静止坐标的总质量通量，$kg/(m^2 \cdot s)$

$n_A, n_B$——相对于静止坐标的组分 A、B 的质量通量，$kg/(m^2 \cdot s)$

$p_A$——组分 A 的分压，$N/m^2$

$P_d$——动压力，$N/m^2$

$p_s$——静压力，$N/m^2$

$\bar{p}$——时均压力，$N/m^2$

$p'$——脉动压力，$N/m^2$

$\bar{p}'$——脉动压力的时均值，$N/m^2$

$q$——热流速率，$J/s$，单位宽度的体积流率，$m^3/(s \cdot m)$

$\dot{q}$——单位体积中释放的热速率，$J/(m^3 \cdot s)$

$q_x$——局部处（$x$ 处）的热流速率，$J/s$

$q_r$——径向（$r$ 处）的热流速率，$J/s$

$r$——管半径，$m$

$r_1, r_2$——内管、外管半径，$m$

$r_A$——单位体积中组分 A 的生成速率，$kg/(m^3 \cdot s)$

$r_0$——球体（或柱体）的半径，$m$

$r_{max}$——最大流速处距管中心的距离，$m$

$t$——温度，$K$

$t_b$——主体（平均）温度，$K$

$t_c$——中心面温度，$K$

$t_f$——流体的温度，$K$

$t_m$——平均温度，$K$

$t_s$——壁面温度，K

$t_i,t_s$——进出口温度，K

$t_0$——基准温度、初始温度、边界层外的均匀温度，K

$t_w$——冷凝壁温度，K

$\bar{t}$——时均温度，K

$t'$——脉动温度，K

$u$——流速，相对于静止坐标的流体质量平均速度，m/s

$u_A,u_B$——组分 A、B 相对于静止坐标的速度（绝对速度），m/s

$u_b$——主体平均速度，m/s

$u_o$——边界层外的均匀速度，m/s

$u_1$——层流内层外缘流速，m/s

$u_m$——相对于静止坐标的流体摩尔平均速度，m/s

$u_{max}$——最大流速如管中心处流速，m/s

$u_x,u_y,u_z$——流速在直角坐标系 $x$、$y$、$z$ 三个方向上的分量，瞬时流速，m/s

$u_r,u_\theta,u_z$——流速在柱坐标系 $r$、$\theta$、$z$ 三个方向上的分量，m/s

$u_r,u_\phi,u_\theta$——流速在球坐标系 $r$、$\phi$、$\theta$ 三个方向上的分量，m/s

$\bar{u}_x,\bar{u}_y,\bar{u}_z$——直角坐标系 $x$、$y$、$z$ 三个方向上的时均流速分量，m/s

$u'_x,u'_y,u'_z$——直角坐标系 $X$、$Y$、$Z$ 三个方向上的脉动速度分量，m/s

$u_{ys}$——在壁面处垂直于壁面方向上的速度，m/s

$u'$——摩擦速度，$u'=\sqrt{\dfrac{\tau_s}{\rho}}$，m/s

$\bar{u}_A$——组分 A 的均方根速度，m/s

$\nu$——流体的比容，m³/kg

$W$——质量流率，冷凝液流率，kg/s

$x$——距平板前缘的距离，m

$x_L$——平板厚度之半或由绝热壁算起的厚度

$x_c$——临界距离，m

$y$——距壁面的距离，m

$y_0$——平壁间距之半，m

$y_A,y_B$——组分 A、B 在气相中的摩尔分数，无因次希腊文符号

$\alpha$——导温系数（热扩散系数）

$\beta$——$x$ 轴与重力方向之间的夹角，rad

$\Gamma$——单位周长上液体的质量流率，kg/(s·m)

$\delta,\delta_t,\delta_c$——速度边界层、热边界层和浓度边界层厚度，m

$\delta_f$——虚拟的导热膜厚度，m

$\delta'_c$——传质的虚拟层流层厚度，m

$\varepsilon,\varepsilon_H,\varepsilon_M$——涡流（运动）黏度、涡流热扩散系数、涡流质量扩散系数，m²/s

$\xi$——热边界层厚度与流动边界层厚度之比，无因次

$\theta$——时间，s；柱坐标方位角、球坐标余纬度，rad

$\theta'$——柱、球坐标系微分衡算中的时间，s

$\lambda$——分子平均自由程，nm；潜热，J/kg

$\mu$——流体的黏度，Pa·s

$\mu_B$——溶剂的黏度，Pa·s

$\mu_1,\mu_g$——液体、气体的黏度，Pa·s

$\gamma$——流体的运动黏度，$m^2/s$

$\rho$——流体的密度，$kg/m^3$

$\rho_A,\rho_B$——组分 A、B 的密度，$kg/m^3$

$\rho_V,\rho_L$——蒸气、饱和液体的密度，$kg/m^3$

$P$——组分 A 的平均密度，$kg/m^3$

$\sigma$——表面传力，$N/m^2$

$\sigma_x,\sigma_y,\sigma_z$——$x$、$y$、$z$ 方向上的法向应力分量，$N/m^2$

$\sigma_{AB}$——平均碰撞直径，nm

$\tau$——剪应力、表面应力（机械应力），Pa；过余温度，K

$\tau_s$——作用于壁面上的剪应力，Pa

$\tau_{sx}$——局部的摩擦应力，Pa

$\tau_r$——涡流剪应力或雷诺应力，Pa

$\bar{\tau}$——剪应力的时均值，Pa

$\bar{\tau}^r$——湍流剪应力的时均值，Pa

$\tau^t$——总时均剪应力，Pa

$\Phi$——单位体积中的功耗、单位体积流体的摩擦热速率，$J/(m^3 \cdot s)$；球坐标系中的方位角，rad

$\psi$——流函数，$m^2/s$

$\omega$——角速度，rad/s，无量纲参数

$Bi$——毕渥数，$\dfrac{h(\nu/A)}{k}$

$Fo$——傅里叶数，$\dfrac{\alpha\theta}{L^2}$

$Le$——刘易斯数，$\dfrac{\alpha}{D_{AB}} = \dfrac{k}{\rho c_p D_{AB}}$

$Nu$——努塞尔数，$\dfrac{hd}{k}$

$Nu_x$——局部努塞尔数，$\dfrac{hx}{k}$

$Nu_m$——平均努塞尔数，$\dfrac{hL}{k}$

$Pr$——普朗特数，$\dfrac{\nu}{\alpha}$，$\dfrac{c_p\mu}{k}$

$Re$——雷诺数，$\dfrac{\rho u_{\rm b}d}{\mu}$

$Re_{\rm L}$——流体在平板上流动的雷诺数，$\dfrac{\rho u_0 L}{\mu}$

$Re_x$——局部雷诺数，$\dfrac{\rho u_0 x}{\mu}$

$Re_{xc}$——临界雷诺数，$\dfrac{\rho u_0 x_{\rm c}}{\mu}$

$Re_{\rm f}$——液膜雷诺数，$\dfrac{\rho u_{\rm b}d_{\rm e}}{\mu}$

$Sc$——施密特数，$\dfrac{\nu}{D_{\rm AB}}$，$\dfrac{\mu}{\rho D_{\rm AB}}$

$Sc_{\rm G}$——气相施密特数，$\dfrac{\mu_{\rm G}}{\rho D_{\rm AB}}$

$Sc_{\rm L}$——液相施密特数，$\dfrac{\mu_{\rm L}}{\rho D_{\rm AB}}$

$St$——斯坦顿数，$\dfrac{h}{c_p\rho u_{\rm b}}$

$St_x$——局部斯坦顿数，$\dfrac{h_x}{c_p\rho u_0}$

$St'$，$St'_x$——传质斯坦顿数、局部传质斯坦顿数，$\dfrac{k_{\rm c}^0}{u_{\rm b}}$，$\dfrac{k_{cx}^0}{u_0}$

$Sh$——舍伍德数，$\dfrac{k_{\rm c}^0 d}{D_{\rm AB}}$

$Sh_x$，$Sh_{\rm m}$——局部舍伍德数、平均舍伍德数，$\dfrac{k_{cx}^0 x}{D_{\rm AB}}$，$\dfrac{k_{cm}^0 L}{D_{\rm AB}}$

$j_{\rm H}$——传热 $j$ 因数，$St\cdot Pr^{2/3}$

$j_{\rm D}$——传质 $j$ 因数，$St'\cdot Sc^{2/3}$

$L'$——无因次长度，$x/l$

$m$——相对热阻，$\dfrac{k}{hx}=\dfrac{1}{Bi}$

$n$——相对位置，$\dfrac{x}{x_1}$

$c'_{\rm A}$——无因次浓度差，$\dfrac{c_{\rm A}-c_{\rm As}}{c_{\rm A0}-c_{\rm A}}$

$c'_{\rm Ab}$——无因次浓度差，$\dfrac{c_{\rm A}-c_{\rm Ab}/k}{c_{\rm A0}-c_{\rm Ab}/k}$

$T'$——无因次温度差，$\dfrac{t - t_s}{t_0 - t_s}$

$T'_b$——无因次温度差，$\dfrac{t - t_b}{t_0 - t_b}$

$u'$——无因次速度，$\dfrac{u_x}{u_0}$

$u^+$——无因次速度，$\dfrac{u}{u'}$

$y^+$——无因次距离，$\dfrac{yu'}{\nu}$

$\eta$——无因次距离，$y\sqrt{\dfrac{u_0}{\nu x}}$

$f(\eta)$——无因次流函数，$\dfrac{\psi}{\sqrt{u_0 \nu x}}$

# 1 动力学物性相似

动量传递、热量传递和质量传递在传递的机理、传递的过程和传递的结果等方面十分相似。

研究表明，描述动量传递、热量传递和质量传递的动力学方程中的某些参数，例如运动黏度 $\nu$、导温系数 $\alpha$ 和扩散系数 $D_{AB}$，其定义表达式是相同的，在一定的条件下 $\nu$、$\alpha$ 和 $D_{AB}$ 甚至是相等的。$\nu$、$\alpha$ 和 $D_{AB}$ 是参与分子传递物质的物理性质，它们与物质的温度、压力、浓度等因素有关，所以均为状态函数。

在描述湍流流动、湍流传热和湍流传质的动力学方程中，分别引入了涡流黏度 $\varepsilon$、涡流热扩散系数 $\varepsilon_H$ 和涡流质量扩散系数 $\varepsilon_M$，它们的定义表达式也是相同的，在特殊条件下三者也是相等的。

本章从牛顿黏性定理、傅里叶第一定理和费克第一定理入手，分别导出 $\nu$、$\alpha$ 和 $D_{AB}$ 的关联式，然后把它们与分子运动论的结果相比较，从而得到三者的定义表达式，最后再确定三者的相互关系。

## 1.1 黏　度

设两块面积均为 $A$、板间距为 $y$ 的平行平板间充满流体。此系统原先静止，在时间 $\theta = 0$ 时，下板以匀速 $u$ 沿 $x$ 方向平动，随着时间的推移，流体获得了动能，最终建立了如图 1-1 所示的定态速度侧形。当达到最终的定常态时，欲使下板维持运动，必须有一个恒定的力 $F$ 作用于其上。如果流型为层流，这个力可用下式表示：

$$\frac{F}{A} = -\mu \frac{u}{y} \tag{1-1}$$

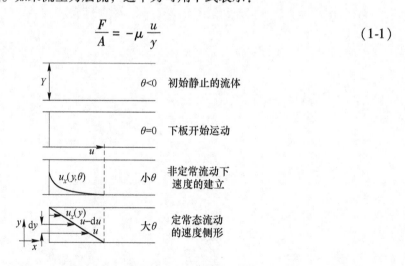

图 1-1　两块平行板间流体定常态流动的速度分布

由式（1-1）可知，作用于单位面积上的力，正比于在距离 $y$ 内流体速度的减少值，此比例系数 $\mu$ 称为流体的黏度。如果相邻两层流体的间距为 $dy$，速度 $u$ 在 $x$ 方向上的分量分别为 $u$ 和 $u - du$，则式（1-1）可写为以下的微分式：

$$\tau_{yx} = -\mu \frac{du_x}{dy} \tag{1-2}$$

式中　$\tau_{yx}$——剪应力，或动量通量，$N/m^2$；

　　　　$\mu$——黏度，或称动力黏度，$Pa \cdot s$；

　$du_x/dy$——速度梯度，或称剪切速率，$1/s$。

负号表示动量通量的方向与速度梯度的方向相反，即动量通量是沿着速度降低的方向传递的。黏度 $\mu$ 除以流体的密度 $\rho$ 所得量为运动黏度（或称动量扩散系数），于是，式（1-2）可写为：

$$\tau_{yx} = -\nu \frac{d(\rho u_x)}{dy} \tag{1-3}$$

式中　$\rho u_x$——单位体积流体中的动量，称为动量浓度，$kg/(m^2 \cdot s)$；

　$\dfrac{d(\rho u_x)}{dy}$——单位体积流体的动量在 $y$ 方向上的梯度，称为动量浓度梯度，$kg/(m^3 \cdot s)$。

式（1-3）就是牛顿黏性定理的数学表达式。凡是遵循牛顿黏性定理的流体均称为牛顿型流体，所有气体和大多数低分子量的液体均属于此类流体；某些泥浆、污水、聚合物溶液及涂料等高黏度的液体称为非牛顿型流体。本书若无特别说明，所讨论的流体均为牛顿型流体。

黏度是流体的物理性质，它与物系的温度、压力和组成有关。气体的黏度随压力的升高而增加，低密度气体的黏度与压力无关；液体的黏度随温度的升高而降低。在相同温度下，所有液体的黏度均比组成与之相同的气体的黏度大。

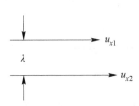

图 1-2　气体分子碰撞后
发生动量交换

运动黏度可以用分子运动论导出。设两层相邻气体分别以 $u_{x1}$ 和 $u_{x2}$ 的速度运动，它们之间的距离等于分子平均自由程 $\lambda$（图 1-2），若单位体积气体中的分子数为 $n$，并近似地假定其中的 $1/3$ 垂直于气体层在 $y$ 方向运动，分子平均速度为 $v$，每个气体分子的质量为 $m$，则单位时间内经过单位面积交换的分子数为：$(1/3)n \cdot v$，这些分子传递的动量为：

$$\tau_{yx} = \frac{n}{3} vm(u_{x2} - u_{x1}) \tag{1-4}$$

由于分子平均自由程 $\lambda$ 很小，所以 $\dfrac{u_{x2} - u_{x1}}{\lambda}$ 可以由 $\dfrac{du_x}{dy}$ 代替，即

$$u_{x2} - u_{x1} = \lambda \frac{du_x}{dy}$$

又因为密度 $\rho$ 将以上关系代入式（1-4），故得：

$$\tau_{yx} = \frac{\rho}{3} v\lambda \frac{du_x}{dy} = \frac{1}{3} v\lambda \frac{d(\rho u_x)}{dy} \tag{1-5}$$

比较式（1-3）和式（1-5），不计负号，得：

$$\nu = \frac{1}{3} v \lambda \tag{1-6}$$

## 1.2 导温系数

设两块平行大平板的间距为 $y$，板间有一块面积为 $A$ 的固体物质，如图1-3所示。最初（时间 $\theta < 0$）固体各处的温度为 $T_0$，当 $\theta = 0$ 时，下板的温度突然稍微升至 $T_1$ 并始终保持此值不变，随着时间的推移，此固体中的温度发生变化，最终得到一线性定常温度分布。在达到定常态之后，需要有一个恒定的热量流率 $Q$ 通过，才能维持温度差 $\Delta T = T_1 - T_0$ 不变。据研究，对于足够小的 $\Delta T$ 值，存在下列关系：

$$\frac{Q}{A} = -k \frac{\Delta T}{y} \tag{1-7}$$

式中    $k$——导热系数，$W/(m^2 \cdot K)$。

若将式（1-7）改写为微分式，得

$$\frac{q}{A} = -k \frac{dt}{dy} \tag{1-8}$$

式中    $q$——$y$ 方向上的局部热流量（即热通量），$J/m^2$；

$\dfrac{dt}{dy}$——温度梯度，$K/m$。

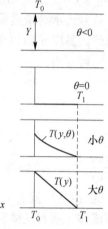

图1-3   两块大平板间的固体块的定常态温度侧形的建立

式（1-8）称为傅里叶第一定理。若用参与导热物质的密度和比热容之积除导热系数 $k$，则式（1-8）可以写为：

$$\frac{q}{A} = -\alpha \frac{d(\rho c_p t)}{dy} \tag{1-9}$$

式中    $\alpha$——导温系数（或称热扩散系数），$m^2/s$；

$\rho c_p t$——热量浓度，$J/m^3$；

$\dfrac{d(\rho c_p t)}{dy}$——热量浓度梯度，$J/m^4$。

式中的负号表示热量方向与温度梯度的方向相反，即热量是沿着温度降低的方向传递的。

导热系数 $k$ 也是物质的物性。不同物质的 $k$ 差异很大。对于一般物质，$k$ 是温度的函数，压力对其影响不大，但在碰撞后，发生高压或低真空度下，气体的导热系数有热量交换时有较大变化。

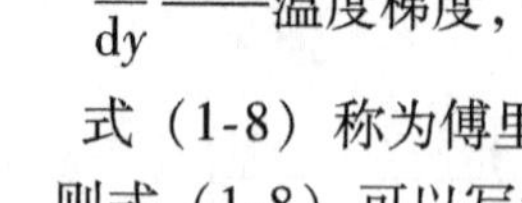

导温系数可以从分子运动论导出。如图1-4所示，设相邻两层流体的温度分别为 $t_1$ 和 $t_2$，由于两层气体分子交换，上层分子经过分子平均自由程 $\lambda$ 与下层分子碰撞后，吸收热量温度升高；下层分子也经过同样的 $\lambda$ 与上层分子碰撞后放出热量温度下降，因此单位时间内两层气体间交换的热量为：

图1-4   气体分子碰撞后，发生热量交换

$$\frac{q}{A} = \frac{n}{3}\nu m c_p (t_1 - t_2) = \frac{\rho}{3}\nu c_p \lambda \frac{\mathrm{d}t}{\mathrm{d}y} \tag{1-10}$$

对于不可压缩气体，式（1-10）还可写为：

$$\frac{q}{A} = \frac{1}{3}\nu \lambda \frac{\mathrm{d}(\rho c_p t)}{\mathrm{d}y} \tag{1-11}$$

比较式（1-9）和式（1-11），得：

$$\alpha = \frac{1}{3}\nu \lambda \tag{1-12}$$

## 1.3 扩 散 系 数

当混合物中各组分存在浓度梯度时会发生分子扩散。对于由组分 A、B 组成的双组分系统，由于分子扩散所产生的质量通量可以用下式描述：

$$j_A = -D_{AB}\frac{\mathrm{d}\rho_A}{\mathrm{d}y} \tag{1-13}$$

式中　$j_A$——组分 A 的质量通量，$\mathrm{kg/(m^2 \cdot s)}$；

$\quad D_{AB}$——组分 A 在组分 B 中的扩散系数，$\mathrm{m^2/s}$；

$\quad \dfrac{\mathrm{d}\rho_A}{\mathrm{d}y}$——组分 A 的质量浓度（密度）梯度，$\mathrm{kg/m^4}$。

式中的负号表示质量通量的方向与浓度梯度的方向相反，即组分 A 的传质是沿着其浓度降低的方向进行的。此即费克第一定理，式（1-13）即为该定理的定义表达式。

用气体分子运动论，经过类似于运动黏度 $\nu$ 和导温系数 $\alpha$ 的推导可得到如下关系式：

$$D_{AB} = \frac{1}{3}\nu \lambda$$

## 1.4 动力学物性相似

通过以上 3 节的讨论，我们得到了分子传递的 3 个定理，即牛顿黏性定理、傅里叶第一定理和费克第一定理及其相应的表达式。以下把这组定理统称为现象定理，把与定理对应的方程称为现象方程，这 3 个方程就是：

$$\tau_{yx} = -\mu \frac{\mathrm{d}u_x}{\mathrm{d}y}$$

$$\frac{q}{A} = -k \frac{\mathrm{d}t}{\mathrm{d}y}$$

$$j_A = -D_{AB}\frac{\mathrm{d}\rho_A}{\mathrm{d}y}$$

对它们经过简单的推导，可得到以下各个方程：

$$\tau_{yx} = -\nu \frac{\mathrm{d}(\rho u_x)}{\mathrm{d}y}$$

$$\frac{q}{A} = -\alpha \frac{\mathrm{d}(p c_p t)}{\mathrm{d}y}$$

$$j_A = -D_{AB} \frac{d\rho_A}{dy}$$

式（1-3）、式（1-9）和式（1-13）中的 $\nu$、$\alpha$ 和 $D_{AB}$ 统称为扩散系数。它们是物质的动力学物性，其单位均为 $m^2/s$。由式（1-6）、式（1-12）知，$\nu$、$\alpha$ 和 $D_{AB}$ 存在以下关系：

$$\nu = \alpha = D_{AB} = \frac{1}{3}\nu\lambda \tag{1-14}$$

由式（1-14）可以看出，动力学物性 $\nu$、$\alpha$ 和 $D_{AB}$ 是相等的。它说明动量、热量和质量传递之间具有相似性。必须指出，式（1-14）仅对于低密度的气体才成立。对于实际气体，Chapman-Enskog 理论导出了如下的关联式，式中描述了 $\nu$、$\alpha\left(=\dfrac{k}{\rho c_p}\right)$ 和 $D_{AB}$ 的关系：

$$k = 2.5 \times 10^3 \frac{c_V}{M}\mu$$

以及

$$\frac{\nu}{D_{AB}} = \frac{1}{1.2}\frac{\Omega_D}{\Omega}$$

式中  $k$——导热系数，$W/(m \cdot K)$；

$c_V$——定容比热容，$J/(kg \cdot K)$；

$M$——摩尔质量，$kg/kmol$；

$\mu$——动力黏度，$Pa \cdot s$；

$\nu$——运动黏度，$m^2/s$；

$\Omega_D$——碰撞积分值；

$\Omega$——$K_B T/\varepsilon$ 的函数，$K_B$ 是玻耳兹曼常数，$\varepsilon$ 是分子相互作用的特征能量（成对分子间的最大引力）。

如果 $K_B T/\varepsilon$ 的值在 $1 \sim 100$ 之间，$\Omega_D/\Omega$ 约为 $0.9$，根据 Chapman-Enskog 理论，则 $\nu/D = 0.75$。

## 1.5  涡流扩散系数相似

现象方程仅适用于分子传递，这种传递过程只在固体、静止流体或层流流动的流体中才会单独发生。在湍流流动中，除了分子传递外，主要是由旋涡进行传递。在以涡流传递为主的情况下，动量、热量和质量传递的通量可用波希涅斯克提出的式（1-15）～式（1-17）来处理。

（1）对于涡流动量传递：

$$\tau^r = -\varepsilon \frac{d(\rho u_x)}{dy} \tag{1-15}$$

式中  $\tau^r$——涡流剪应力或雷诺应力，$N/m^2$；

$\varepsilon$——涡流黏度，$m^2/s$。

（2）对于涡流热量传递：

$$\left(\frac{q}{A}\right)_e = -\varepsilon_H \frac{d(\rho c_p t)}{dy} \tag{1-16}$$

式中　$\varepsilon_H$——涡流热扩散系数，$m^2/s$；

$\left(\dfrac{q}{A}\right)_e$——涡流热通量，$J/(m^2 \cdot s)$。

（3）对于涡流质量传递：

$$j_{A,\varepsilon} = -\varepsilon_M \frac{d\rho_A}{dy} \tag{1-17}$$

式中　$j_{A,\varepsilon}$——涡流质量通量，$kg/(m^2 \cdot s)$；

$\varepsilon_M$——涡流质量扩散系数，与 $\varepsilon$、$\varepsilon_H$ 统称涡流扩散系数，单位均为 $m^2/s$。

对于兼有分子传递和涡流传递的过程，可以按下面 3 个式子进行处理。

（1）在动量传递中，动量通量可写为：

$$\tau_t = -(\nu + \varepsilon)\frac{d(\rho u_x)}{dy} \tag{1-18}$$

（2）在热量传递中，热量通量可写为：

$$\left(\frac{q}{A}\right)_t = -(\alpha + \varepsilon_H)\frac{d(\rho c_p t)}{dy} \tag{1-19}$$

（3）在质量传递中，质量通量可写为：

$$j_{A,t} = -(D_{AB} + \varepsilon_M)\frac{d\rho_A}{dy} \tag{1-20}$$

式（1-15）~ 式（1-17）中，涡流传递通量 $\tau_\varepsilon$、$\left(\dfrac{q}{A}\right)_e$ 和 $j_{A,e}$ 的因次与分子传递通量 $\tau$、$q/A$ 和 $j_A$ 相同，其单位分别为 $N/m^2$、$J/(m^2 \cdot s)$、$kg/(m^2 \cdot s)$。湍流扩散系数 $\varepsilon$、$\varepsilon_H$ 和 $\varepsilon_M$ 的因次也与分子扩散系数 $\nu$、$\alpha$ 和 $D_{AB}$ 相同，单位均为 $m^2/s$。根据普朗特混合长理论，$\varepsilon$、$\varepsilon_H$ 和 $\varepsilon_M$ 相等，而且均等于 $u'_y l$：

$$\varepsilon = \varepsilon_H = \varepsilon_M = u'_y l \tag{1-21}$$

式中　$u'_y$——流体微团在 $y$ 方向上的脉动速度，$m/s$；

$l$——普朗特混合长。

进一步的研究还发现，$\varepsilon$、$\varepsilon_H$ 和 $\varepsilon_M$ 在一般情况下仅属同一数量级而非相等，只有在十分激烈的湍流条件下，它们才相等。$\nu$、$\alpha$ 和 $D_{AB}$ 是物质的物性，它们均是状态函数，与温度、压力和组成有关；而涡流扩散系数 $\varepsilon$、$\varepsilon_H$ 和 $\varepsilon_M$ 是非状态函数，不是物质的物性，它们仅与湍动程度、在流场中所处位置及边壁粗糙度等因素有关。

## 1.6　动力学物性相似的意义

在动量、热量和质量传递中，有时其中两种或三种传递过程同时存在，这时，可以用下列无因次数群中的两个或三个来描述传递过程之间的关系。这三个无因次数群就是普朗特数、施密特数和刘易斯数，这三个数的定义分别是：

$$\frac{\text{动量传递的难易程度}}{\text{热量传递的难易程度}} = \frac{\nu}{\alpha} = \frac{c_p \mu}{k} = Pr \tag{1-22}$$

$$\frac{\text{动量传递的难易程度}}{\text{质量传递的难易程度}} = \frac{\nu}{D_{AB}} = \frac{\mu}{\rho D_{AB}} = Sc \tag{1-23}$$

$$\frac{\text{热量传递的难易程度}}{\text{质量传递的难易程度}} = \frac{\alpha}{D_{AB}} = \frac{k}{\rho c_p D_{AB}} = Le \tag{1-24}$$

由式（1-22）~式（1-24）可知，$Pr$ 数关联了动量传递和热量传递；$Sc$ 数关联了动量传递和质量传递；$Le$ 数关联了热量传递和质量传递。当其中的某一个准数等于 1 的时候，就可以用这一类传递的结果去推算另一类传递的结果。例如，当 $Sc = 1$ 时，说明动量传递和质量传递可以类比，此时，若传质的流道是圆管，则在此圆管内壁上湍流传质的数学模型为：

$$k_c^0 = \frac{f}{2} u_b \tag{1-25}$$

式中　$k_c^0$——圆管内湍流传质系数；

　　　$f$——范宁摩擦因子；

　　　$u_b$——流体在圆管内的平均速度，$u_b = \frac{1}{2} u_{max}$。

相对而言，范宁摩擦因子 $f$ 比较容易获得。若 $f$ 已知，则传质系数 $k_c^0$ 利用式（1-25）也就很容易得到，而如果按正常程序求 $k_c^0$ 则极其困难。

因此，假如 $Pr$ 数、$Sc$ 数和 $Le$ 数中的某一个的值等于 1，就说明该准数所关联的两种传递的边界层是重合的，其物理量（速度，或温度，或浓度）分布是相同的，于是，可以用该准数中的一个量求取另一个量，这对于简化计算过程无疑是十分重要的。

# 2 微分衡算相似

动量、热量和质量衡算有两种方式：一种是总衡算，另一种是微分衡算。前者只考虑到始态、末态。例如流体在某流道内流动，作总衡算时只考察进口和出口的平均速度，而对流道内任意横截面上某一点的速度不能确定。为了探讨流场内每一点的动量、热量和质量随时间变化的规律，解决传递过程的机理，就必须进行微分衡算。微分衡算也称微观衡算。

## 2.1 微分衡算基础

### 2.1.1 两个前提

#### 2.1.1.1 流体的连续性

从分子尺度来看，流体是由大量分子组成的物质，分子之间有空隙，分子在不断地运动，其平均自由程很小。例如，在标准状态下，每立方毫米的空气中有 $2.7 \times 10^{16}$ 个气体分子，空气分子的平均自由程为 $70 \times 10^{-4} mm$，因此，和流体流动过程中所涉及的尺寸相比，分子间的空隙可以忽略不计，即把流体看成是连续的介质，但如果压力降低到很低的数值（例如在 0.133Pa、288K 时，空气的平均自由程为 48.6mm，在此情况下，若空气流过直径小于 48.6mm 的管子），空气分子将以单个分子的形式通过管道，这种流动状态称为不连续的自由分子流。显然，连续介质和不连续的自由分子流，其运动规律不同，处理方法也有区别。在化工等生产过程中遇到的流体，基本上可以作为连续介质处理，流体的物理量则可以用连续函数的数学方法来加以处理。

#### 2.1.1.2 流体的不可压缩性

流体的压性可用下式描述

$$\frac{\Delta V}{V_0} = -\frac{p - p_0}{E} = -\frac{\Delta p}{E} \tag{2-1}$$

式中　$\Delta V$——压强变化后体积的变化量，$m^3$；

　　　$V_0$——初始压强为 $p$ 时的体积，$m^3$；

　　　$E$——弹性模数，其单位与压强相同，用于衡量流体的可压缩性。

式（2-1）中的负号表示压强增大，体积减小。

液体的压缩性很小，例如水的弹性模数为 $1.93 \times 10^9 Pa$，因此，当压强增加到 $1.0133 \times 10^5 Pa$ 时，$\Delta V/E = 1.0133 \times 10^5/(1.932 \times 10^9) = 5.24 \times 10^{-5}$，即水的体积压缩量仅为 $5.24 \times 10^{-3}\%$，其值可忽略不计。

对于气体，在等温下根据理想气体状态方程式，可得 $p_0 V = (p_0 + \Delta p)(V_0 + \Delta V)$，将此式右侧展开，略去增量 $\Delta V$ 与 $\Delta p$ 的乘积，经整理，得：

$$\frac{\Delta V}{V_0} = -\frac{\Delta p}{p_0} \tag{2-2}$$

比较式（2-1）和式（2-2），可知 $E = p_0$，即理想气体的弹性模数等于其初始压强。例如在标准状态下，空气的 $E = p_0 = 1.0133 \times 10^5 Pa$，其值比水的弹性模数小 $2 \times 10^4$ 倍。如果忽略黏滞力的影响，而且位置高度相同，根据伯努利方程 $p + \frac{\rho u^2}{2} = const$，则由流动引起的压强变化其数量级应当与动能的变化相同，因此，式（2-2）可写为：

$$\frac{\Delta V}{V_0} = -2\frac{\rho}{2p_0}(\Delta u)^2 \tag{2-3}$$

若 $\Delta V/V_0 \ll 1$（一般情况 $\Delta V/V < 0.05$），则此流体可作为不可压缩流体处理。例如，密度为 $1 kg/m^3$，初始压强为 $1.0133 \times 10^5 Pa$ 的空气，速度由零改变为 $100 m/s$，则 $\Delta V/V_0 = -(2 \times 1.0133 \times 10^5)^{-1} \times 100^2 = -0.0493$，此时就可以按不可压缩流体处理。化工或其他某些过程中所遇到的气体，流速较小，$\Delta V/V_0 \ll 1$，所以均可视为不可压缩流体。当然，它们只是实际流体在某种条件下的近似模型，因为绝对不可压缩流体并不存在。

### 2.1.2　两种观点

在进行动量、热量和质量衡算及对流体的运动进行分析时，通常采用欧拉方法中的两种观点。

（1）拉格朗日观点。在流体运动的空间内，选择某一固定质量的流体微元，观察者追随此流体微元且一起运动，并根据此运动流体微元的变化状况来研究整个流场中流体运动规律。概括地说，拉格朗日观点是流体的质量不变，而位置和体积发生变化。拉格朗日观点常用于微分动量衡算方程、微分能量方程的推导和对连续性方程的分析。

（2）欧拉观点。在流体运动的空间内，固定某一位置和被研究流体的体积，认为被研究流体的质量随时间而变化，据此来分析该固定位置处流体状况的变化，并由此获得整个流场中流体运动规律。欧拉观点常用于总衡算方程的推导、对连续性方程的推导和微分质量衡算。

应当指出，无论采用哪种观点，其结果都是相同的，只不过采用的观点得当，分析问题方便、简捷一些。而在某些场合，可同时采用两种观点，例如推导连续性方程时，用欧拉观点；对连续性方程进行分析时，又采用拉格朗日观点。

### 2.1.3　微分衡算的三个依据

微分衡算（及总衡算）的依据因衡算内容而异。动量衡算、热量衡算和质量衡算的依据分别是牛顿第二定律、热力学第一定律和质量守恒定律。

#### 2.1.3.1　动量衡算的依据

牛顿第二定律：流体的动量随时间的改变率等于作用在该流体上的诸外力的向量和。其定义表达式：

$$\sum \boldsymbol{F} = \frac{dm\boldsymbol{u}}{d\theta} \tag{2-4}$$

式中　$\sum \boldsymbol{F}$——诸外力的向量和；

$m$——流体质量；

$\boldsymbol{u}$——流体的平均速度；

$\theta$——时间。

#### 2.1.3.2 热量衡算的依据

热力学第一定律：系统吸收的热量与对外所作功之差等于该系统在过程前后的内能变化。其定义表达式：

$$\Delta E = Q + W \tag{2-5}$$

式中 $\Delta E$——单位质量流体的各种能量之和；

$Q$——单位质量流体所吸收热；

$W$——单位质量流体对环境所作的功。

#### 2.1.3.3 质量衡算依据

质量守恒定律：输入的质量流率 = 输出的质量流率 + 累积的质量流率。例如，单位时间流入某容器的质量为 $W_1$，同时由该容器流出的质量流率为 $W_2$，$M$ 为某瞬时容器内的质量，$\theta$ 表示时间，则有：

$$W_1 = W_2 + \frac{\mathrm{d}M}{\mathrm{d}\theta} \tag{2-6}$$

式（2-6）为总质量衡算式，它对于单组分或者多组分均适用。式中各项的单位均为 kg/s。对于微分质量衡算式，质量守恒定律也是适用的，其衡算方法将在本章中介绍。

### 2.1.4 数学补充

#### 2.1.4.1 泰勒中值定理

若函数 $f(x)$ 在含点 $x_0$ 的某个开区间 $(a,b)$ 以内有直到 $(n+1)$ 阶导数，则当 $x$ 在 $(a,b)$ 以内时，$f(x)$ 可以表示为 $(x-x_0)$ 的一个 $n$ 次多项式与一个余项 $R_n(x)$ 的和，即：

$$f(x) = f(x_0) + f'(x_0)(x-x_0) + \frac{f''(x_0)}{2!}(x-x_0)^2 + \cdots + \frac{f_{x_0}^{(n)}}{n!} + R_n(x) \tag{2-7}$$

式中，$R_n(x) = \frac{f^{(n+1)}(\xi)}{(n+1)!}(x-x_0)^{(n+1)}$ （点 $\xi$ 在 $x$、$x_0$ 之间）

#### 2.1.4.2 全微分、全导数、偏导数和随体导数

与传递过程有关的诸多物理量（如温度、速度、浓度、密度和压力等）都是时间和空间的连续导数，例如密度 $\rho$ 可以表示成：

$$\rho = f(x,y,z,\theta)$$

密度 $\rho$ 的全微分为：

$$\mathrm{d}\rho = \frac{\partial \rho}{\partial x}\mathrm{d}x + \frac{\partial \rho}{\partial y}\mathrm{d}y + \frac{\partial \rho}{\partial z}\mathrm{d}z + \frac{\partial \rho}{\partial \theta}\mathrm{d}\theta \tag{2-8}$$

密度 $\rho$ 的全导数为：

$$\frac{\mathrm{d}\rho}{\mathrm{d}\theta} = \frac{\partial \rho}{\partial x}\frac{\mathrm{d}x}{\mathrm{d}\theta} + \frac{\partial \rho}{\partial y}\frac{\mathrm{d}y}{\mathrm{d}\theta} + \frac{\partial \rho}{\partial z}\frac{\mathrm{d}z}{\mathrm{d}\theta} + \frac{\partial \rho}{\partial \theta} \tag{2-9}$$

密度 $\rho$ 的随体导数（又称真实导数、拉格朗日导数）为：

$$\frac{\mathrm{D}\rho}{\mathrm{D}\theta} = u_x \frac{\partial \rho}{\partial x} + u_y \frac{\partial \rho}{\partial y} + u_z \frac{\partial \rho}{\partial z} + \frac{\partial \rho}{\partial \theta} \tag{2-10}$$

在式（2-10）中，等号右端末项$\frac{\partial \rho}{\partial \theta}$即为密度对时间的偏导数。

以上三种导数的物理意义分别如下：

全导数：$\mathrm{d}\rho/\mathrm{d}\theta$表示测量流体密度时，测量点以任意速度$\partial x/\partial \theta$、$\partial y/\partial \theta$和$\partial z/\partial \theta$运动所测得的密度对时间的变化率。

随体导数：$\mathrm{D}\rho/\mathrm{D}\theta$表示当测量点随流体一起运动且速度$u_x = \partial x/\partial \theta$，$u_y = \partial y/\partial \theta$，$u_z = \partial z/\partial \theta$时，测得的密度随时间的变化率；

偏导数：$\partial \rho/\partial \theta$表示空间某固定点处密度对时间变化率。

不仅密度，其他任意一个物理量也可以写出其微分式、全导数、随体导数和偏导数，例如物性$A$的随体导数可以写为：

$$\frac{\mathrm{D}A}{\mathrm{D}\theta} = u_x \frac{\partial A}{\partial x} + u_y \frac{\partial A}{\partial y} + u_z \frac{\partial A}{\partial z} + \frac{\partial A}{\partial \theta} \tag{2-11}$$

在式（2-10）和式（2-11）中，等号右端前三项称为对流导数，第四项称为局部导数。

### 2.1.5 坐标选择的原则

在研究传递现象时，采用适当的坐标系可以使问题得以简化。选择坐标系的原则是使被研究的对象在选定的坐标系上具有对称性，以便减少独立的空间参数。这个原则对于流体和固体都适用，以流体为例说明之。

直角坐标系：平壁或者平壁间的流体采用直角坐标系。

柱坐标系：研究圆形流道内的流体流动时，流体环绕管轴是对称的，在相同的半径上所有各点具有相同的速度以及其他物理量。

球坐标系：当研究的对象为球形或者球形的一部分时，采用球坐标系。

三种坐标系中的空间变量及几个符号在各坐标系中的含义见表2-1。

表 2-1 坐标系中空间变量及几个符号的含义

| 名 称 | 直角坐标系 | 柱坐标系 | 球坐标系 |
|---|---|---|---|
| 空间变量名 | $x$、$y$、$z$ | $r$、$\theta$、$z$ | $r$、$\theta$、$\varPhi$ |
| $\theta$ | 时间 | 方位角 | 余纬度 |
| $\theta'$ | — | 时间 | 时间 |
| $\varPhi$ | — | — | 方位角 |

## 2.2 连续性方程

扫一扫看课件

连续性方程、运动微分方程、能量微分方程和传质微分方程称为传递现象的四大方程，它们是传递过程的基础和主要内容，特别是连续性方程和运动微分方程更是如此。

对单组分系统或组成无变化的多组分系统，用质量守恒定律进行微分衡算后得到的方程，称为连续性方程。

### 2.2.1 连续性方程的推导

在流动的流体中取一个流体微元，其边长分别为 $dx$、$dy$ 和 $dz$，它们分别平行于 x 轴、y 轴和 z 轴。微元体内任意一点（x,y,z）处的速度 $\boldsymbol{u}$ 在 $x$、$y$ 和 $z$ 方向的速度分量分别为 $u_x$、$u_y$、$u_z$，流体的密度为 $\rho$，且 $\rho = f(x,y,z,\theta)$，因此，在点（$x,y,z$）处的质量通量为 $\rho\boldsymbol{u}$，而在各坐标的质量通量分别为 $\rho u_x$、$\rho u_y$、$\rho u_z$。

利用质量守恒定律，对此微元体进行质量衡算，如图 2-1 所示。

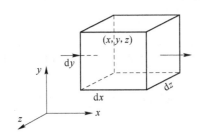

图 2-1　微元体的质量衡算

$$\sum 流入的质量流率 = \sum 流出的质量流率 + 累积的质量流率$$

在 $x$ 方向上，进入左侧面的质量流率为 $\rho u_x dydz$，出右侧面的质量流率根据泰勒中值定律为：

$$\rho u_x dydz + \frac{\partial(\rho u_x)}{\partial x}dxdydz$$

左右两个侧面的质量流率差为：

$$\rho u_x dydz + \frac{\partial(\rho u_x)}{\partial x}dxdydz - \rho u_x dydz = \frac{\partial(\rho u_x)}{\partial x}dxdydz$$

同理可得 $y$ 方向、$z$ 方向的质量流率差分别为：

$$\frac{\partial(\rho u_y)}{\partial y}dxdydz$$

$$\frac{\partial(\rho u_z)}{\partial z}dxdydz$$

因此，整个流体微元的质量流率差为：

$$\left[\frac{\partial(\rho u_x)}{\partial x} + \frac{\partial(\rho u_y)}{\partial y} + \frac{\partial(\rho u_z)}{\partial z}\right]dxdydz$$

在流体微元内积累的质量流率为：

$$\frac{\partial\rho}{\partial\theta}dxdydz$$

根据上述质量守恒定律，有：

$$\left[\frac{\partial(\rho u_x)}{\partial x} + \frac{\partial(\rho u_y)}{\partial y} + \frac{\partial(\rho u_z)}{\partial z}\right]dxdydz + \frac{\partial\rho}{\partial\theta}dxdydz = 0$$

或

$$\left[\frac{\partial(\rho u_x)}{\partial x} + \frac{\partial(\rho u_y)}{\partial y} + \frac{\partial(\rho u_z)}{\partial z}\right] + \frac{\partial\rho}{\partial\theta} = 0 \tag{2-12}$$

写成:

$$\frac{\partial \rho}{\partial \theta} + \nabla \cdot (\rho \boldsymbol{u}) = 0 \tag{2-12a}$$

式 (2-12) 即为流体流动时的通用微分衡算方程,常称为连续性方程。由于推导过程中未作任何假定,因此适用于定常态和非定常态系统、理想流体或真实流体、可压缩流体或不可压缩流体、牛顿型流体或者非牛顿型流体。

### 2.2.2 对连续性方程的分析和化简

展开式 (2-12),得:

$$\rho \left( \frac{\partial u_x}{\partial x} + \frac{\partial u_y}{\partial y} + \frac{\partial u_z}{\partial z} \right) + u_x \frac{\partial \rho}{\partial x} + u_y \frac{\partial \rho}{\partial y} + u_z \frac{\partial \rho}{\partial z} + \frac{\partial \rho}{\partial \theta} = 0 \tag{2-13}$$

在式 (2-13) 中,等式左端后四项为随体导数 $\dfrac{\mathrm{D}\rho}{\mathrm{D}\theta}$,于是该式可写为:

$$\frac{\mathrm{D}\rho}{\mathrm{D}\theta} = -\rho \left( \frac{\partial u_x}{\partial x} + \frac{\partial u_y}{\partial y} + \frac{\partial u_z}{\partial z} \right) \tag{2-14}$$

或

$$\left( \frac{\partial u_x}{\partial x} + \frac{\partial u_y}{\partial y} + \frac{\partial u_z}{\partial z} \right) + \frac{1}{\rho} \frac{\mathrm{D}\rho}{\mathrm{D}\theta} = 0$$

设流体微元的质量恒定,仅体积或者密度随时间而变,$v$ 为流体的比容(比体积),则有

$$\rho v = 1 \tag{2-15}$$

对式 (2-15) 求随体导数:

$$\rho \frac{\mathrm{D}v}{\mathrm{D}\theta} + v \frac{\mathrm{D}\rho}{\mathrm{D}\theta} = 0$$

或

$$\frac{1}{v} \frac{\mathrm{D}v}{\mathrm{D}\theta} + \frac{1}{\rho} \frac{\mathrm{D}\rho}{\mathrm{D}\theta} = 0 \tag{2-16}$$

比较式 (2-14) 和式 (2-16),可知:

$$\frac{1}{v} \frac{\mathrm{D}v}{\mathrm{D}\theta} = \frac{\partial u_x}{\partial x} + \frac{\partial u_y}{\partial y} + \frac{\partial u_z}{\partial z} \tag{2-17}$$

式 (2-17) 中左端 $\dfrac{1}{v} \dfrac{\mathrm{D}v}{\mathrm{D}\theta}$ 表示流体微元的体积膨胀速率或形变速率,右端三项之和为速度向量的散度。因此,式 (2-17) 的物理意义是,流体运动时体积膨胀速率等于速度向量的散度。

### 2.2.3 柱坐标系和球坐标系的连续性方程

在此仅写出柱坐标系和球坐标系的连续性方程。

柱坐标系的连续性方程,经推导,得:

$$\frac{\partial \rho}{\partial \theta'} + \frac{1}{r} \frac{\partial}{\partial r}(\rho r u_r) + \frac{1}{r} \frac{\partial}{\partial \theta}(\rho u_\theta) + \frac{\partial}{\partial z}(\rho u_z) = 0 \tag{2-18}$$

式中    $r$——径向坐标;

       $z$——轴向坐标;

$u_r, u_\theta, u_z$——流体在坐标系 $(r, \theta, z)$ 方向上的分量。

球坐标系的连续性方程，经推导，得

$$\frac{\partial \rho}{\partial \theta'} + \frac{1}{r^2}\frac{\partial}{\partial r}(\rho r^2 u_r) + \frac{1}{r\sin\theta}\frac{\partial}{\partial \theta}(\rho u_\theta \sin\theta) + \frac{1}{r\sin\theta}\frac{\partial}{\partial \Phi}(\rho u_\Phi) = 0 \tag{2-19}$$

式中，$u_r$、$u_\theta$、$u_\varphi$ 分别为流体速度在球坐标 $(r, \theta, \varphi)$ 方向上的分量。

## 2.3　运动微分方程

运动微分方程又称为奈维斯托克斯方程，它是动量、热量和质量传递的基础。

### 2.3.1　运动流体所受力之间的关系

本章开始曾论及动量衡算的依据是牛顿第二定律，其定义表达式为：

$$\sum \boldsymbol{F} = \frac{\mathrm{d}m\boldsymbol{u}}{\mathrm{d}\theta}$$

式中，$\sum \boldsymbol{F}$ 为作用在运动流体上诸外力的向量和。

为了讨论方便，省去加和符号 $\sum$，把外合力写为 $\boldsymbol{F}$，现在进一步分析，此外合力所包括的力及其对流体微元将会产生何种影响。

从力学角度，外合力即为惯性力 $\boldsymbol{F}_i$，因此，$\boldsymbol{F} = \boldsymbol{F}_i$。外合力的每一个分量 $\mathrm{d}\boldsymbol{F}_x$、$\mathrm{d}\boldsymbol{F}_y$ 和 $\mathrm{d}\boldsymbol{F}_z$ 由两部分力组成，其一是质量力（或称体积力）$\boldsymbol{F}_B$，其二是表面力（或称机械力）$\boldsymbol{F}_s$。表面力又包含了法向应力和切向应力。法向应力由两种应力提供：一部分是流体的静压力，另一部分是黏性应力。以上力的从属关系可以写为：

合力（惯性力 $\boldsymbol{F}_i$ = 外力 $\boldsymbol{F}$） $\begin{cases} \text{质量力（体积力）} \boldsymbol{F}_B : \text{作用于整个流体微元上，如 } x \text{ 方向，} \mathrm{d}\boldsymbol{F}_{xB} = X\rho\mathrm{d}x\mathrm{d}y\mathrm{d}z \\ \text{表面力（机械力）} \boldsymbol{F}_s : \text{由与流体微元相邻的流体提供作用于流体微元各表面} \end{cases}$

表面力 $\boldsymbol{F}_s$ $\begin{cases} \text{法向应力} \begin{cases} \text{静压力 } p : \text{使流体微元受到压缩应力（与张力表面力法向应力垂直），产生体积形变} \\ \text{黏性应力 } \sigma : \text{使流体微元在法线方向上受到拉伸和压缩应力，发生线性形变} \end{cases} \\ \text{切向应力（剪应力）：使流体微元产生面（体积）形变，} \tau_{xy} = \tau_{yx}, \ \tau_{xz} = \tau_{zx}, \ \tau_{yz} = \tau_{zy} \end{cases}$

### 2.3.2　用应力表示的运动微分方程

利用拉格朗日观点，式（2-4）可写为：

$$\boldsymbol{F} = m\frac{\mathrm{d}\boldsymbol{u}}{\mathrm{d}\theta} \tag{2-20}$$

因为外力 = 惯性力 = 质量×加速度，所以，式（2-20）可以写为：

$$\boldsymbol{F} = \boldsymbol{F}_i = m\frac{\mathrm{D}\boldsymbol{u}}{\mathrm{D}\theta} \tag{2-21}$$

设流体微元为六面体，其密度为 $\rho$，则其质量 $m = \rho\mathrm{d}x\mathrm{d}y\mathrm{d}z$，于是，式（2-21）可写为：

$$\mathrm{d}\boldsymbol{F} = \mathrm{d}\boldsymbol{F}_i = \rho\mathrm{d}x\mathrm{d}y\mathrm{d}z\frac{\mathrm{D}\boldsymbol{u}}{\mathrm{D}\theta} \tag{2-22}$$

对于 $x$ 方向，上式变为：

$$\mathrm{d}\boldsymbol{F}_x = \mathrm{d}\boldsymbol{F}_{ix} = \rho\mathrm{d}x\mathrm{d}y\mathrm{d}z\frac{\mathrm{D}\boldsymbol{u}_x}{\mathrm{D}\theta} \tag{2-23}$$

上面曾分析过，外力 = 质量力 + 表面力，因此，$x$ 方向的外力可写为：

$$dF_x = dF_{xB} + dF_{xs} \qquad (2\text{-}24)$$

式中　　$dF_{xB}$——$x$ 方向的质量力；

　　　　$dF_{xs}$——$x$ 方向的表面力。

只要求出 $x$ 方向的质量力和表面力，然后代入到式（2-24）中，就可求出用应力表示的运动微分方程。

### 2.3.2.1　质量力

在传递过程中，只考虑重力场对流体的作用，因此，$x$ 方向的质量力可以用下式描述：

$$dF_{xB} = X\rho \, dx \, dy \, dz \qquad (2\text{-}25)$$

式中，$X$ 为单位质量流体的质量在 $x$ 方向上的分量，它也是单位质量的流体所承受的重力在 $x$ 方向上的分量 $F_{xg}$，写为：

$$X = F_{xg} = g\cos\beta \qquad (2\text{-}26)$$

式中，$\beta$ 为 $x$ 轴方向与重力方向之间的夹角，如果 $x$ 轴方向是水平方向，则

$$X = F_{xg} = 0$$

### 2.3.2.2　表面力

前面曾论及表面力又称为机械力，它从流体微元相邻的流体而来，作用于流体微元的诸表面上。表面力如果作用于单位面积上，则称为表面应力或机械应力，记为 $\tau$。为了区分切向应力、法向应力及其正负值，可以约定：两个下标不相同的表示切向应力（例如 $\tau_{xy}$、$\tau_{xz}$ 等），两个下标相同的表示法向应力（例如 $\tau_{xx}$、$\tau_{yy}$ 等）。法向应力拉伸方向（向外）为正，压缩方向（向内）为负。表面应力（例如 $\tau_{yx}$）下标第一个字符 $y$ 表示应力分量的作用面与 $y$ 轴垂直，第二个字符 $x$ 表示应力的作用方向与 $x$ 轴平行，如图 2-2 所示。图中仅画出 $x$ 方向的 6 个表面应力分量；同理，$y$ 方向和 $z$ 方向也各有 6 个应力分量。由图 2-2 可见，当所考察的流体微元的体积缩成一点时，相对两表面上的法向应力与切向应力等值反向。所以，在流场中任何一点流体所承受的表面应力，采用 9 个表面应力分量就可以表达完全，即 3 个法向应力分量和 6 个切向应力分量，它们是：

$$\begin{bmatrix} \tau_{xx} & \tau_{xy} & \tau_{xz} \\ \tau_{yx} & \tau_{yy} & \tau_{yz} \\ \tau_{zx} & \tau_{zy} & \tau_{zz} \end{bmatrix}$$

现在 $x$ 方向的质量力已经求出，如式（2-25）所示，如果再求出净表面力，则可求出

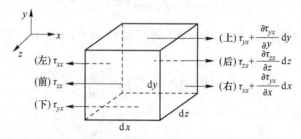

图 2-2　$x$ 方向作用于运动流体微元的表面应力分量图

用应力表示的运动微分方程。

$x$ 方向上作用于流体微元的净表面力为：

$$dF_{xs} = \left[ \left( \tau_{xx} + \frac{\partial \tau_{xx}}{\partial x}dx \right) - \tau_{xx} \right]dydz + \left[ \left( \tau_{yx} + \frac{\partial \tau_{yx}}{\partial y}dy \right) - \tau_{yx} \right]dxdz + \left[ \left( \tau_{zx} + \frac{\partial \tau_{zx}}{\partial z}dz \right) - \tau_{zx} \right]dxdy$$

$$= \left( \frac{\partial \tau_{xx}}{\partial x} + \frac{\partial \tau_{yx}}{\partial y} + \frac{\partial \tau_{zz}}{\partial z} \right)dxdydz \tag{2-27}$$

把式（2-25）和式（2-27）代入式（2-24）得：

$$\rho dxdydz \frac{Du_x}{D\theta} = X\rho dxdydz + \left( \frac{\partial \tau_{xx}}{\partial x} + \frac{\partial \tau_{yx}}{\partial y} + \frac{\partial \tau_{zx}}{\partial z} \right)dxdydz$$

消去 $dxdydz$，得：

$$\rho \frac{Du_x}{D\theta} = X\rho + \frac{\partial \tau_{xx}}{\partial x} + \frac{\partial \tau_{yx}}{\partial y} + \frac{\partial \tau_{zx}}{\partial z} \tag{2-28a}$$

同理可得 $y$ 方向和 $z$ 方向用应力表示的运动微分方程

$$\rho \frac{Du_y}{D\theta} = Y\rho + \frac{\partial \tau_{xy}}{\partial x} + \frac{\partial \tau_{yy}}{\partial y} + \frac{\partial \tau_{zy}}{\partial z} \tag{2-28b}$$

$$\rho \frac{Du_z}{D\theta} = Z\rho + \frac{\partial \tau_{xz}}{\partial x} + \frac{\partial \tau_{yz}}{\partial y} + \frac{\partial \tau_{zz}}{\partial z} \tag{2-28c}$$

式（2-28a）、式（2-28b）和式（2-28c）即为用应力表示的运动微分方程。

### 2.3.3 黏性流体的运动微分方程

用应力表示的运动微分方程仅有 3 个已知量（$X$、$Y$ 和 $Z$），而未知量却有 10 个，即 $u_x$、$u_y$、$u_z$、$\tau_{xx}$、$\tau_{yy}$、$\tau_{zz}$、$\tau_{xy}$（或 $\tau_{yx}$）、$\tau_{xz}$（或 $\tau_{zx}$）、$\tau_{yz}$（或 $\tau_{zy}$）和 $\rho$。3 个方程、10 个未知量，方程数量与未知数数量不相等，所以方程是不闭合的。为此，需要找出上述未知量间的关系，或找出未知量与已知量之间的关系，以便减少独立变量的数目。现在，先求切向应力，而后再求法向应力。

下面将要证明，上述 6 个切向应力可以使流体微元发生旋转，而且是两两相等。现将图 2-2 中流体微元与 $x$-$y$ 平面平行的一个面分离出来，如图 2-3 所示。假若有一根与 $z$ 轴相平行的轴线（或 $z$ 轴自身）穿过该流体微元的形心点 $O$，则这 4 个剪应力所产生的力矩会使此流体微元发生旋转。我们约定：力矩逆时针方向为正，顺时针方向为负。根据转动

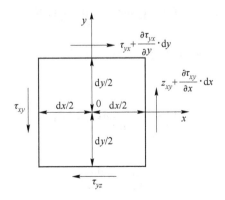

图 2-3　切向应力对于旋转轴的力矩图

定律有：

$$\sum 力矩 = \sum 力 \times 旋转距离 = \tau_{xy}\mathrm{d}y\mathrm{d}z \cdot \left(\frac{\mathrm{d}x}{2}\right) + \left(\tau_{xy} + \frac{\partial \tau_{xy}}{\partial x}\mathrm{d}x\right)\mathrm{d}y\mathrm{d}z\left(\frac{\mathrm{d}x}{2}\right) - \tau_{yx}\mathrm{d}x\mathrm{d}z\left(\frac{\mathrm{d}y}{2}\right) -$$

$$\left(\tau_{yx} + \frac{\partial \tau_{yx}}{\partial y}\mathrm{d}y\right)\mathrm{d}x\mathrm{d}z\left(\frac{\mathrm{d}y}{2}\right) = (\tau_{xy} - \tau_{yx})\mathrm{d}x\mathrm{d}y\mathrm{d}z + \left(\frac{\partial \tau_{xy}}{\partial x}\mathrm{d}x - \frac{\partial \tau_{yx}}{\partial y}\mathrm{d}y\right)\frac{\mathrm{d}x\mathrm{d}y\mathrm{d}z}{2} \quad (2\text{-}29)$$

又因为
$$\sum 力矩 = 转动惯量 \times 转动角加速度$$

$$转动惯量 = 质量 \times (回转半径)^2 = \rho\mathrm{d}x\mathrm{d}y\mathrm{d}z \cdot r^2 \qquad (2\text{-}30)$$

转动角加速度为 $a$。所以，
$$\sum 力矩 = (\rho\mathrm{d}x\mathrm{d}y\mathrm{d}z \cdot r^2)a \qquad (2\text{-}31)$$

式 (2-31) 应当与式 (2-29) 相等，消去等式中的 $\mathrm{d}x\mathrm{d}y\mathrm{d}z$，得

$$\tau_{xy} - \tau_{yx} + \frac{1}{2}\left(\frac{\partial \tau_{xy}}{\partial x}\mathrm{d}x - \frac{\partial \tau_{yx}}{\partial y}\mathrm{d}y\right) = \rho r^2 a \qquad (2\text{-}32)$$

分析式 (2-32) 会发现，当微元体体积趋于零时，$r$、$\mathrm{d}x$、$\mathrm{d}y$、$\mathrm{d}z$ 均趋于零。因而有：

$$\tau_{xy} = \tau_{yx} \qquad (2\text{-}33\text{a})$$

同理可得：

$$\tau_{xz} = \tau_{zx} \qquad (2\text{-}33\text{b})$$

$$\tau_{yz} = \tau_{zy} \qquad (2\text{-}33\text{c})$$

由式 (2-33a)、式 (2-33b) 和式 (2-33c) 可知，6 个切向应力两两相等。

下面推导此 6 个切向应力的数值。为了方便，先讨论一维流动，然后再讨论三维流动。

黏性流体流动时，由于黏性力的作用，会使平行于 $x$ 轴的两相对平面产生相对运动 (图 2-4)，设流体微元的两条边长分别为 $\mathrm{d}x$ 和 $\mathrm{d}y$，夹角为 $\phi$

$$\phi = \frac{\pi}{2}$$

则经过时间 $\mathrm{d}\theta$ 后，原有矩形平面变为平行四边形，上层流体比下层流体多移动的距离是 $\frac{\mathrm{d}u_x}{\mathrm{d}y}\mathrm{d}y\mathrm{d}\theta$，夹角也改变了 $\mathrm{d}\phi$。而 $\mathrm{d}\phi$ 角的正切可表示为：

$$\tan\mathrm{d}\phi = -\left(\frac{\mathrm{d}u_x}{\mathrm{d}y}\mathrm{d}y\mathrm{d}\theta\right)\bigg/\mathrm{d}y \qquad (2\text{-}34)$$

式中，$\frac{\mathrm{d}u_x}{\mathrm{d}y}$ 为 $x$ 方向的剪切速率 (或形变速率)；$\mathrm{d}\theta$ 为时间；$\mathrm{d}\phi$ 为以 rad 表示的旋转角；负号表示上层流体移动 $\frac{\mathrm{d}u_x}{\mathrm{d}y}\mathrm{d}y\mathrm{d}\theta$ 距离后，$\phi$ 减小了 $\mathrm{d}\phi$，即 $\mathrm{d}\phi$ 为负值，由于 $\mathrm{d}\phi$ 角很小，因此 $\tan\mathrm{d} = \mathrm{d}\phi$。

即

$$\mathrm{d}\phi = -\left(\frac{\mathrm{d}u_x}{\mathrm{d}y}\mathrm{d}y\mathrm{d}\theta\right)\bigg/\mathrm{d}y$$

或

$$\frac{\mathrm{d}\phi}{\mathrm{d}\theta} = -\frac{\mathrm{d}u_x}{\mathrm{d}y} \qquad (2\text{-}35)$$

在式 (2-35) 的两端同乘以流体的黏度，得

$$\mu \frac{\mathrm{d}\phi}{\mathrm{d}\theta} = -\mu \frac{\mathrm{d}u_x}{\mathrm{d}y} \tag{2-36}$$

根据牛顿黏性定律，式（2-36）的右端应当等于剪应力分量 $\tau_{yx}$，因此有：

$$\tau_{yx} = -\mu \frac{\mathrm{d}\phi}{\mathrm{d}y} \tag{2-37}$$

式中　$\mathrm{d}\phi/\mathrm{d}\theta$——角形变速率（或角剪切速率）。

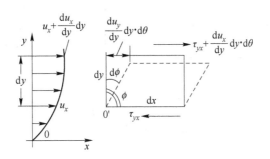

图 2-4　一维流动时，切向应力使矩形平面产生形变

下面讨论三维流动的情况。

对如图 2-5 所示三维流动的流体微元，假设其体积为 $\mathrm{d}x\mathrm{d}y\mathrm{d}z$，则由力的分析可知，它在流动过程中会发生体积形变，即由原来的长方形六面微元体变为一个菱形六面微元体。对于 $x\text{-}y$ 平面而言，起作用的切向应力分量有 4 个，其中 $\tau_{xy}$ 和两个 $\tau_{yx}$ 分别作用在与 $x\text{-}y$ 平面相垂直的 4 个平面上，相对应边上的两个应力方向等值反向。经过微分时间 $\mathrm{d}\theta$ 后，原来的长方形变为菱形（图 2-5 中虚线所示），相邻两条边线的夹角 $\phi$ 也由 $\frac{\pi}{2}$ 变得小于

$\frac{\pi}{2}$。上层流体比下层流体多移动的距离是 $\frac{\partial u_x}{\partial y}\mathrm{d}y\mathrm{d}\theta$，右层流体比左层流体多移动的距离是

$\frac{\partial u_x}{\partial x}\mathrm{d}x\mathrm{d}\theta$，$\mathrm{d}\phi_1$ 和 $\mathrm{d}\phi_2$ 均为负值，按正切函数的定义，有：

$$\tan\phi_1 = -\left(\frac{\partial u_x}{\partial y}\mathrm{d}y\mathrm{d}\theta\right)\Big/ \mathrm{d}y \approx \phi_1 \tag{2-38a}$$

$$\tan\phi_2 = -\left(\frac{\partial u_y}{\partial x}\mathrm{d}y\mathrm{d}\theta\right)\Big/ \mathrm{d}x \approx \phi_2 \tag{2-38b}$$

由于 $d = \mathrm{d}\phi_1 + \mathrm{d}\phi_2$，因此得：

$$\frac{\mathrm{d}\phi}{\mathrm{d}\theta} = \frac{\mathrm{d}\phi_1}{\mathrm{d}\theta} + \frac{\mathrm{d}\phi_2}{\mathrm{d}\theta} = -\left(\frac{\partial u_x}{\partial y} + \frac{\partial u_y}{\partial x}\right) \tag{2-39}$$

把式（2-39）代入式（2-37），便可写成如下形式：

$$\tau_{xy} = \tau_{yx} = \mu\left(\frac{\partial u_x}{\partial y} + \frac{\partial u_y}{\partial x}\right) \tag{2-40a}$$

同理可得：

$$\tau_{xz} = \tau_{zx} = \mu\left(\frac{\partial u_x}{\partial z} + \frac{\partial u_z}{\partial x}\right) \tag{2-40b}$$

$$\tau_{yz} = \tau_{zy} = \mu\left(\frac{\partial u_y}{\partial z} + \frac{\partial u_z}{\partial y}\right) \tag{2-40c}$$

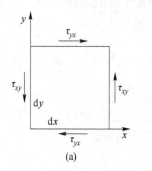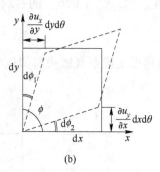

图 2-5　切向应力使平面产生形变的示意图

（a）变形前；（b）变形后

法向应力 $\tau_{xx}$、$\tau_{yy}$、$\tau_{zz}$ 的推导，其结果是：

$$\tau_{xx} = -p + 2\mu\left(\frac{\partial u_x}{\partial x}\right) - \frac{2}{3}\mu\left(\frac{\partial u_x}{\partial x} + \frac{\partial u_y}{\partial y} + \frac{\partial u_z}{\partial z}\right) \tag{2-41a}$$

$$\tau_{yy} = -p + 2\mu\left(\frac{\partial u_y}{\partial y}\right) - \frac{2}{3}\mu\left(\frac{\partial u_x}{\partial x} + \frac{\partial u_y}{\partial y} + \frac{\partial u_z}{\partial z}\right) \tag{2-41b}$$

$$\tau_{zz} = -p + 2\mu\left(\frac{\partial u_z}{\partial z}\right) - \frac{2}{3}\mu\left(\frac{\partial u_x}{\partial x} + \frac{\partial u_y}{\partial y} + \frac{\partial u_z}{\partial z}\right) \tag{2-41c}$$

把式（2-40a）、式（2-40b）和式（2-41a）代入式（2-28a），即可得到下列 $x$ 方向的完全运动微分方程：

$$\rho\frac{Du_x}{D\theta} = \rho X - \frac{\partial p}{\partial x} + 2\mu\left(\frac{\partial^2 u_x}{\partial x^2}\right) - \frac{2}{3}\mu\left(\frac{\partial^2 u_x}{\partial x^2} + \frac{\partial^2 u_y}{\partial y^2} + \frac{\partial^2 u_z}{\partial z^2}\right) + \mu\left(\frac{\partial^2 u_x}{\partial y^2} + \frac{\partial^2 u_y}{\partial x\partial y}\right) + \mu\left(\frac{\partial^2 u_x}{\partial z^2} + \frac{\partial^2 u_z}{\partial x\partial z}\right)$$

经整理后，得：

$$\rho\frac{Du_x}{D\theta} = \rho X - \frac{\partial p}{\partial x} + \mu\left(\frac{\partial^2 u_x}{\partial x^2} + \frac{\partial^2 u_y}{\partial y^2} + \frac{\partial^2 u_z}{\partial z^2}\right) + \frac{\mu}{3}\frac{\partial}{\partial x}\left(\frac{\partial u_x}{\partial x} + \frac{\partial u_y}{\partial y} + \frac{\partial u_z}{\partial z}\right) \tag{2-42a}$$

同理可得

$$\rho\frac{Du_y}{D\theta} = \rho Y - \frac{\partial p}{\partial y} + \mu\left(\frac{\partial^2 u_x}{\partial x^2} + \frac{\partial^2 u_y}{\partial y^2} + \frac{\partial^2 u_z}{\partial z^2}\right) + \frac{\mu}{3}\frac{\partial}{\partial y}\left(\frac{\partial u_x}{\partial x} + \frac{\partial u_y}{\partial y} + \frac{\partial u_z}{\partial z}\right) \tag{2-42b}$$

$$\rho\frac{Du_z}{D\theta} = \rho Z - \frac{\partial p}{\partial z} + \mu\left(\frac{\partial^2 u_x}{\partial x^2} + \frac{\partial^2 u_y}{\partial y^2} + \frac{\partial^2 u_z}{\partial z^2}\right) + \frac{\mu}{3}\frac{\partial}{\partial z}\left(\frac{\partial u_x}{\partial x} + \frac{\partial u_y}{\partial y} + \frac{\partial u_z}{\partial z}\right) \tag{2-42c}$$

式（2-42a）、式（2-42b）和式（2-42c）又称为奈维斯托克斯方程。

把式（2-42a）、式（2-42b）和式（2-42c）写成向量式有：

$$\rho\frac{D\boldsymbol{u}}{D\theta} = \rho\boldsymbol{F}_g - \nabla p + \mu\nabla^2\boldsymbol{u} + \frac{1}{3}\mu\nabla(\nabla\boldsymbol{u}) \tag{2-42d}$$

对于不可压缩流体，连续性方程可写为

$$\frac{\partial u_x}{\partial x} + \frac{\partial u_y}{\partial y} + \frac{\partial u_z}{\partial z} = 0$$

把上式分别代入式（2-42a）、式（2-42b）和式（2-42c），即可得到不可压缩的运动微分方程：

$$\frac{\mathrm{D}u_x}{\mathrm{D}\theta} = u_x\frac{\partial u_x}{\partial x} + u_y\frac{\partial u_x}{\partial y} + u_z\frac{\partial u_x}{\partial z} + \frac{\partial u_x}{\partial \theta} = X - \frac{1}{\rho}\frac{\partial p}{\partial x} + \nu\left(\frac{\partial^2 u_x}{\partial x^2} + \frac{\partial^2 u_y}{\partial y^2} + \frac{\partial^2 u_z}{\partial z^2}\right) \quad (2\text{-}43\mathrm{a})$$

$$\frac{\mathrm{D}u_y}{\mathrm{D}\theta} = u_x\frac{\partial u_y}{\partial x} + u_y\frac{\partial u_y}{\partial y} + u_z\frac{\partial u_y}{\partial z} + \frac{\partial u_y}{\partial \theta} = Y - \frac{1}{\rho}\frac{\partial p}{\partial y} + \nu\left(\frac{\partial^2 u_x}{\partial x^2} + \frac{\partial^2 u_y}{\partial y^2} + \frac{\partial^2 u_z}{\partial z^2}\right) \quad (2\text{-}43\mathrm{b})$$

$$\frac{\mathrm{D}u_z}{\mathrm{D}\theta} = u_x\frac{\partial u_z}{\partial x} + u_y\frac{\partial u_z}{\partial y} + u_z\frac{\partial u_z}{\partial z} + \frac{\partial u_z}{\partial \theta} = Z - \frac{1}{\rho}\frac{\partial p}{\partial z} + \nu\left(\frac{\partial^2 u_x}{\partial x^2} + \frac{\partial^2 u_y}{\partial y^2} + \frac{\partial^2 u_z}{\partial z^2}\right) \quad (2\text{-}43\mathrm{c})$$

以上三式可写为向量式：

$$\frac{\mathrm{D}\boldsymbol{u}}{\mathrm{D}\theta} = \boldsymbol{F}_\mathrm{g} - \frac{1}{\rho}(\nabla p) + \nu(\nabla^2\boldsymbol{u}) \quad (2\text{-}43\mathrm{d})$$

柱坐标系的运动微分方程为：

$$r\,方向：\frac{\partial u_r}{\partial\theta'} + u_r\frac{\partial u_r}{\partial r} + \frac{u_\theta}{r}\frac{\partial u_r}{\partial\theta} - \frac{u_\theta^2}{r} + u_z\frac{\partial u_r}{\partial z} = X_r - \frac{1}{\rho}\frac{\partial p}{\partial r} + \nu\left\{\frac{\partial}{\partial r}\left[\frac{1}{r}\frac{\partial}{\partial r}(ru_r)\right] + \right.$$

$$\left. \frac{1}{r^2}\frac{\partial^2 u_r}{\partial\theta^2} - \frac{2}{r^2}\frac{\partial u_\theta}{\partial\theta} + \frac{\partial^2 u_r}{\partial z^2}\right\} \quad (2\text{-}44\mathrm{a})$$

**完全运动微分方程推导(以直角坐标系中的$x$方向为例)**

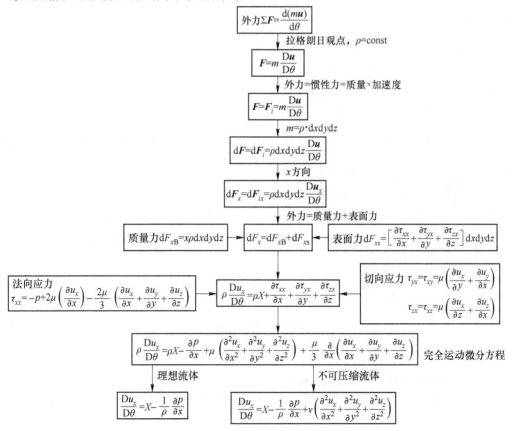

$\theta$ 方向： $\dfrac{\partial u_\theta}{\partial \theta'} + u_r \dfrac{\partial u_\theta}{\partial r} + \dfrac{u_\theta}{r} \dfrac{\partial u_\theta}{\partial \theta} + \dfrac{u_r u_\theta}{r} + u_z \dfrac{\partial u_\theta}{\partial z}$

$$= X_\theta - \frac{1}{\rho} \frac{1}{r} \frac{\partial p}{\partial \theta} + \nu \left\{ \frac{\partial}{\partial r} \left[ \frac{1}{r} \frac{\partial}{\partial r}(r u_\theta) \right] + \frac{1}{r^2} \frac{\partial^2 u_\theta}{\partial \theta^2} + \frac{2}{r^2} \frac{\partial u_r}{\partial \theta} + \frac{\partial^2 u_\theta}{\partial z^2} \right\} \tag{2-44b}$$

$z$ 方向： $\dfrac{\partial u_z}{\partial \theta'} + u_r \dfrac{\partial u_z}{\partial r} + \dfrac{u_\theta}{r} \dfrac{\partial u_z}{\partial \theta} + u_z \dfrac{\partial u_z}{\partial z} = X_z - \dfrac{1}{\rho} \dfrac{\partial p}{\partial z} + \nu \left\{ \dfrac{1}{r} \dfrac{\partial}{\partial r} \left( r \dfrac{\partial u_z}{\partial r} \right) + \dfrac{1}{r^2} \dfrac{\partial^2 u_z}{\partial \theta^2} + \dfrac{\partial^2 u_\theta}{\partial z^2} \right\}$

$$\tag{2-44c}$$

式中，$u_r$、$u_\theta$、$u_z$ 分别为速度在径向、方位角上和轴向上的分量；$X_r$、$X_\theta$、$X_z$ 分别为在半径方向上、方位角方向上和轴向方向上单位质量流体的质量力。

运动微分方程，对于等温流动而言，共有 5 个未知量，即 $u_x$、$u_y$、$u_z$、$\rho$ 和 $p$，方程数也是 5 个：三个方向的运动微分方程、连续性方程和流体的状态方程 $f(\rho, p) = 0$，因此，方程是闭合的，只要满足边界条件和初始条件（初始条件仅对非定常态传递才需要给出），理论上该方程组是可以求通解的。但是，鉴于方程本身非线性的特点，至今只在某些特殊场合才有精确解或近似解，还应指出，奈维－斯托克斯方程仅适用于层流。

# 2.4　能量微分方程

这里所说的能量，是指由温度差异引起的热能，而且仅讨论导热和对流传热。为推导能量微分方程，先简要介绍几个物理量。

## 2.4.1　几个物理量

（1）$q$——热量流率（热负荷），J/h；

（2）$q$——热量体积物体的生成热速率，J/($m^3 \cdot h$)；

（3）$q/A$——热通量（热流强度、热流密度），J/($m^2 \cdot h$)；

（4）$k$——导热系数，J/($m \cdot K \cdot s$) 或 W/($m \cdot K$)；

（5）$\alpha$——导温系数，$\alpha = \dfrac{k}{\rho c_p}$（$k$、$\rho$、$c_p$ 分别是介质的导热系数、密度和定压热容），又称为分子扩散系数，热扩散系数，$m^2/s$；

（6）$\rho c_p t$——单位体积流体的能量，J/$m^3$；

（7）$h$——对流传热系数（传热分系数、给热系数），W/($m^2 \cdot K$)；

（8）$\Phi$——单位体积的流体微元产生的摩擦热速率，又称为散逸热速率，J/($m^3 \cdot s$)。

## 2.4.2　能量微分方程的推导

热量均衡的依据是热力学第一定律，其定义表达式之一为：

$$\frac{DU}{D\theta} = \frac{DQ}{D\theta} + \frac{DW}{D\theta} \tag{2-45}$$

式中　$U$——每千克流体的内能；

　　　$Q$——对每千克流体加入的热量；

　　　$W$——表面应力对每千克流体所作功，由于是环境对流体微元所作功，因此取正值。

加入流体微元的热能有两种，其一是环境以导热形式加入，其二是流体内部由于化学反应、核反应释放的热。

现在依次求式（2-45）中的 $\dfrac{\mathrm{D}Q}{\mathrm{D}\theta}$、$\dfrac{\mathrm{D}W}{\mathrm{D}\theta}$ 和 $\dfrac{\mathrm{D}U}{\mathrm{D}\theta}$，再利用内能和焓的关系推导出能量方程的一般式。取边长为 $\mathrm{d}x$、$\mathrm{d}y$ 和 $\mathrm{d}z$ 的六面体为流体微元，如图 2-6 所示。根据傅里叶第一定律，从 $x$ 方向导入流体微元左侧面的热流速率是：

$$\left(\frac{q}{A}\right)_x \mathrm{d}y\mathrm{d}z \tag{2-46}$$

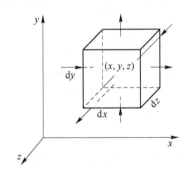

图 2-6　以导热方式输入液体微元的热

由泰勒中值定理可知，从该流体微元右侧面出来的热速率为：

$$\left[\left(\frac{q}{A}\right)_x + \frac{\partial\left(\frac{q}{A}\right)_x}{\partial x}\mathrm{d}x\right]\mathrm{d}y\mathrm{d}z \tag{2-47}$$

左右两个侧面的热流速率差为：

$$\left(\frac{q}{A}\right)_x \mathrm{d}y\mathrm{d}z - \left[\left(\frac{q}{A}\right)_x + \frac{\partial\left(\frac{q}{A}\right)_x}{\partial x}\mathrm{d}x\right]\mathrm{d}y\mathrm{d}z = -\frac{\partial\left(\frac{q}{A}\right)_x}{\partial x}\mathrm{d}x\mathrm{d}y\mathrm{d}z \tag{2-48}$$

同理，上下两侧面、前后两侧面的热流速率差分别为 $-\dfrac{\partial\left(\frac{q}{A}\right)_y}{\partial y}\mathrm{d}x\mathrm{d}y\mathrm{d}z$ 和 $-\dfrac{\partial\left(\frac{q}{A}\right)_z}{\partial z}$ $\mathrm{d}x\mathrm{d}y\mathrm{d}z$。因此，整个流体微元的热流速率差为：

$$-\left[\frac{\partial\left(\frac{q}{A}\right)_x}{\partial x} + \frac{\partial\left(\frac{q}{A}\right)_y}{\partial y} + \frac{\partial\left(\frac{q}{A}\right)_z}{\partial z}\right]\mathrm{d}x\mathrm{d}y\mathrm{d}z \tag{2-49}$$

式中，$\left(\dfrac{q}{A}\right)_x$、$\left(\dfrac{q}{A}\right)_y$、$\left(\dfrac{q}{A}\right)_z$ 可采用傅里叶第一定律写为：

$$\left(\frac{q}{A}\right)_x = -k\frac{\partial t}{\partial x} \tag{2-50a}$$

$$\left(\frac{q}{A}\right)_y = -k\frac{\partial t}{\partial y} \tag{2-50b}$$

$$\left(\frac{q}{A}\right)_z = -k\frac{\partial t}{\partial z} \tag{2-50c}$$

因此式（2-49）可写为：

$$-\left[\frac{\partial\left(\frac{q}{A}\right)_x}{\partial x} + \frac{\partial\left(\frac{q}{A}\right)_y}{\partial y} + \frac{\partial\left(\frac{q}{A}\right)_z}{\partial z}\right]dxdydz = k\left(\frac{\partial^2 t}{\partial x^2} + \frac{\partial^2 t}{\partial y^2} + \frac{\partial^2 t}{\partial z^2}\right)dxdydz \tag{2-51}$$

由于加入流体微元的热为导热速率与该流体微元内部释放热速率之和，因此有

$$\rho\frac{DQ}{D\theta}dxdydz = k\left(\frac{\partial^2 t}{\partial x^2} + \frac{\partial^2 t}{\partial y^2} + \frac{\partial^2 t}{\partial z^2}\right)dxdydz + qdxdydz \tag{2-52}$$

$$\rho\frac{DQ}{D\theta} = k\left(\frac{\partial^2 t}{\partial x^2} + \frac{\partial^2 t}{\partial y^2} + \frac{\partial^2 t}{\partial z^2}\right) + q \tag{2-53}$$

本节一开始就分析过表面应力多达 9 个，在这些应力的作用下，流体微元将发生体积形变（膨胀或压缩）和形状变化。其体积形变速率或膨胀速率由本章对连续性方程的分析可知，应当是 $\frac{1}{\nu}\frac{D\nu}{D\theta}$，因此，$\left(p\frac{1}{\nu}\frac{D\nu}{D\theta}\right)$ 就是单位体积流体微元的膨胀功率 $[J/(m^3 \cdot s)]$。由式（2-17）可知，膨胀速率 $\frac{1}{\nu}\frac{D\nu}{D\theta} = \nabla \cdot u$，因此膨胀功率等于 $[-p(\nabla \cdot u)]$，式中的负号表示压力方向与法线方向相反。

此外，由于黏性力的作用使流体产生摩擦热，故单位体积流体微元产生的摩擦热速率为 $\phi[J/(m^3 \cdot s)]$。

综上所述，表面应力对流体微元所作功率为 $-p(\nabla \cdot u)$ 与 $\phi$ 之和，即

$$\rho\frac{DW}{D\theta} = -\rho(\nabla \cdot u) + \phi \tag{2-54}$$

把式（2-53）和式（2-54）代入式（2-45），得：

$$\rho\frac{DU}{D\theta} + p(\nabla \cdot u) = K(\nabla^2 \cdot t) + q + \phi \tag{2-55}$$

令流体的比容为 $\nu$，$H$ 为流体的焓，则内能与焓的关系是：

$$H = U + p\nu = U + \frac{p}{\rho} \tag{2-56}$$

上式对 $\theta$ 取随体导数，得：

$$\frac{DH}{D\theta} = \frac{DU}{D\theta} + \frac{1}{\rho}\frac{Dp}{D\theta} - \frac{p}{\rho^2}\frac{D\rho}{D\theta} \tag{2-57}$$

用 $\rho$ 乘上式两侧，得：

$$\rho\frac{DH}{D\theta} = \rho\frac{DU}{D\theta} + \frac{Dp}{D\theta} - \frac{p}{\rho}\frac{D\rho}{D\theta} \tag{2-58}$$

$\frac{D\rho}{D\theta}$ 已由式（2-14）求出：

$$\frac{D\rho}{D\theta} = -\rho\left(\frac{\partial u_x}{\partial x} + \frac{\partial u_y}{\partial y} + \frac{\partial u_z}{\partial z}\right)$$

把式（2-14）代入式（2-58），得：

$$\rho\frac{\mathrm{D}H}{\mathrm{D}\theta}=\rho\frac{\mathrm{D}U}{\mathrm{D}\theta}+\frac{\mathrm{D}p}{\mathrm{D}\theta}+p(\nabla\cdot\boldsymbol{u}) \tag{2-59}$$

或

$$\rho\frac{\mathrm{D}H}{\mathrm{D}\theta}-\frac{\mathrm{D}p}{\mathrm{D}\theta}=\rho\frac{\mathrm{D}U}{\mathrm{D}\theta}+p(\nabla\cdot\boldsymbol{u}) \tag{2-60}$$

比较式（2-55）和式（2-60），得

$$\rho\frac{\mathrm{D}H}{\mathrm{D}\theta}-\frac{\mathrm{D}p}{\mathrm{D}\theta}=k(\nabla^2\cdot t)+q+\phi \tag{2-61}$$

式（2-61）即为能量方程的普遍式。

式（2-61）的推导程序还可以参考以下框图。

能量方程普遍式的推导程序

### 2.4.3　能量方程的特定形式

利用拉格朗日观点，由于 $\rho = \text{const}$，有 $\dfrac{\mathrm{D}\rho}{\mathrm{D}\theta} = 0$，式（2-58）可写为：

$$\rho\,\frac{\mathrm{D}H}{\mathrm{D}\theta} = \rho\,\frac{\mathrm{D}U}{\mathrm{D}\theta} + \frac{\mathrm{D}p}{\mathrm{D}\theta}$$

假设流体的定容热容 $c_V$ 为常量，并且忽略内能 $U$ 随压力的变化值，则有：

$$\rho\,\frac{\mathrm{D}H}{\mathrm{D}\theta} = \rho c_V\,\frac{\mathrm{D}t}{\mathrm{D}\theta} + \frac{\mathrm{D}p}{\mathrm{D}\theta}$$

对于不可压缩流体，定压热容 $c_p$ 与定容热容大体相等，即 $c_p = c_V$，因此，式（2-60）可写为：

$$\rho\,\frac{\mathrm{D}H}{\mathrm{D}\theta} = \rho c_p\,\frac{\mathrm{D}t}{\mathrm{D}\theta} + \frac{\mathrm{D}p}{\mathrm{D}\theta}$$

或

$$\rho c_p\,\frac{\mathrm{D}t}{\mathrm{D}\theta} = \rho\,\frac{\mathrm{D}H}{\mathrm{D}\theta} - \frac{\mathrm{D}p}{\mathrm{D}\theta} \tag{2-62}$$

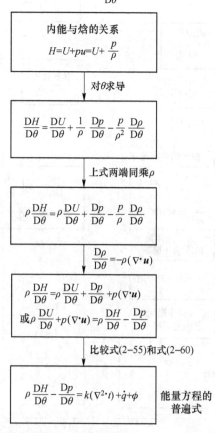

第二步，求式(2-55)中 $\rho\dfrac{\mathrm{D}U}{\mathrm{D}\theta} + p(\nabla\cdot\boldsymbol{u})$

内能与焓的关系

$$H = U + pu = U + \frac{p}{\rho}$$

对 $\theta$ 求导

$$\frac{\mathrm{D}H}{\mathrm{D}\theta} = \frac{\mathrm{D}U}{\mathrm{D}\theta} + \frac{1}{\rho}\,\frac{\mathrm{D}p}{\mathrm{D}\theta} - \frac{p}{\rho^2}\,\frac{\mathrm{D}\rho}{\mathrm{D}\theta}$$

上式两端同乘 $\rho$

$$\rho\,\frac{\mathrm{D}H}{\mathrm{D}\theta} = \rho\,\frac{\mathrm{D}U}{\mathrm{D}\theta} + \frac{\mathrm{D}p}{\mathrm{D}\theta} - \frac{p}{\rho}\,\frac{\mathrm{D}\rho}{\mathrm{D}\theta}$$

$$\frac{\mathrm{D}\rho}{\mathrm{D}\theta} = -\rho(\nabla\cdot\boldsymbol{u})$$

$$\rho\,\frac{\mathrm{D}H}{\mathrm{D}\theta} = \rho\,\frac{\mathrm{D}U}{\mathrm{D}\theta} + \frac{\mathrm{D}p}{\mathrm{D}\theta} + p(\nabla\cdot\boldsymbol{u})$$

或 $\rho\dfrac{\mathrm{D}U}{\mathrm{D}\theta} + p(\nabla\cdot\boldsymbol{u}) = \rho\dfrac{\mathrm{D}H}{\mathrm{D}\theta} - \dfrac{\mathrm{D}p}{\mathrm{D}\theta}$

比较式(2-55)和式(2-60)

$$\rho\,\frac{\mathrm{D}H}{\mathrm{D}\theta} - \frac{\mathrm{D}p}{\mathrm{D}\theta} = k(\nabla^2\cdot t) + \dot{q} + \phi$$

能量方程的普遍式

在式（2-61）中，如果无内热源，或参与导热物质虽发生化学反应，但热效应不大，在此两种情况下，$q \approx 0$；另外，除高黏度流体和运动速度高于音速的流体外，$\phi$ 可视为零，因此，式（2-61）可改写为：

$$\rho \frac{DH}{D\theta} - \frac{Dp}{D\theta} = k(\nabla^2 t) \qquad (2-63)$$

比较式（2-62）和式（2-63），得：

$$\rho c_p \frac{Dt}{D\theta} = k(\nabla^2 t) \qquad (2-64)$$

或

$$\frac{Dt}{D\theta} = \alpha(\nabla^2 t) \qquad (2-65)$$

把上式左右两侧展开，得：

$$u_x \frac{\partial t}{\partial x} + u_y \frac{\partial t}{\partial y} + u_z \frac{\partial t}{\partial z} + \frac{\partial t}{\partial \theta} = \partial\left(\frac{\partial^2 t}{\partial x^2} + \frac{\partial^2 t}{\partial y^2} + \frac{\partial^2 t}{\partial z^2}\right) \qquad (2-66)$$

对于固体中的导热，各速度分量 $u_x = u_t = u_z = 0$，随体导数变为偏导数，式（2-6）变为：

$$\frac{\partial t}{\partial \theta} = \alpha(\nabla^2 t) \qquad (2-67)$$

对于无内热源、定常态、固体中的导热，方程可化简为：

$$(\nabla^2 t) = 0 \qquad (2-68)$$

对于有内热源和不可压缩流体的导热，可将式（2-65）改写为式（2-69）：

$$\frac{Dt}{D\theta} = \alpha(\nabla^2 t) + \frac{\dot{q}}{\rho c_p} \qquad (2-69)$$

式（2-67）称为傅里叶第二定律的定义表达式，式（2-68）称为拉普拉斯方程，它是传递过程中少数能求出解析解的方程之一。

柱坐标的能量方程：柱坐标的能量方程为（推导过程可参见有关文献）

$$u_r \frac{\partial t}{\partial r} + \frac{u_\theta}{r} \frac{\partial t}{\partial \theta} + u_z \frac{\partial t}{\partial z} + \frac{\partial t}{\partial \theta'} = \alpha\left(\frac{1}{r} \frac{\partial}{\partial r}\left(r \frac{\partial t}{\partial r}\right) + \frac{1}{r^2} \frac{\partial^2 t}{\partial \theta^2} + \frac{\partial^2 t}{\partial z^2}\right) \qquad (2-70)$$

式中 $u_r, u_\theta, u_z$——分别为流体速度在柱坐标系 $r$、$\theta$、$z$ 方向的分量。

# 2.5 质量微分方程

在质量传递过程中，如果多组分系统作多维流动，并且是非定常态和伴有化学反应的传质，此时必须采用质量传递微分方程才能描述上述条件下的质量传递过程。多组分系统的质量传递微分方程可对每一组分进行微分质量衡算获得，其推导过程与单组分的连续性方程相同，因此，多组分系统的传质分方程又称为多组分系统的连续性方程，对双组分系统则称为双组分系统的连续性方程。下面介绍由 A、B 组成的双组分系统的质量微分衡算。

## 2.5.1　与质量微分衡算相关的物理量

### 2.5.1.1　分子扩散与对流传质

分子扩散（分子传质）在不流动或停滞流体中或固相中均能发生。如在气体混合物中，若组分的浓度各处不均匀，则由于气体分子的不规则运动，单位时间内组分由高浓度区移至低浓度区的分子数将多于由低浓度区移至高浓度区的分子数，造成由高浓度区向低浓度区的净分子流动，最终使该组分在各处的浓度趋于一致。这种不依靠混合作用而发生的质量传递现象称为分子传质或分子扩散。分子扩散的数学模型为费克第一定律，其表达式为：

$$J_A = -D_{AB} \frac{dc_A}{dz} \tag{2-71}$$

式中　　$J_A$——组分 A 的扩散通量，$kmol/(m^2 \cdot s)$；

　　　　$D_{AB}$——组分 A 在组分 B 中的扩散系数，$m^2/s$；

　　　　$\dfrac{dc_A}{dz}$——组分 A 的浓度梯度。

上式中的负号表示分子扩散向着浓度降低的方向进行。

对流传质为运动流体与固体壁面之间或互不相溶的两种运动流体之间发生的质量传递。其数学表达式为：

$$N_A = k_c \Delta c_A \tag{2-72}$$

式中　　$N_A$——对流传质摩尔通量，$kmol/(m^2 \cdot s)$；

　　　　$k_c$——对流传质系数，$m/s$；

　　　　$\Delta c_A$——组分 A 在界面处的浓度与流体主体平均浓度之差，$kmol/m^3$。

### 2.5.1.2　质量平均速度与摩尔平均速度

扩散速度是指在多组分系统中，各组分之间进行分子扩散时由于各组分的扩散性质不同，因而它们的扩散速度也不同，把这种由于某组分的扩散性质决定的速度称为该组分的扩散速度（图 2-7）。

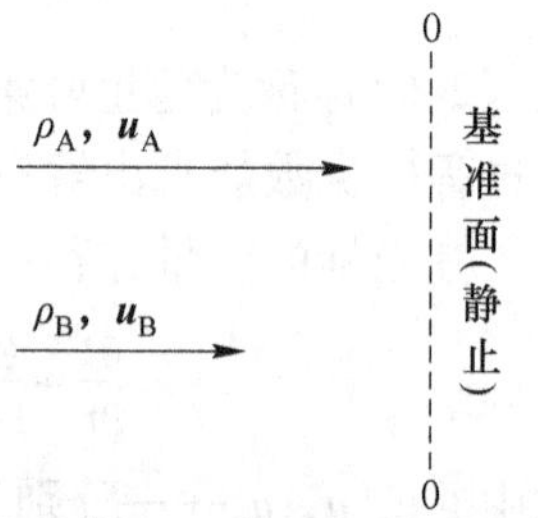

平均速度：它包括质量平均速度和摩尔平均速度。

质量平均速度：在由 A、B 组成的双组分系统中，A 或 B 相对于静坐标的统计速度不易测量，但它们可以采用组分通过静止坐标的通量除以组分浓度来表达。例如，A、B 组分相对于静止坐标的质量通量为 $n_A$ 和 $n_B$，组分 A、B 相对于静止坐标的统计速度分别为 $u_A$、$u_B$，于是有：

图 2-7　组分 A、B 相对于
静坐标的扩散速度

$$u_A = n_A/\rho_A$$

$$u_B = n_B/\rho_B$$

通过静止坐标的总质量通量为：

$$n_A + n_B = \rho_A u_A + \rho_B u_B$$

若此混合物的总质量通量、混合密度、相对静止坐标的质量平均速度分别为 $n$、$\rho$、$u_A$，则有：

$$n = n_A + n_B = \rho u$$

或　　　　　　　　　　　$\rho u = \rho_A u_A + \rho_B u_B$

故由 A、B 组分混合物质的平均速度为：

$$u = \frac{1}{\rho}(\rho_A u_A + \rho_B u_B) \tag{2-73}$$

同理可得摩尔平均速度 $u_M$ 的定义表达式：

$$u_M = \frac{1}{c}(c_A u_A + c_B u_B) \tag{2-74}$$

式中　$u_M$——双组分混合物中组分 A、B 的摩尔平均速度；

$u_A, u_B$——组分 A、B 的相对静止坐标的速度；

$c_A, c_B, c$——分别为混合系统中 A 组分、B 组分的摩尔浓度和总摩尔浓度。

### 2.5.2　质量微分衡算方程的推导

以双组分系统为例，假设引起质量传递的原因有 3 个：其一是在传质方向上组分 A 存在浓度梯度；其二是流体宏观运动时的主体流动；其三是传质过程中伴随化学反应，组分 A 的生成或消耗。取边长分别为 $dx$、$dy$ 和 $dz$ 的流体微元，如图 2-8 所示，若该流体微元的质量平均速度为 $u$，它在 $x$、$y$ 和 $z$ 方向上的分量分别为 $u_x$、$u_y$ 和 $u_z$，则组分 A 在这 3 个方向上的质量通量分别为 $\rho_A u_x$、$\rho_A u_y$ 和 $\rho_A u_z$。令组分的扩散通量为 $j_{Ax}$、$j_{Ay}$、$j_{Az}$，则 A 组分沿 $x$ 方向进入左侧面总质量流率为：

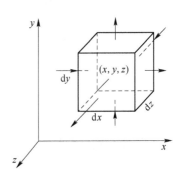

$$(\rho_A u_X + j_{AX})\,dydz$$

出右侧面的质量流率为：

图 2-8　组分 A 的质量衡算

$$(\rho_A u_X + j_{AX})\,dydz + \frac{\partial}{\partial x}(\rho_A u_X + j_{AX})\,dxdydz$$

左右两侧面的质量流率差为：

$$\frac{\partial}{\partial x}(\rho_A u_X + j_{AX})\,dxdydz = \left[\frac{\partial}{\partial x}(\rho_A u_x) + \frac{\partial j_{Ax}}{\partial x}\right]dxdydz \tag{2-75a}$$

同理可得 $y$ 方向、$z$ 方向的质量流率差分别为：

$$\left[\frac{\partial}{\partial y}(\rho_A u_y) + \frac{\partial j_{Ay}}{\partial y}\right]dxdydz \tag{2-75b}$$

$$\left[\frac{\partial}{\partial z}(\rho_A u_z) + \frac{\partial j_{Az}}{\partial z}\right]dxdydz \tag{2-75c}$$

组分 A 在流体微元中累积的质量流率为：

$$\frac{\partial \rho_A}{\partial \theta}dxdydz \tag{2-76}$$

由于化学反应，单位体积中组分 A 的生成速率为 $r_A$（消耗 A 时，其消耗速率为 $-r_A$），微元体内由于化学反应生成的组分 A 的质量速率为：

$$r_A dxdydz \tag{2-77}$$

根据质量守恒定律，组分 A 的微分恒算式为：

$$\left[\frac{\partial(\rho_A u_x)}{\partial x} + \frac{\partial(\rho_A u_y)}{\partial y} + \frac{\partial(\rho_A u_z)}{\partial z} + \frac{\partial j_{Ax}}{\partial x} + \frac{\partial j_{Ay}}{\partial y} + \frac{\partial j_{Az}}{\partial z} + \frac{\partial \rho_A}{\partial \theta} - r_A\right]dxdydz = 0$$

消去微元体积 $dxdydz$，得：

$$\frac{\partial(\rho_A u_x)}{\partial x} + \frac{\partial(\rho_A u_y)}{\partial y} + \frac{\partial(\rho_A u_z)}{\partial z} + \frac{\partial j_{Ax}}{\partial x} + \frac{\partial j_{Ay}}{\partial y} + \frac{\partial j_{Az}}{\partial z} + \frac{\partial \rho_A}{\partial \theta} - r_A = 0 \tag{2-78}$$

展开上式中的前三项，式（2-78）变为：

$$u_x \frac{\partial \rho_A}{\partial x} + u_y \frac{\partial \rho_A}{\partial y} + u_z \frac{\partial \rho_A}{\partial z} + \frac{\partial \rho_A}{\partial \theta} + \rho_A \left( \frac{\partial u_x}{\partial x} + \frac{\partial u_y}{\partial y} + \frac{\partial u_z}{\partial z} \right) + \frac{\partial j_{Ax}}{\partial x} + \frac{\partial j_{Ay}}{\partial y} + \frac{\partial j_{Az}}{\partial z} - r_A = 0 \tag{2-79}$$

式（2-79）中前四项可写为随体导数 $\dfrac{D\rho_A}{D\theta}$，于是有：

$$\frac{\partial \rho_A}{\partial \theta} + \rho_A \left( \frac{\partial u_x}{\partial x} + \frac{\partial u_y}{\partial y} + \frac{\partial u_z}{\partial z} \right) + \frac{\partial j_{Ax}}{\partial x} + \frac{\partial j_{Ay}}{\partial y} + \frac{\partial j_{Az}}{\partial z} - r_A = 0 \tag{2-80}$$

上述各式中的 $j_A$，除了以分子扩散的形式出现外，还有热扩散、压力扩散和离子扩散等。如果只计入分子扩散，则根据费克第一定律，有：

$$j_{Ax} = -D_{AB} \frac{\partial \rho_A}{\partial x} \tag{2-81a}$$

$$j_{Ay} = -D_{AB} \frac{\partial \rho_A}{\partial y} \tag{2-81b}$$

$$j_{Az} = -D_{AB} \frac{\partial \rho_A}{\partial z} \tag{2-81c}$$

式（2-81a）、式（2-81b）、式（2-81c）分别对 $x$、$y$、$z$ 求导，得：

$$\frac{\partial j_{Ax}}{\partial x} = -D_{AB} \frac{\partial^2 \rho_A}{\partial x^2} \tag{2-82a}$$

$$\frac{\partial j_{Ay}}{\partial y} = -D_{AB} \frac{\partial^2 \rho_A}{\partial y} \tag{2-82b}$$

$$\frac{\partial j_{Az}}{\partial z} = -D_{AB} \frac{\partial^2 \rho_A}{\partial z^2} \tag{2-82c}$$

把式（2-82a）、式（2-82b）和式（2-82c）代入式（2-80），得：

$$\frac{D\rho_A}{D\theta} + \rho_A \left( \frac{\partial u_x}{\partial x} + \frac{\partial u_y}{\partial y} + \frac{\partial u_z}{\partial z} \right) = D_{AB} \left( \frac{\partial^2 \rho_A}{\partial x^2} + \frac{\partial^2 \rho_A}{\partial y^2} + \frac{\partial^2 \rho_A}{\partial z^2} \right) + r_A \tag{2-83}$$

假定混合物的总浓度 $\rho$ 恒定，且流体不可压缩，则上式中的 $\nabla \cdot u = 0$，故式（2-83）可写为：

$$\frac{D\rho_A}{D\theta} = D_{AB} (\nabla^2 \cdot \rho_A) + r_A \tag{2-84}$$

此即双组分系统的质量传递微分方程，又称为对流扩散方程或组分 A 的连续性方程。它适用于总浓度 $\rho(\rho = \rho_A + \rho_B)$ 恒定，伴有化学反应的传质过程。

若用摩尔平均速度 $U_M$ 和摩尔通量推导，可得 A、B 混合总浓度 $\rho$ 为常数、伴有化学反应时组分 A 的质量传递微分方程：

$$\frac{Dc_A}{D\theta} = D_{AB} (\nabla^2 \cdot \rho_A) + R_A \tag{2-85}$$

式中　$R_A$——单位体积中 A 组分的生成摩尔速率，$kmol/(m^3 \cdot s)$。

式（2-85）适用于总浓度 $\rho$ 恒定、伴有化学反应的传质过程。

### 2.5.3　传质微分方程的特定形式

传质微分方程的原形如式（2-85）所示，在特定的条件下，该方程可以进行化简。

若传质时不发生化学反应，则式（2-85）可写为：

$$\frac{Dc_A}{D\theta} = D_{AB}(\nabla^2 \cdot c_A) \tag{2-86}$$

若不发生化学反应，参与传质的介质不运动（如固体或停滞流体），则式（2-86）中随体导数中的全部速度项消失，随体导数变为偏导数：

$$\frac{\partial c_A}{\partial \theta} = D_{AB}(\nabla^2 \cdot c_A) \tag{2-87}$$

式（2-87）为费克第二定律的数学表达式。

若传质处于定常态且无化学反应，则有：

$$(\nabla^2 \cdot c_A) = 0 \tag{2-88}$$

式（2-88）为以组分 A 的摩尔浓度表示的拉普拉斯方程。

## 2.6　运动微分方程、能量微分方程和质量传递微分方程之间的相似

为了清晰地看出各微分衡算方程之间的相似性，需要对它们的原形作些处理。

对运动微分方程的处理，$x$ 方向用应力表示的运动微分方程、切向应力和法向应力分别是式（2-28a）、式（2-40a）、式（2-40b）和式（2-41a）：

$$\rho \frac{Du_x}{D\theta} = \rho X + \frac{\partial \tau_{xx}}{\partial x} + \frac{\partial \tau_{yx}}{\partial y} + \frac{\partial \tau_{zx}}{\partial z}$$

$$\tau_{yx} = \mu\left(\frac{\partial u_y}{\partial x} + \frac{\partial u_x}{\partial y}\right)$$

$$\tau_{zx} = \mu\left(\frac{\partial u_z}{\partial x} + \frac{\partial u_x}{\partial z}\right)$$

$$\tau_{xx} = -p + 2\mu\left(\frac{\partial u_x}{\partial x}\right) - \frac{2}{3}\mu(\nabla u)$$

把式（2-40）、式（2-40b）和式（2-41a）代入式（2-28a），得

$$\rho\frac{Du_x}{D\theta} = \rho X - \frac{\partial p}{\partial x} - \frac{2}{3}\frac{\partial}{\partial x}[\mu(\nabla \cdot u)] + \frac{\partial}{\partial x}\left(2\mu\frac{\partial u_x}{\partial x}\right) + \frac{\partial}{\partial y}\left[\mu\left(\frac{\partial u_y}{\partial x} + \frac{\partial u_x}{\partial y}\right)\right] + \frac{\partial}{\partial z}\left[\mu\left(\frac{\partial u_z}{\partial x} + \frac{\partial u_x}{\partial z}\right)\right]$$

$$= \rho X - \frac{\partial p}{\partial x} - \frac{2}{3}\frac{\partial}{\partial x}[\mu(\nabla \cdot u)] + \frac{\partial}{\partial x}\left(\mu\frac{\partial u_x}{\partial x}\right) + \frac{\partial}{\partial y}\left(\mu\frac{\partial u_y}{\partial x}\right) + \frac{\partial}{\partial z}\left(\mu\frac{\partial u_z}{\partial x}\right) + \left[\frac{\partial}{\partial x}\left(\mu\frac{\partial u_x}{\partial x}\right) + \right.$$

$$\left.\frac{\partial}{\partial y}\left(\mu\frac{\partial u_y}{\partial x}\right) + \frac{\partial}{\partial z}\left(\mu\frac{\partial u_z}{\partial x}\right)\right]$$

$$= \rho X - \frac{\partial p}{\partial x} - \frac{2}{3}\frac{\partial}{\partial x}[\mu(\nabla \cdot u)] + \frac{\partial}{\partial x}\left(\mu\frac{\partial u_x}{\partial x}\right) + \frac{\partial}{\partial y}\left(\mu\frac{\partial u_y}{\partial x}\right) + \frac{\partial}{\partial z}\left(\mu\frac{\partial u_z}{\partial x}\right) + \nabla[\mu(\nabla u_x)]$$

$$\tag{2-89}$$

式（2-89）的左端 $\rho \dfrac{\mathrm{D}u_x}{\mathrm{D}\theta}$ 展开后得：

$$\rho \frac{\mathrm{D}u_x}{\mathrm{D}\theta} = \rho\left( u_x \frac{\partial u_x}{\partial x} + u_y \frac{\partial u_x}{\partial y} + u_z \frac{\partial u_x}{\partial z} + \frac{\partial u_x}{\partial \theta} \right) = \rho \frac{\partial u_x}{\partial \theta} + \rho\boldsymbol{u}(\nabla \cdot u_x) \tag{2-90}$$

展开下式：

$$\frac{\partial(\rho u_x)}{\partial \theta} + \nabla \cdot (\rho \boldsymbol{u} u_x) = u_x \frac{\partial \rho}{\partial \theta} + \rho \frac{\partial u_x}{\partial \theta} + u_x \nabla \cdot (\rho \boldsymbol{u}) + \rho\boldsymbol{u}(\nabla \cdot u_x) \tag{2-91}$$

已知连续性方程为：

$$\frac{\partial \rho}{\partial \theta} + \nabla \cdot (\rho \boldsymbol{u}) = 0$$

在式（2-12a）两端同乘 $u_x$，得：

$$u_x \frac{\partial \rho}{\partial \theta} + u_x \nabla \cdot (\rho \boldsymbol{u}) = 0 \tag{2-92}$$

把式（2-92）代入式（2-91）得：

$$\frac{\partial(\rho u_x)}{\partial \theta} + \nabla \cdot (\rho \boldsymbol{u} u_x) = \rho \frac{\partial u_x}{\partial \theta} + \rho\boldsymbol{u}(\nabla \cdot u_x) \tag{2-93}$$

比较式（2-90）和式（2-93），得：

$$\rho \frac{\mathrm{D}u_x}{\mathrm{D}\theta} = \frac{\partial(\rho u_x)}{\partial \theta} + \nabla \cdot (\rho \boldsymbol{u} u_x) \tag{2-94}$$

所以，$x$ 方向的运动微分方程可以写为：

$$\frac{\partial(\rho u_x)}{\partial \theta} + \nabla \cdot (\rho \boldsymbol{u} u_x) = \nabla \cdot (\mu \nabla u_x) + \left[ \rho X - \frac{\partial p}{\partial x} + \frac{\partial}{\partial x}\left( \mu \frac{\partial u_x}{\partial x} \right) + \frac{\partial}{\partial y}\left( \mu \frac{\partial u_y}{\partial x} \right) + \right.$$
$$\left. \frac{\partial}{\partial z}\left( \mu \frac{\partial u_z}{\partial x} \right) - \frac{2}{3}\frac{\partial}{\partial x}(\mu \nabla \cdot \boldsymbol{u}) \right] \tag{2-95a}$$

同理可得 $y$ 方向和 $z$ 方向的运动微分方程：

$$\frac{\partial(\rho u_x)}{\partial \theta} + \nabla \cdot (\rho \boldsymbol{u} u_x) = \nabla \cdot (\mu \nabla u_x) + \left[ \rho Y - \frac{\partial p}{\partial y} + \frac{\partial}{\partial x}\left( \mu \frac{\partial u_x}{\partial y} \right) + \frac{\partial}{\partial y}\left( \mu \frac{\partial u_y}{\partial y} \right) + \right.$$
$$\left. \frac{\partial}{\partial z}\left( \mu \frac{\partial u_z}{\partial y} \right) - \frac{2}{3}\frac{\partial}{\partial x}(\mu \nabla \cdot \boldsymbol{u}) \right] \tag{2-95b}$$

$$\frac{\partial(\rho u_x)}{\partial \theta} + \nabla \cdot (\rho \boldsymbol{u} u_x) = \nabla \cdot (\mu \nabla u_x) + \left[ \rho Z - \frac{\partial p}{\partial z} + \frac{\partial}{\partial x}\left( \mu \frac{\partial u_x}{\partial } \right) + \frac{\partial}{\partial y}\left( \mu \frac{\partial u_y}{\partial } \right) + \right.$$
$$\left. \frac{\partial}{\partial z}\left( \mu \frac{\partial u_x}{\partial } \right) - \frac{2}{3}\frac{\partial}{\partial x}(\mu \nabla \cdot \boldsymbol{u}) \right] \tag{2-95c}$$

同理，利用式（2-92）把能量微分方程（2-61）处理为（假定定压比热容 $c_p$ 为定值）：

$$\frac{\partial(\rho H)}{\partial \theta} + \nabla \cdot (\rho \boldsymbol{u} H) = \nabla \cdot \left( \frac{k}{c_p} \nabla H \right) + \dot{q} + \frac{\mathrm{D}p}{\mathrm{D}\theta} + \phi \tag{2-96}$$

对导出的由 A、B 组分组成的传质微分方程为式（2-83），若改用 A 组分的质量分率 $a_A = \dfrac{\rho_A}{\rho}$ 表示，则有：

$$\frac{\mathrm{D}\rho_A}{\mathrm{D}\theta} + \rho_A(\nabla \cdot \boldsymbol{u}) - \nabla \cdot [D_{AB}\rho(\nabla \cdot a_A)] - r_A = 0 \tag{2-97}$$

用连续性方程式（2-92）可把上式处理为双组分混合物中组分 A 的连续性方程，或称组分 A 的质量传递方程：

$$\frac{\partial(\rho a_A)}{\partial\theta} + \nabla \cdot (\rho\boldsymbol{u}a_A) = \nabla \cdot [D_{AB}\rho(\nabla \cdot a_A)] + r_A \tag{2-98a}$$

同理可得 B 组分的质量传递微分方程为：

$$\frac{\partial(\rho a_B)}{\partial\theta} + \nabla \cdot (\rho\boldsymbol{u}a_B) = \nabla \cdot [D_{AB}\rho(\nabla \cdot a_B)] + r_B \tag{2-98b}$$

式中，$a_B = \rho_B/\rho$，为 B 组分的质量分率。

比较运动微分方程式［式（2-95a）、式（2-95b）和式（2-95c）］能量微分方程［式（2-96）］和组分 A 的质量传递微分方程［式（2-98a）］可以看出它们能用如下的一个通式来概括：

$$\frac{\partial}{\partial\theta}(\rho\phi) + \nabla \cdot (\rho\boldsymbol{u}\phi) = \nabla \cdot (\Gamma\nabla\phi) + S \tag{2-99}$$

非定常项　　　对流项　　　　扩散项　　　源项

式中　$\Gamma$——广义扩散系数。

$\Gamma$、$\phi$、$S$ 在不同的微分衡算式中有不同的内涵，见表 2-2。

表 2-2 微分衡算通式中 $\Gamma$、$\phi$ 和 $S$ 的含义

| 方程 | | $\phi$ | $\Gamma$ | $S$ |
|---|---|---|---|---|
| 运动微分方程 | 式(2-95a) | $u_x$ | $\mu$ | $\rho X - \frac{\partial p}{\partial x} - \frac{2}{3}\frac{\partial}{\partial x}[\mu(\nabla\boldsymbol{u})] + \frac{\partial}{\partial x}\left(\mu\frac{\partial u_x}{\partial x}\right) + \frac{\partial}{\partial y}\left(\mu\frac{\partial u_y}{\partial x}\right) + \frac{\partial}{\partial z}\left(\mu\frac{\partial u_z}{\partial x}\right)$ |
| | 式(2-95b) | $u_y$ | $\mu$ | $\rho Y - \frac{\partial p}{\partial y} - \frac{2}{3}\frac{\partial}{\partial y}[\mu(\nabla\boldsymbol{u})] + \frac{\partial}{\partial x}\left(\mu\frac{\partial u_x}{\partial y}\right) + \frac{\partial}{\partial y}\left(\mu\frac{\partial u_y}{\partial y}\right) + \frac{\partial}{\partial z}\left(\mu\frac{\partial u_z}{\partial y}\right)$ |
| | 式(2-95c) | $u_z$ | $\mu$ | $\rho Z - \frac{\partial p}{\partial z} - \frac{2}{3}\frac{\partial}{\partial z}[\mu(\nabla\boldsymbol{u})] + \frac{\partial}{\partial x}\left(\mu\frac{\partial u_x}{\partial z}\right) + \frac{\partial}{\partial y}\left(\mu\frac{\partial u_y}{\partial z}\right) + \frac{\partial}{\partial z}\left(\mu\frac{\partial u_z}{\partial z}\right)$ |
| 能量微分方程 | 式(2-96) | $H$ | $k/c_p$ | $\dot{q} + \frac{\mathrm{D}p}{\mathrm{D}\theta} + \phi$ |
| 质量微分方程 | 式(2-98a) | $a_A$ | $D_{AB}\rho$ | $r_A$ |

由微分衡算通式，即式（2-99）及表 2-2 可知，微分动量衡算、微分能量衡算和微分质量衡算是相似的。方程的相似，就意味着传递过程的相似和求解方法的相似，这被以后各章的内容所证实。

例　题

［例 2-1］　试将通用的连续性方程简化为不可压缩流体在球面上作轴对称流动时的连续性方程。

［解］　由于描述球面上的运动，故采用球坐标系的连续性方程

$$\frac{\partial \rho}{\partial \theta} + \frac{1}{r^2} \frac{\partial}{\partial r}(\rho r^2 u_r) + \frac{1}{r\sin\theta} \frac{\partial}{\partial \theta}(\rho u_\theta \sin\theta) + \frac{1}{r\sin\theta} \frac{\partial}{\partial \phi}(\rho u_\phi) = 0$$

对于不可压缩流体，$\rho$ = 常数，上式化为：

$$\frac{1}{r^2} \frac{\partial}{\partial r}(r^2 u_r) + \frac{1}{r\sin\theta} \frac{\partial}{\partial \theta}(u_\theta \sin\theta) + \frac{1}{r\sin\theta} \frac{\partial u_\theta}{\partial \phi} = 0$$

由于流体流动是轴对称的，即与方位角 $\phi$ 无关，故上式又可简化为：

$$\frac{1}{r^2} \frac{\partial}{\partial r}(r^2 u_r) + \frac{1}{r\sin\theta} \frac{\partial}{\partial \theta}(u_\theta \sin\theta) = 0$$

再将上式展开化简后得：

$$r \frac{\partial u_r}{\partial r} + 2u_r + \frac{\partial u_\theta}{\partial \theta} + \frac{u_\theta}{\tan\theta} = 0$$

[**例 2-2**]　不可压缩流体二维流动的速度分布为：$u_x = x^2 y - 2x - \dfrac{y^3}{3}$，$u_y = \dfrac{x^3}{3} + 2y - xy^2$，问此流动是否满足连续性方程式。

[**解**]
$$\frac{\partial u_x}{\partial x} + \frac{\partial u_y}{\partial y} = (2xy - 2) + (2 - 2xy) = 0$$

故满足连续性方程式，流动是连续的。

# 3 分子传递相似

动量、热量和质量的传递方式有两类：一是分子传递，另一类是湍流传递。层流流动、导热和分子扩散属于分子传递；湍流流动、湍流传热和湍流传质属于湍流传递。不仅分子传递与湍流传递相似，而且分子传递中的动量、热量和质量传递的传递机理、过程和结果也是相似的。本章着重讨论分子传递相似的机理、物理模型、数学模型、定解条件和传递特征量的计算。

## 3.1 分子传递的机理

动量、热量和质量进行分子传递，广义地说，其原因是分子不规则热运动的结果。例如对于流体，分子不规则热运动引起分子在各流层之间进行交换，如果各流层的速度、温度和浓度不同，就会产生动量、热量和质量传递。固体或静止流体内部的导热和分子扩散，是由分子的不规则运动产生的。下面分别讨论分子动量传递、分子传热（导热）和分子传质的机理。

### 3.1.1 分子动量传递的机理

在第 1 章曾论及流体在两块平行板间的速度分布（图 1-1），并得到牛顿黏性定律的数学表达式

$$\tau_{yx} = -\nu \frac{\mathrm{d}(\rho u_x)}{\mathrm{d}y}$$

现在讨论层流情况下动量传递的机理。在流体分子无规律的热运动过程中，速度较快的流体分子有一些进入速度较慢的流体层，这些快速运动的分子在 $x$ 方向具有较大的动量，当它们与速度较慢的流体层内的分子相碰撞时，便把动量传递给后者并使其加速；同时，速度较慢的流体层中也有同量的分子进入流速较快的流体层，而使后者减速，于是，流体层之间分子的交换使动量从高速层向低速层传递，其结果是产生阻碍流体相对运动的剪切力。此种传递一直到达固定的壁面，流体向壁面传递动量的结果是产生壁面处的剪应力，成为壁面抑制流体运动的力。

总之，动量传递是由于物体内部速度不均引起的，动量从流速大的区域传递到流速小的区域。应当指出，以上讨论的是流体处于层流情况下的传递机理。如果流体是作湍流运动，则动量传递要比层流运动复杂得多。正如 R. B. Brd 所说，目前液体运动理论还未充分建立起来。他认为，对于气体，其分子在两次碰撞之间经历的距离较长，动量主要是靠分子的自由飞行传递；而对于液体，其分子在两次碰撞间只经过一个很短的距离，动量传递机理主要是分子与分子的实际碰撞。

### 3.1.2  分子传热（导热）机理

气体、液体和固体的导热机理不尽相同。

气体的导热是气体分子作不规则热运动时互相碰撞的结果。气体分子的动能与其温度有关，高温区的分子具有较大的动能，即速度较快，当它们运动到低温区时，便与该区的分子发生碰撞，其结果是热量从高温区转移到低温区，从而以导热的方式进行热量传递。

液体的导热有两种理论。其一认为，液体的导热机理与气体的相同，差异在于液体分子间距较小，分子间的作用力对碰撞过程的影响较大，因而其机理变得更复杂。其二认为，液体的导热机理类似于非导电体的固体，即主要靠原子、分子在其平衡位置上振动，从而实现热量由高温区向低温区转移。

固体的导热方式是晶格振动和自由电子的迁移。在非导电的固体中，导热是通过晶格振动（即原子、分子在其平衡位置附近振动）来实现的。对于良好的导电体，类似气体的分子运动，自由电子在晶格之间运动，将热量由高温区传向低温区。由于自由电子的数目多，因而它所传递的热量多于晶格振动所传递的热量，这就是良好的导电体一般都是良好的导热体的缘故。

### 3.1.3  分子扩散的机理

浓度差、温度差、电场或磁场等都可能导致分子扩散。由温度差引起的分子传质称为热扩散，把由电场或磁场引起的扩散称为强制扩散。由于热扩散和强制扩散的效应较小，只有在温度梯度或压力梯度很大时，才会产生明显的影响，因此，本书仅介绍由浓度差引起的分子扩散。分子扩散在气相、液相和固相中均可发生。其扩散机理与导热类似，从本质上说，它们都是依靠分子的随机运动引起的转移行为，不同的是前者为质量转移，后者是热量转移。研究质量传递的方法与研究热量传递的方法相似。在质量浓度梯度比较小、质量交换率比较小的场合，传质现象的数学描述与传热现象是类似的。在定解条件也类似的条件下，从传热得到的结果可以通过两者类比直接用于传质。在其条件下，热、质传递过程会有明显差别，传热传质类比关系不再适用。

## 3.2  分子传递的物理模型和数学模型

分子动量传递、导热和分子扩散的物理模型和数学模型十分相似，物理模型如图3-1～图3-3所示。现以气体分子动量传递的模型为例说明。

现在考察具有速度梯度$\dfrac{\mathrm{d}u_x}{\mathrm{d}y}$而且平行于$x$轴方向的气体行为。假定此种纯气体是由刚性球体分子组成，其分子直径为$d$，质量$m$，分子平均自由程为$\lambda$，分子密度为单位体积有$n$个分子，分子速度是随机的，其平均速度为$\bar{u}$，相邻两层气体的层间距为$a\left(取\ a=\dfrac{2}{3}\lambda\right)$，在$(y-a)$、$y$和$(y+a)$流层处，其速度分别为$u_x|_{y-a}$、$u_x|_y$和$u_x|_{y+a}$，在所讨论的区域内，速度侧形$u_x(y)$是呈线性分布的，则根据分子运动论，剪应力$\tau_{yx}$可用下式描述：

$$\tau_{yx} = -\frac{1}{3}nm\bar{u}\lambda\frac{\mathrm{d}u_x}{\mathrm{d}y} \tag{3-1}$$

式（3-1）与式（1-2）相当，因而可得：

$$\mu = \frac{1}{3}nm\bar{u}\lambda = \frac{1}{3}\rho\bar{u}\lambda \tag{3-2}$$

经推导，液体的分子动量传递也得到了与式（1-2）相似的式子。

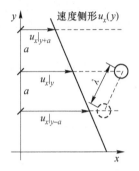
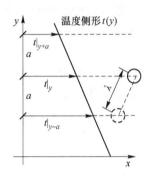
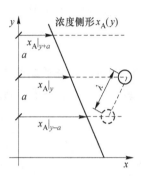

图3-1　x方向的分子动量传递，　　图3-2　x方向的分子能量传递，　　图3-3　组分A在x方向的分子
　　从y-a平面到达y平面　　　　　从y-a平面到达y平面　　　　　扩散，由y-a平面到达y平面

导热和分子扩散，其物理模型与分子动量传递的模型也是相似的，如图3-2、图3-3所示。现分别讨论其数学模型。单原子气体导热热通量可用下式表示：

$$q_y = -\frac{1}{2}nk_B\bar{u}\lambda\frac{\mathrm{d}t}{\mathrm{d}y} \tag{3-3}$$

式中　$q_y$——导热热通量；

　　　$k_B$——玻耳兹曼常数；

　　　$\dfrac{\mathrm{d}t}{\mathrm{d}y}$——温度梯度；

$n,\bar{u},\lambda$——与式（3-1）中的物理意义相同。

式（3-3）与傅里叶第一定律的定义表达式相当，因而导热系数 $k$ 为：

$$k = \frac{1}{2}nk\bar{u}\lambda = \frac{1}{3}\rho\bar{c}_V\bar{u}\lambda \tag{3-4}$$

式中，$\rho = nm$，为气体的质量密度；$\bar{c}_V$ 为平均定容比热容。

低密度下非极性二元气体混合物的分子扩散可用下式表示：

$$N_A = x_A(N_A + N_B) - \frac{1}{3}c\bar{u}\lambda\frac{dx_A}{dy} \tag{3-5}$$

式中　$N_A,N_B$——相对于静止坐标组分A、B的摩尔通量；

　　　$x_A$——组分A的摩尔分数；

　　　$c$——由组分A、B组成的二元系统的总浓度，以摩尔浓度表示；

　　　$\dfrac{dx_A}{dy}$——在y方向上组分A的浓度梯度；

　　　$\bar{u},\lambda$——物理意义同式（3-1）。

式（3-5）与费克第一定律的形式相当，因而有：

$$D_{AB} = \frac{1}{3}\bar{u}\lambda \tag{3-6}$$

这里所说费克第一定律表达式之一是指下式：

$$N_A = x_A ( N_A + N_B ) - c D_{AB} \frac{\mathrm{d}x_A}{\mathrm{d}y} \tag{3-7}$$

式中，$D_{AB}$ 为组分 A 在组分 B 中的扩散系数；其余各物理量的含义与式（3-5）相同。

此处仅列举了单原子气体导热的数学模型和低密度下非极性二元气体混合物分子扩散的数学模型，至于多原子气体、液体和固体的导热、液体中的扩散、固体的扩散等可参照 R. B. Bird 资料。

综上所述，分子动量传递、导热和分子扩散，不仅物理模型相似，而且数学模型也相似。表 3-1 汇集了分子传递的数学模型及其通量通式。

**表 3-1　分子传递的数学模型及其通量通式**

| 传递方式及数模<br>数模名称 | 动量传递 | | 导　热 | | 分子扩散 | |
|---|---|---|---|---|---|---|
| | 数学模型 | 公式编号 | 数学模型 | 公式编号 | 数学模型 | 公式编号 |
| 现象方程 | $\tau = -\mu \dfrac{\mathrm{d}u_x}{\mathrm{d}y}$ | 1-2 | $q/A = -k \dfrac{\mathrm{d}t}{\mathrm{d}y}$ | 1-8 | $j_A = -D_{AB} \dfrac{\mathrm{d}\rho_A}{\mathrm{d}y}$ | 1-13 |
| 通量表达式 | $\tau_{yx} = -\nu \dfrac{\mathrm{d}(\rho u_x)}{\mathrm{d}y}$ | 1-3 | $q/A = -\alpha \dfrac{\mathrm{d}(\rho c_p t)}{\mathrm{d}y}$ | 1-9 | | |
| 通量通式 | 通量 = −（扩散系数）×（浓度梯度） | | | | | |

# 3.3  定　解　条　件

研究传递现象的程序是：对传递现象进行物理分析，建立并化简数学模型，给定初始条件和边界条件（对于定常态传递过程，由于被传递的物理量不随时间变化，因此无须给出初始条件），通过数学运算解决实际问题。可见，给定初始条件和边界条件，对于传递现象的研究，是必不可少的环节。为解决某一个具体传递过程，必须用定解条件对方程组加以限制或约束，从而使具有普遍意义的方程转化为针对某个具体问题的方程。因此，一个完整的数学模型，除了数学模型本身以外，还应当包括与之相适应的定解条件。

定解条件包括初始条件和边界条件。在传热中，把初始条件、边界条件、几何条件和物理条件统称为单值条件。

## 3.3.1　初始条件

初始时刻传递现象应当满足初始状态。例如对于非定常态三维可压缩流体流动，表征流动状态的物理量是 $u_x$、$u_y$、$u_z$、$p$ 和 $\rho$，所以初始条件是在时间 $\theta_0 = 0$ 时刻规定：

$$u_x(x,y,z,0) = f_1(x,y,z)$$
$$u_y(x,y,z,0) = f_2(x,y,z)$$
$$u_z(x,y,z,0) = f_3(x,y,z)$$
$$p(x,y,z,0) = f_4(x,y,z)$$
$$\rho(x,y,z,0) = f_5(x,y,z)$$

式中，$f_1, \cdots, f_5$ 是给定的已知函数。显然，对于定常过程，不需要也不能给初始条件。初始条件标记为 I、C。

### 3.3.2 边界条件

传递现象方程在边界上应当满足的条件称为边界条件，记为 $B$、$C$。边界条件是多种多样的，只能视具体问题而定。

#### 3.3.2.1 固体壁面处的速度条件

对于黏性流体，由于流体黏附于固体壁面上，所以壁面上某一点流体的速度就是壁面上该点的速度。如果固体壁面是静止的，则黏附于此固体壁上流体的速度处处为零，它被称为黏附条件或无滑脱条件。

如果固体壁面是由多孔介质组成的（例如固体催化剂、分子筛和某些膜），流体可穿过介质的孔进行渗透，此时，流体在壁面处的切向速度分量等于零，而与固体壁面相垂直的法向速度分量等于流体穿过壁面的速度。

理想流体的黏性力为零，因此，流体与固体壁面之间也不存在切向应力；另外，理想流体是沿固体壁面作绕流运动，而绕流运动相对于壁面的法向速度等于零。

#### 3.3.2.2 固体壁面处的温度条件

固体壁面处的温度条件，常见的有下列几种。

（1）若固体表面是绝热的，则在固体壁面处，流体沿壁面的法向温度梯度 $\left.\dfrac{\partial t}{\partial n}\right|_{n=0}$ 等于零。

（2）若固体壁面是等温的，则固体壁面处，流体的温度与壁面温度相等。

（3）对于由多孔介质组成的固体壁面，如果流体是由流体主体通过壁面向其内部扩散，此时流体温度与壁面温度相等；而如果流体是通过壁面扩散至流体主体，则流体温度与固体壁面的温度不一定相等。

（4）固体非定常态导热的初始条件和边界条件。

以上讨论的均为固体物质在定常态条件下的边界条件，对于固体物质的非定常态导热，则需同时给出初始条件和边界条件。如前所述，初始条件是导热开始瞬间的物体内部的温度分布，即：

$$\theta = 0 \text{ 时，} \qquad t(x,y,z,0) = t_0(x,y,z)$$

式中，$t_0(x,y,z)$ 为已知函数。

边界条件根据物体边界处温度随时间的变化情况，分为三类。

第一类边界条件：给出任意时刻物体两端的温度，即：

$$t(x,\theta)\big|_{x=0} = t_1(\theta)$$
$$t(x,\theta)\big|_{x=l} = t_2(\theta)$$

式中，$t_1(\theta)$ 和 $t_2(\theta)$ 表示在导热进行的时间 $(0,\theta)$ 内的已知的温度函数，最简单的情况为两端 A、B 均恒温，且分别为 $t_A$ 和 $t_B$，即：

$$t(x,\theta)\big|_{x=0} = t_A$$
$$t(x,\theta)\big|_{x=l} = t_B$$

上述边界条件适用于物体与周围流体之间的对流传热热阻很小的情况。

第二类边界条件：给出任意时刻物体两端的热通量，即：

$$k \left. \frac{\partial t}{\partial x} \right|_{x=0} = \varphi_1(\theta)$$

$$k \left. \frac{\partial t}{\partial x} \right|_{x=l} = \varphi_2(\theta)$$

或

$$\left. \frac{\partial t}{\partial x} \right|_{x=0} = f_1(\theta)$$

$$\left. \frac{\partial t}{\partial x} \right|_{x=l} = f_2(\theta)$$

式中，$f_1(\theta)$ 和 $f_2(\theta)$ 为已知函数，即两个端点处的温度梯度随时间变化的关系已经给定。

第三类边界条件：物体两端与周围介质进行对流传热，且任意时刻各端面的导热速率均等于表面与流体之间的对流传热速率，即：

$$q_{x=0} = kA \left. \frac{\partial t}{\partial x} \right|_{x=0} = hA(t_{s0} - t_b)$$

$$q_{x=l} = kA \left. \frac{\partial t}{\partial x} \right|_{x=l} = -hA(t_{sl} - t_b)$$

式中　$k$——物体的导热系数；

　　　$h$——物体表面与流体之间的对流传热系数，$k$ 和 $h$ 均为定值；

$t_{s0}$，$t_{sl}$——分别表示在端点 $x=0$ 和 $x=l$ 处的温度，它们均随时间而变化。式中正负号是因为两个端面的温度梯度方向相反之故。

上两式还可以写为：

$$\left[ \frac{\partial t}{\partial x} - \frac{h}{k}(t_{s0} - t_b) \right]_{x=0} = 0$$

$$\left[ \frac{\partial t}{\partial x} - \frac{h}{k}(t_{sl} - t_b) \right]_{x=l} = 0$$

如果物体内部某处（$x=0$ 处）为温度分布曲线对称点，由于温度梯度在该处改变方向，故有：

$$\left. \frac{\partial t}{\partial x} \right|_{x=0} = 0$$

### 3.3.2.3　两种介质界面处的边界条件

两种介质的界面既可以是气、液、固三相中的任意两相的界面，也可以是同一相不同分组的界面，例如气-固、气-液和液-液界面。上述固体壁面处的边界条件，就是两种介质界面处边界条件的特例。

现在讨论相界面处的速度、温度和浓度条件。

如果界面处两介质互不渗透，且在运动过程中界面恒定不变，即满足界面不发生分离的连续条件，则在界面处的法向速度分量应当连续，如图 3-4 所示。此时有如下关系：

$$(u_n)_{介质1} = (u_n)_{介质2} \tag{3-8}$$

两相界面处切向速度分量和温度应当满足的条件，考虑到 $(u_n)_{介质1} = (u_n)_{介质2}$，有：

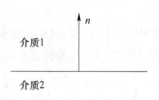

图 3-4　相界面上法向
速度分量连续

$$\begin{cases} \boldsymbol{u}_{介质1} = \boldsymbol{u}_{介质2} \\ t_{介质1} = t_{介质2} \end{cases} \tag{3-9}$$

式中，$\boldsymbol{u}$ 包含了法向量 $u_n$ 和切向速度分量 $u_s$。

式（3-9）对理想流体是不成立的，即 $\boldsymbol{u}$ 和 $t$ 在界面上是间断的。

密度与速度、温度不同，它在相界面上是间断的。由式（3-8）可知，介质 1 和介质 2 不相混合，即如果：

$$\rho_{介质1} \neq \rho_{介质2}$$

或

$$c_{介质1} \neq c_{介质2}$$

那么在相界面处，密度（浓度）必须是间断的。如果两介质之间存在着温度梯度，除了在界面处温度连续外，通过界面的热流量也应相等：

$$\left( k\, \frac{\partial t}{\partial n} \right)_{介质1} = \left( k\, \frac{\partial t}{\partial n} \right)_{介质2} \tag{3-10}$$

#### 3.3.2.4 无穷远处的边界条件

在无穷远处，流体的速度、压力、密度和温度条件分别是：$u_{r\to\infty} = u_\infty$，$p_{r\to\infty} = p_\infty$，$\rho_{r\to\infty} = \rho_\infty$，$t_{r\to\infty} = t_\infty$。

#### 3.3.2.5 自由表面处的边界条件

气、液界面也是两种介质界面处的一个特例。此时，在气、液相界面处的切应力是连续的，所以有：

$$\mu_1\, \frac{\partial u_x}{\partial y} = \mu_g\, \frac{\partial u_x}{\partial y} \tag{3-11}$$

在式（3-11）中，$\mu_g/\mu_1 \approx 0$，因此，在自由表面上 $\mu_1\, \dfrac{\partial u_x}{\partial y} = 0$，应力 $\tau_{yx} = 0$。

# 3.4　一维定常态分子传递的求解

## 3.4.1　求解方法概述

一维定常态分子传递数学模型求解方法有两种：

其一，直接求解现象方程。

其二，借助连续性方程，根据分子传递的条件，对运动微分方程或能量微分方程、传质微分方程进行简化，再根据流动条件和边界条件求出速度分布，或温度分布、浓度分布，最终求出动量通量或热通量、质量通量。

## 3.4.2　平壁间的定常态层流

对平壁间的定常态层流连续性方程和运动微分方程分别是：

$$\frac{\partial \rho}{\partial \theta} + \nabla \cdot (\rho \boldsymbol{u}) = 0$$

$$\frac{\mathrm{D}\boldsymbol{u}}{\mathrm{D}\theta} = \boldsymbol{F}_g - \frac{1}{\rho}(\nabla p) + \nu \nabla^2 \boldsymbol{u} + \frac{\nu}{3}\nabla(\nabla \cdot \boldsymbol{u})$$

把上两式分别展开，得：

$$\frac{\partial \rho}{\partial \theta} + \rho\left(\frac{\partial u_x}{\partial x} + \frac{\partial u_y}{\partial y} + \frac{\partial u_z}{\partial z}\right) + u_x\frac{\partial \rho}{\partial x} + u_y\frac{\partial \rho}{\partial y} + u_z\frac{\partial \rho}{\partial z} = 0$$

$$u_x\frac{\partial u_x}{\partial x} + u_y\frac{\partial u_x}{\partial y} + u_z\frac{\partial u_x}{\partial z} + \frac{\partial u_x}{\partial \theta} = X - \frac{1}{\rho}\frac{\partial p}{\partial x} + \nu\left(\frac{\partial^2 u_x}{\partial x^2} + \frac{\partial^2 u_x}{\partial y^2} + \frac{\partial^2 u_x}{\partial z^2}\right) + \frac{\nu}{3}\frac{\partial}{\partial x}\left(\frac{\partial u_x}{\partial x} + \frac{\partial u_y}{\partial y} + \frac{\partial u_z}{\partial z}\right)$$

$$u_x\frac{\partial u_y}{\partial x} + u_y\frac{\partial u_y}{\partial y} + u_z\frac{\partial u_y}{\partial z} + \frac{\partial u_y}{\partial \theta} = Y - \frac{1}{\rho}\frac{\partial p}{\partial y} + \nu\left(\frac{\partial^2 u_y}{\partial x^2} + \frac{\partial^2 u_y}{\partial y^2} + \frac{\partial^2 u_y}{\partial z^2}\right) + \frac{\nu}{3}\frac{\partial}{\partial y}\left(\frac{\partial u_x}{\partial x} + \frac{\partial u_y}{\partial y} + \frac{\partial u_z}{\partial z}\right)$$

$$u_x\frac{\partial u_z}{\partial x} + u_y\frac{\partial u_z}{\partial y} + u_z\frac{\partial u_z}{\partial z} + \frac{\partial u_z}{\partial \theta} = Z - \frac{1}{\rho}\frac{\partial p}{\partial z} + \nu\left(\frac{\partial^2 u_z}{\partial x^2} + \frac{\partial^2 u_z}{\partial y^2} + \frac{\partial^2 u_z}{\partial z^2}\right) + \frac{\nu}{3}\frac{\partial}{\partial z}\left(\frac{\partial u_x}{\partial x} + \frac{\partial u_y}{\partial y} + \frac{\partial u_z}{\partial z}\right)$$

现在，要根据分子传递条件，用物理分析法对式（2-13）、式（2-42a）、式（2-42b）和式（2-42c）进行简化。给定的分子传递条件是：定常态、一维（仅 $x$ 方向有流动）、层流、流体不可压缩、流道水平、下板静止而上板以 $u_0$ 的速度沿 $x$ 方向运动、所讨论的部位远离进出口。

先简化连续性方程：定常态流动，$\frac{\partial \rho}{\partial \theta} = 0$；$\rho = \text{const}$，$\nabla \cdot \rho = 0$；一维流动，$\frac{\partial u_y}{\partial y} = \frac{\partial u_z}{\partial z} = 0$；于是，式（2-12a）变为：

$$\frac{\partial u_x}{\partial x} = 0 \tag{3-12}$$

由式（2-12）得 $\frac{\partial u_x}{\partial x} = 0$；一维流动，$u_y = 0 = u_z$，定常态流动 $\frac{\partial u_x}{\partial \theta} = 0$，式（2-42a）左侧为零；流道水平，$x = 0$；$\rho = \text{const}$，$\nabla \cdot \boldsymbol{u} = 0$，于是式（2-42a）变为：

$$\frac{1}{\rho}\frac{\partial p}{\partial x} = \nu\left(\frac{\partial^2 u_x}{\partial y^2} \frac{\partial^2 u_x}{\partial z^2}\right) \tag{3-13}$$

由于流道系由无限宽的平壁组成，平壁间的流体仅作一维流动，$z$ 方向的运动微分方程消失，因此，式（3-13）变为：

$$\frac{\partial^2 u_x}{\partial y^2} = \mu\frac{\partial p}{\partial x} \tag{3-14}$$

在式（3-14）中，$\frac{\partial p}{\partial x}$ 是 $x$ 方向上的总压力梯度，它等于静压力梯度与动压力梯度之和，即：

$$\frac{\partial p}{\partial x} = \frac{\partial p_s}{\partial x} + \frac{\partial p_d}{\partial x} \tag{3-15}$$

由于板间距很小、运动速度很慢，因此 $\frac{\partial p_s}{\partial x}$ 和 $\frac{\partial p_d}{\partial x}$ 都近似等于零，则式（3-14）可写为：

$$\frac{\partial^2 u_x}{\partial y^2} = 0 \tag{3-16}$$

式（3-16）仍为偏微分方程。为进一步将其化为常微分方程，还须进一步考察 $y$ 方向的运动微分方程。

$y$ 方向的运动微分方程［即式（2-42b）］按上述条件化简后，变为：

$$Y = \frac{1}{\rho} \frac{\partial p}{\partial y} = \frac{1}{\rho}\left(\frac{\partial p_s}{\partial y} + \frac{\partial p_d}{\partial y}\right) \tag{3-17}$$

由于 $y$ 方向为垂直方向，因此 $y$ 方向单位质量流体的质量力 $Y \neq 0$，而且它可以写为：

$$Y = \frac{1}{\rho} \frac{\partial p_s}{\partial y} \tag{3-18}$$

把式（3-18）代入式（3-17）得：

$$\frac{\partial p_d}{\partial y} = 0 \tag{3-19}$$

也就是说，$y$ 方向的运动微分方程实际上已消失。

由于 $x$ 方向的速度分量 $u_x$ 在 $x$ 方向上和在 $x$ 方向上的速度分布均为零，即

$$\frac{\partial u_x}{\partial x} = 0 = \frac{\partial u_x}{\partial z}$$

因此，式（3-16）可以写为常导数：

$$\frac{\mathrm{d}^2 u_x}{\mathrm{d}y^2} = 0 \tag{3-20}$$

对式（3-20）积分两次，得：

$$u_x = c_1 y + c_2 \tag{3-21}$$

边界条件为：

（1）在 $y = 0$ 处，$u_x = 0$；

（2）在 $y = y_0$ 处，$u_x = u_0$。

把边界条件代入式（3-21），求得 $c_1 = u_0/y_0$，$c_2 = 0$，再把 $c_1$、$c_2$ 代入式（3-21）得：

$$u_x = u_0 \frac{y}{y_0} \tag{3-22}$$

式（3-22）即为速度分布式。

动量通量可按照下式计算：

$$\tau = -\mu \frac{u_0 - 0}{y_0 - 0} = -\mu \frac{u_0}{y_0} \tag{3-23}$$

### 3.4.3 大平壁的定常态导热

直角坐标系的能量微分方程为：

$$\rho \frac{\mathrm{D}H}{\mathrm{D}\theta} - \frac{\mathrm{D}\rho}{\mathrm{D}\theta} = k(\nabla^2 \cdot t) + \dot{q} + \phi$$

在式（2-61）中，如果无内部产生项，即 $\dot{q} = 0$，$\phi = 0$，又由于 $\rho \frac{\mathrm{D}H}{\mathrm{D}\theta} - \frac{\mathrm{D}\rho}{\mathrm{D}\theta} = \rho c_p \frac{\mathrm{D}t}{\mathrm{D}\theta}$，因此能量方程可写为：

$$\rho c_p \frac{\mathrm{D}t}{\mathrm{D}\theta} = k(\nabla^2 \cdot t)$$

或

$$\frac{\mathrm{D}t}{\mathrm{D}\theta} = \alpha(\nabla^2 \cdot t)$$

对于固体的定常态一维导热，式（2-65）可写为：

$$\frac{\partial^2 t}{\partial y^2} = 0 \tag{3-24}$$

由于平壁的厚度（$y_0$）远小于其长和宽，即导热仅在 $y$ 方向发生（图3-5，图3-6），故式（2-61）最终可写为常导数的形式：

$$\frac{\mathrm{d}^2 t}{\mathrm{d} y^2} = 0 \tag{3-25}$$

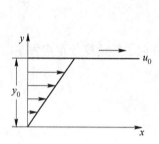

图3-5　平壁间的定常态流动

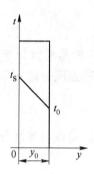

图3-6　单层平壁的定常态导热

对式（3-25）积分两次，得：

$$t = c_1 y + c_2 \tag{3-26}$$

边界条件为：

（1）在 $y = 0$ 处，$t = t_s$；

（2）在 $y = y_0$ 处，$t = t_0$。

把边界条件代入式（3-26），求得 $c_1 = \dfrac{t_0 - t_s}{y_0}$，$c_2 = t_s$，再把 $c_1$、$c_2$ 代入式（3-26）得：

$$\frac{t - t_s}{t_0 t_s} = \frac{y}{y_0} \tag{3-27}$$

式（3-27）即为单层平壁一维定常态导热的温度分布式。此时，热通量可用下式进行计算：

$$q = -k \frac{t_0 - t_s}{y_0 - 0} = -k \frac{t_0 - t_s}{y_0} \tag{3-28}$$

对于多层平壁串联的导热，设每层壁厚分别为 $L_A$、$L_B$ 和 $L_C$，传热面积分别为 $A$、$B$ 和 $C$，各点温度为 $t_1$、$t_2$、$t_3$ 和 $t_4$（图3-7）。则热通量可用下式表示：

$$q = k_A A \frac{t_1 - t_2}{L_A} = k_B B \frac{t_2 - t_3}{L_B} = k_C C \frac{t_3 - t_4}{L_C} \tag{3-29}$$

联立求解上式，得热通量计算式：

$$q = \frac{t_1 - t_4}{\dfrac{L_A}{k_A A} + \dfrac{L_B}{k_B B} + \dfrac{L_C}{k_C C}} = \frac{始末温差}{总热阻} = \frac{\sum \Delta t}{\sum R_t} \tag{3-30}$$

式中　$L_A/(k_A A)$，$L_B/(k_B B)$，$L_C/(k_C C)$——各平壁的热阻；

$\sum \Delta t$——各层温差之和；

$\sum R_t$——各层热阻之和。

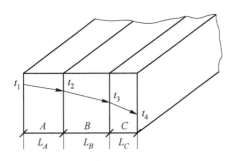

图 3-7　多层平壁串联导热

式（3-30）是假设各层平壁紧密接触且接触面无空气，如果这一条件不能满足，则还需考虑由空气和接触面上固体共同形成的"接触热阻"的影响，如果固体之间的接触面小，则应以空气热阻代替接触热阻。

式（3-30）与串联电路的欧姆定律相似。

### 3.4.4　大平壁的定常态分子扩散

由组分 A、B 组成的二元系，当总浓度为常数时的传质微分方程的原型为：

$$\frac{Dc_A}{D\theta} = D_{AB}\left(\frac{\partial^2 c_A}{\partial x^2} + \frac{\partial^2 c_A}{\partial y^2} + \frac{\partial^2 c_A}{\partial z^2}\right) + R_A$$

如果传质的过程中不发生化学反应，而且仅有 $y$ 方向的定常态一维传质，如图 3-8 所示，则式（2-85）可以简化为：

$$\frac{d^2 c_A}{dy^2} = 0 \tag{3-31}$$

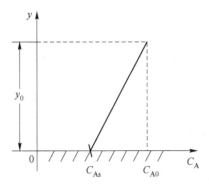

图 3-8　平壁一维定常态分子传递

对式（3-31）积分两次，得

$$c_A = c_1 y + c_2 \tag{3-32}$$

边界条件为：

（1）在 $y = 0$ 处，$c_A = c_{As}$；

（2）在 $y = y_0$ 处，$c_A = c_{A0}$。

把边界条件代入式（3-32），求得 $c_1 = \dfrac{c_{A0} - c_{As}}{y_0}$，$c_2 = c_{As}$，把 $c_1$ 和 $c_2$ 代入式（3-32），得 A 组分的浓度分布式：

$$\frac{c_A - c_{As}}{c_{A0} - c_{As}} = \frac{y}{y_0} \tag{3-32a}$$

质量通量可用下式描述：

$$J_A = -D_{AB}\frac{c_{A0} - c_{As}}{y_0 - 0}$$

$$J_A = -D_{AB}\frac{c_{A0} - c_{As}}{y_0} \tag{3-33}$$

### 3.4.5　同心圆套管环隙中的定常态层流

同心圆套管环隙中的定常态层流的流动条件为定常态、一维（仅轴向流动、无径向流和环流）、层流、不可压缩流体、流道水平和远离进出口。

柱坐标的连续性方程为：

$$\frac{1}{r}\frac{\partial}{\partial r}(\rho u_r \cdot r) + \frac{1}{r}\frac{\partial}{\partial \theta}(\rho u_\theta) + \frac{\partial}{\partial z}(\rho u_z) + \frac{\partial \rho}{\partial \theta'} = 0 \tag{3-34}$$

用流动条件对式（3-34）进行化简，最后得：

$$\frac{\partial u_z}{\partial z} = 0$$

柱坐标系 $z$ 方向的运动方程为：

$$u_r\frac{\partial u_z}{\partial r} + \frac{u_\theta}{r}\frac{\partial u_z}{\partial \theta} + u_z\frac{\partial u_z}{\partial z} + \frac{\partial u_z}{\partial \theta'} = X_z - \frac{1}{\rho}\frac{\partial p}{\partial z} + \nu\left[\frac{1}{r}\frac{\partial}{\partial r}\left(r\frac{\partial u_z}{\partial r}\right) + \frac{1}{r^2}\frac{\partial^2 u_z}{\partial \theta^2} + \frac{\partial^2 u_z}{\partial z^2}\right] \tag{3-35}$$

式（3-35）经简化后，变为：

$$\nu\left[\frac{1}{r}\frac{\partial}{\partial r}\left(r\frac{\partial u_z}{\partial r}\right)\right] = 0 \tag{3-36}$$

由于 $u_z = f(r, \theta, z)$，而现在 $\dfrac{\partial u_z}{\partial z} = 0 = \dfrac{\partial u_z}{\partial \theta}$，因此，式（3-36）即可写为常微分形式：

$$\frac{d}{dr}\left(r\frac{du_z}{dr}\right) = 0 \tag{3-37}$$

式（3-37）的边界条件为：

（1）在 $r = r_i$ 处，$u_z = 0$；

（2）在 $r = r_i$ 处，$u_z = u_0$。

如图 3-9 所示。

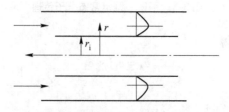

图 3-9　同心圆套管环隙的定常态导热

式（3-37）积分两次，得：

$$u_z = c_1 \ln \frac{r}{r_i} + c_2 \tag{3-38}$$

把边界条件代入式（3-38），求得 $c_1 = \dfrac{u_0}{\ln \dfrac{r_0}{r_i}}$，$c_2 = 0$，再把 $c_1$ 和 $c_2$ 代入式（3-38），得

速度分布式：

$$u_z = \frac{\dot{u}_0}{\ln \dfrac{r_0}{r_i}} \ln \frac{r}{r_i} \tag{3-39}$$

或

$$\frac{u_z}{u_0} = \frac{\ln \dfrac{r}{r_i}}{\ln \dfrac{r_0}{r_i}} \tag{3-40}$$

动量流率可按下式计算：

$$F_d = \tau_s A \tag{3-41}$$

式中　$F_d$——动量流率，

$$F_d = \tau_s A = -\mu u_0 \frac{1}{r \ln \dfrac{r_0}{r_i}} (2\pi r L) = 2\pi L u_0 \frac{1}{\ln \dfrac{r_0}{r_i}} \tag{3-42}$$

$\tau_s$——剪应力，或动量通量，

$$\tau_s = -\mu \frac{\mathrm{d}u_z}{\mathrm{d}r}, \ \tau_s = -\mu \frac{\mathrm{d}u_z}{\mathrm{d}r} = -\mu u_0 \frac{1}{r \ln \dfrac{r_0}{r_i}} \tag{3-43}$$

$A$——表面积，$A = 2\pi r l$，$l$ 为套管长度。

### 3.4.6　长管筒壁的定常态导热

柱坐标系的能量方程为式（2-70）：

$$u_r \frac{\partial t}{\partial r} + \frac{u_\theta}{r} \frac{\partial t}{\partial \theta} + u_z \frac{\partial t}{\partial z} + \frac{\partial t}{\partial \theta'} = \alpha \left[ \frac{1}{r} \frac{\partial}{\partial r} \left( r \frac{\partial t}{\partial r} \right) + \frac{1}{r^2} \frac{\partial^2 t}{\partial \theta^2} + \frac{\partial^2 t}{\partial z^2} \right]$$

由于是固体一维（$r$ 方向）和定常态导热，因而各速度项、$\dfrac{\partial t}{\partial \theta'}$、$\dfrac{\partial^2 t}{\partial \theta^2}$ 和 $\dfrac{\partial^2 t}{\partial z^2}$ 均等于零，此时式（2-70）变为：

$$\frac{1}{r} \frac{\mathrm{d}}{\mathrm{d}r} \left( r \frac{\mathrm{d}t}{\mathrm{d}r} \right) = 0 \tag{3-44}$$

即

$$\frac{\mathrm{d}}{\mathrm{d}r} \left( r \frac{\mathrm{d}t}{\mathrm{d}r} \right) = 0 \tag{3-45}$$

边界条件为：

（1）在 $r = r_i$ 处，$t = t_i$（图 3-10）；

（2）在 $r = r_0$ 处，$t = t_0$。

式（3-35）积分两次，得：

$$t = c_1 \ln r + c_2 \qquad (3\text{-}46)$$

把边界条件代入式（3-46），得 $c_1 = \dfrac{t_i - t_0}{\ln \dfrac{r_i}{r_0}}$，$c_2 = t_i - \dfrac{t_i - t_0}{\ln \dfrac{r_i}{r_0}} \ln r_i$，

把 $c_1$ 和 $c_2$ 代入式（3-46），得温度分布式：

$$\frac{t - t_i}{t_0 - t_i} = \frac{\ln \dfrac{r}{r_i}}{\ln \dfrac{r_0}{r_i}} \qquad (3\text{-}47)$$

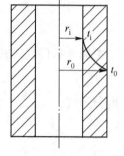

图 3-10 单层筒壁
定常态导热

热流速率按下式计算：

$$q = -Ak\frac{\mathrm{d}t}{\mathrm{d}r} \qquad (3\text{-}48)$$

式中　$A$——筒壁表面积，$A = 2\pi L$；$L$ 为筒壁长。

$$\frac{\mathrm{d}t}{\mathrm{d}r} = \frac{\mathrm{d}}{\mathrm{d}r}\left[ (t_0 - t_i) \frac{\ln \dfrac{r}{r_i}}{\ln \dfrac{r_0}{r_i}} \right] = \frac{t_0 - t_i}{r \ln \dfrac{r_0}{r_i}}$$

故：

$$q = -2\pi r Lk \frac{t_0 - t_i}{r \ln \dfrac{r_0}{r_i}} = -2\pi Lk \frac{t_0 - t_i}{\ln \dfrac{r_0}{r_i}} \qquad (3\text{-}49)$$

或

$$q = \frac{t_i - t_0}{\ln \dfrac{r_0}{r_i} \big/ (2\pi r Lk)} = \frac{\Delta t}{R} \qquad (3\text{-}50)$$

式中，$\Delta t = t_i - t_0$ 为温差；$R$ 为筒壁导热热阻，$R = \ln \dfrac{r_0}{r_i} \big/ (2\pi r Lk)$。

多层紧密接触，层间无温度降落的圆筒壁，其热流速率可用式（3-51）描述：

$$q = \frac{\sum \Delta t}{\sum R} = \frac{t_1 - t_4}{\dfrac{\ln \dfrac{r_2}{r_1}}{2\pi Lk_1} + \dfrac{\ln \dfrac{r_3}{r_2}}{2\pi Lk_2} + \dfrac{\ln \dfrac{r_4}{r_3}}{2\pi Lk_3}} \qquad (3\text{-}51)$$

式（3-51）也与串联电路的欧姆定律相似。

圆管、圆筒或管式反应器的外壁上，常常敷设保温（或保冷）层，但并非敷上保温层后，都能见效，有时甚至是事与愿违。在此介绍何种情况下可敷设保温层以及敷设厚度原则。如图 3-12 所示，金属管内外半径分别为 $r_1$ 和 $r_2$，保温层外壁至圆心的距离为 $r_3$，金属管和保温层的导热系数分别为 $k_{1-2}$ 和 $k_{2-3}$，保温层与环境的对流传热系数为 $h$，环境温度为 $t_b$，金属管内外壁及保温层外缘温度分别为 $t_1$、$t_2$ 和 $t_0$，管长为 $L$。与多层圆筒导热相同，热流速率为：

$$q = \frac{t_1 - t_b}{\dfrac{\ln \dfrac{r_2}{r_1}}{2\pi Lk_{1-2}} + \dfrac{\ln \dfrac{r_3}{r_2}}{2\pi Lk_{2-3}} + \dfrac{1}{2\pi Lr_3 h}} = \frac{\sum \Delta t}{\sum R} \qquad (3\text{-}52)$$

式中，$\ln\dfrac{r_2}{r_1}\Big/(2\pi Lk_{1-2})$、$\ln\dfrac{r_3}{r_2}\Big/(2\pi Lk_{2-3})$ 和 $1/(2\pi Lr_3h)$ 分别为金属管热阻、保温层热阻和保温层与环境对流传热热阻。由于金属管热阻较小，可略而不计，于是，式（3-52）可写为如下形式（图3-11）：

$$q = \frac{t_2 - t_b}{\dfrac{\ln\dfrac{r_3}{r_2}}{2\pi Lk_{2-3}} + \dfrac{1}{2\pi Lr_3h}} = \frac{t_2 - t_b}{\sum R} \tag{3-53}$$

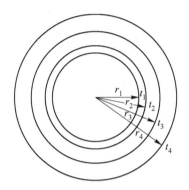

图 3-11　多层筒壁定常态导热

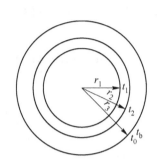

图 3-12　管外壁敷上保温层的导热

当式（3-53）中的分母（即热阻之和）为最小时，热流量最大，固定 $r_2$，把分母对 $r_3$ 进行求导：

$$\frac{\mathrm{d}(\sum R)}{\mathrm{d}r_3} = \frac{1}{2\pi Lr_3k_{2-3}} - \frac{1}{2\pi Lr_3^2h}$$

令 $\dfrac{\mathrm{d}(\sum R)}{\mathrm{d}r_3} = 0$，则有

$$r_3 = \frac{k_{2-3}}{h} = r_c \tag{3-54}$$

把 $r_c$ 称为临界隔热半径。$\mathrm{d}(\sum R)/\mathrm{d}r_3 = 0$ 时，有极值，对（$\sum R$）再求导数可判别其为极大或极小：

$$\frac{\mathrm{d}^2(\sum R)}{\mathrm{d}r_3^2} = -\frac{1}{2\pi Lk_{2-3}r_3^2} + \frac{1}{\pi Lr_3^3h} \tag{3-55}$$

在式（3-55）中，用 $r_c = k_{2-3}/h$ 代之以 $r_3$，得：

$$\frac{\mathrm{d}^2(\sum R)}{\mathrm{d}r_3^2} = \frac{h^2}{2\pi Lk_{2-3}^3} \tag{3-56}$$

在式（3-56）中，各物理量均为正值，因此 $\dfrac{\mathrm{d}^2(\sum R)}{\mathrm{d}r_3^2} > 0$，即二阶导数大于零，说明热阻 $\sum R$ 有极小值。即当 $r_3 = r_c$ 时，热阻 $\sum R$ 最小，换言之，此时的热损最大。表面上看，临界隔热半径 $r_c = \dfrac{k_{2-3}}{h}$ 似乎与金属管外半径 $r_2$ 无关，其实不然，实验数据显示，假若 $r_2 < r_c$，敷设保温层会使热损失增加，只有在 $r_2 > r_c$ 时，敷设保温层，才能使热损（或冷

量损失）最小。

[例]  蒸气在一外径为 20mm 的管内流动，管外壁温度为 110℃，管子用绝热层包敷，保温层与周围空气之间的对流传热膜系数 $h = 8W/(m^2 \cdot ℃)$，空气温度为 15℃，若用导热系数 $k = 0.14W/(m^2 \cdot ℃)$ 的石棉保温，试计算保温层厚度不同时热阻和热损的变化，又，若选用 $k = 0.07W/(m^2 \cdot ℃)$ 的矿渣棉保温，结果如何？

解：（1）用石棉保温：

$$r_c = \frac{k_{2-3}}{h} = \frac{0.14}{8} = 0.0175m = 17.5mm$$

$$r_2 = 20/2 = 10mm$$

因为 $r_2 < r_c$，所以，在保温层加厚到 7.5mm 之前，总热阻反而减少，即热损增加，见表3-2。

表3-2  施热层厚度增加时，热阻和热损的变化（按每米管长计）

| 绝热层厚度 $\delta/mm$ | 金属管半径 $r_2 + \delta$ | 热 阻 | | 总值阻 $\sum R$ | 热损 $\dfrac{t_2 - t_b}{\sum R}$ |
|---|---|---|---|---|---|
| | | 绝热层导热热阻 $\dfrac{\ln r_3/r_2}{2\pi k_{2-3}}$ | 对流热阻 $\dfrac{1}{2\pi r_3 h}$ | | |
| 0 | 10 | 0 | 1.989 | 1.989 | 47.76 |
| 2.5 | 12.5 | 0.2537 | 1.592 | 1.846 | 51.46 |
| 5.0 | 15 | 0.4609 | 1.326 | 1.787 | 53.16 |
| 7.5 | 17.5 | 0.6362 | 1.137 | 1.773 | 53.58 |
| 10 | 20 | 0.7880 | 0.9947 | 1.783 | 53.28 |
| 20 | 30 | 1.2490 | 0.6631 | 1.912 | 46.69 |
| 40 | 40 | 1.830 | 0.3979 | 2.228 | 42.64 |

虽然保温层厚度在 7.5mm 以上热损减少，但从经济角度讲，不合算。

（2）若用矿渣棉：

$$r_c = \frac{k_{2-3}}{h} = \frac{0.07}{8} = 0.00875m = 8.75mm$$

因为 $r_2 > r_c$，所以，用不同厚度的矿渣棉保温，均能使热损减少。至于保温层厚度，应由技术经济评比确定。

### 3.4.7  长圆筒壁的定常态分子扩散

由于分子扩散与导热的机理和数学模型相似，所以导热方程的解可用于相应的分子扩散过程。

长圆筒壁定常态分子扩散的数学模型为：

$$\frac{1}{r} \frac{d}{dr}\left(r \frac{dc_A}{dr}\right) = 0 \qquad (3-57)$$

或

$$\frac{d}{dr}\left(r \frac{dc_A}{dr}\right) = 0 \qquad (3-58)$$

式中　$c_A$——组分 A、B 组成的二元体系中组分 A 的摩尔浓度。

边界条件为：

（1）在 $r = r_i$ 处，$c_A = c_{Ai}$；

（2）在 $r = r_0$ 处，$c_A = c_{A0}$。

式（3-58）积分两次，求出常数 $c_1$ 和 $c_2$，并代入积分后的式子，得浓度分布：

$$\frac{c_A - c_{Ai}}{c_{A0} - c_{Ai}} = \frac{\ln \dfrac{r}{r_i}}{\ln \dfrac{r_0}{r_i}} \tag{3-59}$$

质量通量可按下式计算：

$$N_A = -D_{AB} A \frac{dc_A}{dr} \tag{3-60}$$

式中，$A$ 为半径 $r$ 的表面积，$A = 2\pi r L$。

$$\frac{dc_A}{dr} = \frac{d}{dr}\left[ (c_{A0} - c_{Ai}) \frac{\ln \dfrac{r}{r_i}}{\ln \dfrac{r_0}{r_i}} \right] = (c_{A0} - c_A) \frac{1}{r\ln \dfrac{r_0}{r_i}}$$

所以，质量通量

$$N_A = -D_{AB}(2\pi r L)(c_{A0} - c_{Ai})\frac{1}{r\ln \dfrac{r_0}{r_i}} = -2\pi r L D_{AB}\frac{c_{A0} - c_{Ai}}{\ln \dfrac{r_0}{r_i}} \tag{3-61}$$

### 3.4.8　球壁的定常态导热

球形容器的内外壁维持一定的温度不变，温度沿余纬度和方位角无温度梯度，等温面为同心的球面，热量仅沿径向传递。

为了求得温度分布和热流速率，正如本章在求解方法概述中所说，既可以将球坐标的导热微分方程化简，积分求解；也可以直接求解现象方程。现讨论第二种方法。

热流速率可用傅里叶第一定理求出。该定理的定义表达式为

$$q = -kA \frac{dt}{dr} \tag{3-62}$$

式中　$q$——热流速率；

　　　　$k$——导热系数；

　　　　$A$——球形面积，$A = 4\pi r^2$，如图 3-13 所示。

空心球的内外半径分别为 $r_i$ 和 $r_0$，内外表面的温度分别为 $t_i$ 和 $t_0$，则有：

$$q = -4\pi k \frac{\displaystyle\int_{t_i}^{t} dt}{\displaystyle\int_{r_i}^{r} \dfrac{dr}{r^2}} = -4\pi k \frac{t - t_i}{\dfrac{1}{r_i} - \dfrac{1}{r}}$$

或　　　　$$t - t_i = \frac{q}{4\pi k}\left( \frac{1}{r} - \frac{1}{r_i} \right) \tag{3-63}$$

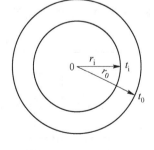

图 3-13　空心球壁
定常态导热

将 $r = r_0$ 时 $t = t_0$ 代入上式，得：

$$t_0 - t_i = \frac{q}{4\pi k}\left(\frac{1}{r_0} - \frac{1}{r_i}\right) \tag{3-64}$$

联立求解式（3-63）和式（3-64），可得空心球的温度分布式：

$$\frac{t - t_i}{t_0 - t_i} = \frac{\dfrac{1}{r} - \dfrac{1}{r_i}}{\dfrac{1}{r_0} - \dfrac{1}{r_i}} \tag{3-65}$$

移项处理式（3-64），可得热流速率计算式：

$$q = 4\pi k \frac{t_0 - t_i}{\dfrac{1}{r_0} - \dfrac{1}{r_i}} = \frac{t_i - t_0}{4\pi k\left(\dfrac{1}{r_i} - \dfrac{1}{r_0}\right)} = \frac{\Delta t}{R} \tag{3-66}$$

式中，$R$ 为球壁导热热阻，$R = \dfrac{1}{4\pi k}\left(\dfrac{1}{r_i} - \dfrac{1}{r_0}\right)$。

对于多层球壁，只要层间是紧密接触的，其总温差和总热阻均可由各层温差、各层热阻加和而得。

### 3.4.9  球壁的定常态分子扩散

球壁的定常态分子扩散型与球壁的定常态导热机理、模型和处理方法相似，经推导，浓度分布式为：

$$\frac{c_A - c_{Ai}}{c_{A0} - c_{Ai}} = \frac{\dfrac{1}{r} - \dfrac{1}{r_i}}{\dfrac{1}{r_0} - \dfrac{1}{r_i}} \tag{3-67}$$

质量通量计算式为

$$N_A = \frac{4\pi D_{AB}(c_{A0} - c_{Ai})}{\dfrac{1}{r_0} - \dfrac{1}{r_i}} = \frac{c_{Ai} - c_{A0}}{\dfrac{1}{4\pi D_{AB}}\left(\dfrac{1}{r_i} - \dfrac{1}{r_0}\right)} = \frac{\Delta c_A}{R} \tag{3-68}$$

式中，$R$ 为分子扩散阻力，$R = \dfrac{1}{4\pi D_{AB}}\left(\dfrac{1}{r_i} - \dfrac{1}{r_0}\right)$。

表3-3 对无内部产生项直角坐标系、柱坐标系和球坐标系的一维定常态分子传递现象进行了汇总，以便比较各种传递现象的相似。

**表3-3  一维定常态分子传递**（无内部产生项）

| 传递现象 | | 平行平板间的定常态层流 | 大平壁的定常态导热 | 大平壁的定常态分子扩散 |
|---|---|---|---|---|
| 直角坐标系 | 方程 | $\dfrac{d^2 u_x}{dy^2} = 0$  或  $\tau = -\mu\dfrac{du_x}{dy}$ | $\dfrac{d^2 t}{dy^2} = 0$  或  $q = -k\dfrac{dt}{dy}$ | $\dfrac{d^2 c_A}{dy^2} = 0$  或 <br> $J_A = -D_{AB}\dfrac{dc_A}{dy}$ |
| | 边界条件 | (1) $y = 0$ 处，$u_x = 0$ <br> (2) $y = y_0$ 处，$u_x = u_0$ | (1) $y = 0$ 处，$t = t_s$ <br> (2) $y = y_0$ 处，$t = t_0$ | (1) $y = 0$ 处，$c_A = c_{As}$ <br> (2) $y = y_0$ 处，$c_A = c_{A0}$ |

| | 传递现象 | 平行平板间的定常态层流 | 大平壁的定常态导热 | 大平壁的定常态分子扩散 |
|---|---|---|---|---|
| 直角坐标系 | 速度温度分布浓度 | $\dfrac{u_x}{u_0} = \dfrac{y}{y_0}$ | $\dfrac{t - t_s}{t_0 - t_s} = \dfrac{y}{y_0}$ | $\dfrac{c_A - c_{As}}{c_{A0} - c_{As}} = \dfrac{y}{y_0}$ |
| | 动量热量通量质量 | $\tau = -\mu \dfrac{u_0}{y_0}$ | $q = -k \dfrac{t_0 - t_s}{y_0}$ | $J_A = -D_{AB} \dfrac{c_{A0} - c_{As}}{y_0}$ |
| | 传递现象 | 圆套管环隙中的定常态层流 | 长圆筒壁的定常态导热 | 长圆筒形的定常态分子扩散 |
| 柱坐标系 | 方程 | $\dfrac{1}{r}\dfrac{\mathrm{d}}{\mathrm{d}r}\left(r\dfrac{\mathrm{d}u_r}{\mathrm{d}r}\right) = 0$ 或 $F_d = -2\pi r l \mu \dfrac{\mathrm{d}u_x}{\mathrm{d}r}$ | $\dfrac{1}{r}\dfrac{\mathrm{d}}{\mathrm{d}r}\left(r\dfrac{\mathrm{d}t}{\mathrm{d}r}\right) = 0$ 或 $q = -2\pi r L k \dfrac{\mathrm{d}t}{\mathrm{d}r}$ | $\dfrac{1}{r}\dfrac{\mathrm{d}}{\mathrm{d}r}\left(r\dfrac{\mathrm{d}c_A}{\mathrm{d}r}\right) = 0$ 或 $N_A = -2\pi r L D_{AB} \dfrac{\mathrm{d}c_A}{\mathrm{d}r}$ |
| | 边界条件 | (1) $r = r_i$ 处, $u_x = 0$ <br> (2) $r = r_0$ 处, $u_x = u_0$ | (1) $r = r_i$ 处, $t = t_i$ <br> (2) $r = r_0$ 处, $t = t_0$ | (1) $r = r_i$ 处, $c_A = c_{Ai}$ <br> (2) $r = r_0$ 处, $c_A = c_{A0}$ |
| | 速度温度分布浓度 | $\dfrac{u_x}{u_0} = \dfrac{\ln(r/r_i)}{\ln(r_0/r_i)}$ | $\dfrac{t - t_i}{t_0 - t_i} = \dfrac{\ln(r/r_i)}{\ln(r_0/r_i)}$ | $\dfrac{c_A - c_{Ai}}{c_{A0} - c_{Ai}} = \dfrac{\ln(r/r_i)}{\ln(r_0/r_i)}$ |
| | 动量热量速率质量 | $F_d = -2\pi L \mu \dfrac{u_0}{\ln(r_0/r_i)}$ | $q = -2\pi L k \dfrac{t_0 - t_i}{\ln(r_0/r_i)}$ | $N_A = -2\pi L D_{AB} \dfrac{c_{A0} - c_{Ai}}{\ln(r_0/r_i)}$ |
| | 传递现象 | | 球壁的定常态导热 | 球壁的定常态分子扩散 |
| 球坐标系 | 方程 | | $\dfrac{1}{r^2}\dfrac{\mathrm{d}}{\mathrm{d}r}\left(r^2\dfrac{\mathrm{d}t}{\mathrm{d}r}\right) = 0$ 或 $q = -4\pi r^2 k \dfrac{\mathrm{d}t}{\mathrm{d}r}$ | $\dfrac{1}{r^2}\dfrac{\mathrm{d}}{\mathrm{d}r}\left(r^2\dfrac{\mathrm{d}c_A}{\mathrm{d}r}\right) = 0$ 或 $N_A = -4\pi r^2 D_{AB} \dfrac{\mathrm{d}c_A}{\mathrm{d}r}$ |
| | 边界条件 | | (1) $r = r_i$ 处, $t = t_i$ <br> (2) $r = r_0$ 处, $t = t_0$ | (1) $r = r_i$ 处, $c_A = c_{Ai}$ <br> (2) $r = r_0$ 处, $c_A = c_{A0}$ |
| | 温度分布浓度 | | $\dfrac{t - t_i}{t_0 - t_i} = \dfrac{\dfrac{1}{r} - \dfrac{1}{r_i}}{\dfrac{1}{r_0} - \dfrac{1}{r_i}}$ | $\dfrac{c_A - c_{Ai}}{c_{A0} - c_{Ai}} = \dfrac{\dfrac{1}{r} - \dfrac{1}{r_i}}{\dfrac{1}{r_0} - \dfrac{1}{r_i}}$ |
| | 传热速率传质 | | $q = \dfrac{4\pi k(t_0 - t_i)}{\dfrac{1}{r_0} - \dfrac{1}{r_i}}$ | $N_A = 4\pi D_{AB} \dfrac{c_{A0} - c_{Ai}}{\dfrac{1}{r_0} - \dfrac{1}{r_i}}$ |

# 3.5 一维定常态分子传递的求解（有内部产生项）

## 3.5.1 求解方法概述

所谓具有内部产生项，是指运动微分方程中的动压力梯度（$\nabla P_d$）不全部为零，或能量微分方程中的发热速率不能忽略或内摩擦产生热以及传质过程中伴有化学反应，并且由此引起组分 A（或 B）的生成速率（或消耗速率）$\dot{R}$ 在质量衡算时应当计入。

此类问题的求解方法，与不具有内部产生项的方法相似。即用分子传递条件和连续性方程对微分进行化简，然后通过数学运算求出目标函数。

### 3.5.2　平壁间的定常态层流

如图 3-14 所示，不可压缩流体在两块无限宽的平壁间作等温、定常态、一维流动，流道水平，所考察部位远离进出口。

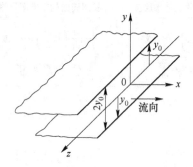

图 3-14　平壁间的定常态层流

#### 3.5.2.1　运动微分方程的化简

直角坐标系中不可压缩流体的连续性方程为：

$$\frac{\partial u_x}{\partial x} + \frac{\partial u_y}{\partial y} + \frac{\partial u_z}{\partial z} + \frac{\partial \rho}{\partial \theta} = 0 \tag{3-69}$$

仅有 $x$ 方向流动，$u_y = 0 = u_z$；定常态流动，$\partial \rho / \partial \theta = 0$；于是式（3-69）化简为：

$$\frac{\partial u_x}{\partial x} = 0$$

直角坐标系中，$x$ 方向的运动微分方程的原型为

$$u_x \frac{\partial u_x}{\partial x} + u_y \frac{\partial u_x}{\partial y} + u_z \frac{\partial u_x}{\partial z} + \frac{\partial u_x}{\partial \theta} = X - \frac{1}{\rho} \frac{\partial p}{\partial x} + \nu \left( \frac{\partial^2 u_x}{\partial x^2} + \frac{\partial^2 u_x}{\partial y^2} + \frac{\partial^2 u_x}{\partial z^2} \right) + \frac{\nu}{3} \frac{\partial}{\partial x} \left( \frac{\partial u_x}{\partial x} + \frac{\partial u_y}{\partial y} + \frac{\partial u_z}{\partial z} \right)$$

用流动条件和式（3-12）对式（2-42a）进行化简：

$$u_x \frac{\partial u_x}{\partial x} = 0, \quad \frac{\partial^2 u_x}{\partial x^2} = 0$$

一维（$x$ 方向）流动，$u_y = 0 = u_z$，$\dfrac{\partial u_x}{\partial z} = 0$；流体不可压缩，$\dfrac{\partial u_x}{\partial x} + \dfrac{\partial u_y}{\partial y} + \dfrac{\partial u_z}{\partial z} = 0$；流道水平，$X = 0$。因此，式（2-42a）变为：

$$\frac{\partial^2 u_x}{\partial y^2} = \frac{1}{\mu} \frac{\partial p_\mathrm{d}}{\partial x} \tag{3-70}$$

在 3.4.2 节平壁间的定常态层流中已经分析过，$y$ 方向和 $z$ 方向的运动微分方程在上述流动条件下已经消失。因此，平壁间定常态层流流动的运动微分方程仅剩下式（3-70），

现对该式进行逐项分析。

$u_x$ 是时间和空间的函数，但由于是定常态流动，因此 $u_x$ 与时间无关，又由于 $\dfrac{\partial u_x}{\partial x} = 0 = \dfrac{\partial u_x}{\partial z}$，因此 $u_x$ 仅仅为 $y$ 的函数，即 $\dfrac{\partial u_x}{\partial y}$ 可以写为常导数 $\dfrac{\mathrm{d}^2 u_x}{\mathrm{d}y^2}$。

压力 $p$ 也是时间和空间的函数，由于是定常态流动，$p$ 与时间无关，另外，$y$ 方向和 $z$ 方向中的 $\dfrac{\partial p}{\partial y}$ 和 $\dfrac{\partial p}{\partial z}$ 均已为零，所以，$\dfrac{\partial p_{\mathrm{d}}}{\partial x}$ 也可写为常导数 $\dfrac{\mathrm{d}p}{\mathrm{d}x}$。

式（3-70）可化为：

$$\frac{\mathrm{d}^2 u_x}{\mathrm{d}y^2} = \frac{1}{\mu}\frac{\mathrm{d}p_{\mathrm{d}}}{\mathrm{d}x} \tag{3-71}$$

### 3.5.2.2　速度分布与最大速度和平均速度的求取

速度分布：在式（3-71）中，$p$ 仅为 $x$ 的函数，$u_x$ 仅为 $y$ 的函数，而 $x$ 和 $y$ 又是两个独立变量，因此等式要成立，只有同时等于一个常数：

$$\frac{\mathrm{d}^2 u_x}{\mathrm{d}y^2} = \frac{1}{\mu}\frac{\mathrm{d}p_{\mathrm{d}}}{\mathrm{d}x} = \mathrm{const} \tag{3-72}$$

积分式（3-72），得：

$$\frac{\mathrm{d}u_x}{\mathrm{d}y} = \frac{1}{\mu}\frac{\mathrm{d}p_{\mathrm{d}}}{\mathrm{d}x}y + c \tag{3-73}$$

边界条件是：当 $y = 0$ 时，$\left(\dfrac{\mathrm{d}u_x}{\mathrm{d}y}\right)_{y=0} = \left(\dfrac{\partial u_{\max}}{\partial y}\right)_{y=0} = 0$，所以 $c = 0$，式（3-73）变为：

$$\frac{\mathrm{d}u_x}{\mathrm{d}y} = \frac{1}{\mu}\frac{\mathrm{d}p_{\mathrm{d}}}{\mathrm{d}x}y \tag{3-74}$$

再积分式（3-74）：

$$\int_0^{u_x}\mathrm{d}u_x = \frac{1}{\mu}\frac{\mathrm{d}p_{\mathrm{d}}}{\mathrm{d}x}\int_{y_0}^{y}y\mathrm{d}y$$

得：

$$u_x = -\frac{1}{2\mu}\frac{\mathrm{d}p_{\mathrm{d}}}{\mathrm{d}x}(y_0^2 - y^2) \tag{3-75}$$

此即速度分布式，它是一个抛物线方程，即速度分布是抛物线型的。

最大速度 $u_{\max}$ 的求取：在式（3-75）中，当 $y = 0$ 时，$u_x = u_{\max}$，于是有最大速度计算式：

$$u_{\max} = -\frac{1}{2\mu}\frac{\mathrm{d}p_{\mathrm{d}}}{\mathrm{d}x}y_0^2 \tag{3-76}$$

比较式（3-75）和式（3-76），得：

$$u_x = u_{\max}\left[1 - \left(\frac{y}{y_0}\right)^2\right] \tag{3-77}$$

式（3-77）也是速度分布式，它的结果与式（3-75）是一致的，但式（3-77）较为方便，因为 $u_{\max}$ 容易求得。

平均速度 $u_{x0}$ 的求取：令在 $x$ 方向上，通过两平壁单位宽度（$z$ 方向）的体积流率为 $q$，则其计算式为：

$$q = \int_0^{y_0} u_x(1)\,\mathrm{d}y = 2\int_0^{y_0} \frac{1}{2\mu}\frac{\mathrm{d}p_d}{\mathrm{d}x}(y^2 - y_0^2)(1)\,\mathrm{d}y = \frac{2}{3}\frac{\mathrm{d}p_d}{\mathrm{d}x}y_0^3$$

$$u_{x_0} = \frac{q}{2y(1)} = -\frac{1}{3\mu}\frac{\mathrm{d}p_d}{\mathrm{d}x}y_0^2 \qquad\qquad (3\text{-}78)$$

比较式（3-76）和式（3-78），得平均速度与最大速度的关系为：

$$u_{x_0} = \frac{2}{3}u_{\max}$$

由式（3-78）还可求出 $x$ 方向上的压力梯度 $\dfrac{\mathrm{d}p_d}{\mathrm{d}x}$：

$$\frac{\mathrm{d}p_d}{\mathrm{d}x} = -3\mu u_{x_0}\frac{1}{y_0^2} \qquad\qquad (3\text{-}79)$$

动量通量为：

$$\tau = -\mu\frac{\mathrm{d}u_x}{\mathrm{d}y} = -\mu\frac{\mathrm{d}}{\mathrm{d}y}\left[-\frac{1}{2\mu}\frac{\mathrm{d}p_d}{\mathrm{d}x}(y_0^2 - y^2)\right] = -\frac{\mathrm{d}p_d}{\mathrm{d}x}y \qquad\qquad (3\text{-}80)$$

在填料塔和冷凝器内进行蒸气冷凝、精馏和吸收操作，在垂直或倾斜的固体表面上，流动的液膜与相邻的气体接触，在重力的作用下液膜不断沿壁下降，其下降速度不尽相同，当 $Re < 20 \sim 30$ 时，为层流流动；当 $Re > 30 \sim 50$ 时，流体除了前进运动外，还出现波动，波动之后，又恢复到原来的层流流动；当 $Re > 250 \sim 500$ 时，液膜呈现湍流。现在仅讨论液膜的层流流动。

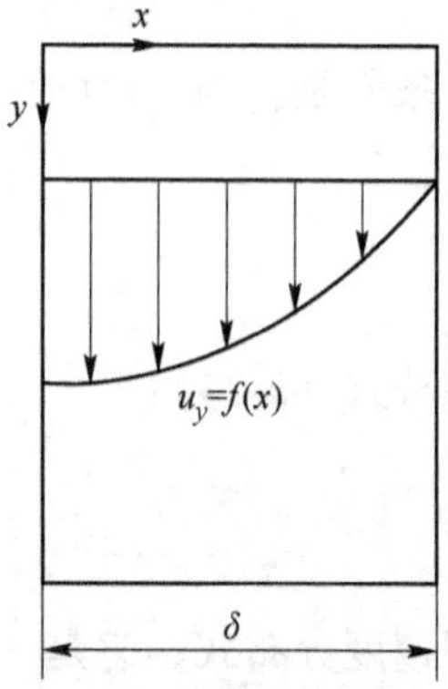

如图 3-15 所示，液膜沿垂直固体壁面（例如固体填料等）下降，流动条件为一维（$y$ 方向）、定常态、等温、层流，所处理的流体不可压缩。先简化连续性方程：

$$\frac{\partial u_x}{\partial x} + \frac{\partial u_y}{\partial y} + \frac{\partial u_z}{\partial z} + \frac{\partial \rho}{\partial \theta} = 0$$

$x$ 方向和 $z$ 方向无流动，$u_x = 0 = u_z$，定常态流动，$\dfrac{\partial \rho}{\partial \theta} = 0$，故式（3-69）化简为：

图 3-15　液膜沿壁面
定常态层流

$$\frac{\partial u_y}{\partial y} = 0 \qquad\qquad (3\text{-}81)$$

在 $x$ 方向和 $z$ 方向，由于 $u_x = 0 = u_z$，且 $X = 0 = Z$，因此，这两个方向的运动微分方程变为：

$$\frac{\partial p}{\partial x} = 0$$

$$\frac{\partial p}{\partial z} = 0$$

再看 $y$ 方向的运动微分方程：

$$u_x \frac{\partial u_y}{\partial x} + u_y \frac{\partial u_y}{\partial y} + u_z \frac{\partial u_y}{\partial z} + \frac{\partial u_y}{\partial \theta} = Y - \frac{1}{\rho} \frac{\partial p}{\partial y} + \nu \left( \frac{\partial^2 u_y}{\partial x^2} + \frac{\partial^2 u_y}{\partial y^2} + \frac{\partial^2 u_y}{\partial z^2} \right) + \frac{\nu}{3} \frac{\partial}{\partial y} \left( \frac{\partial u_x}{\partial x} + \frac{\partial u_y}{\partial y} + \frac{\partial u_z}{\partial z} \right)$$

一维流动，$u_x = u_z = 0$，定常流动，$\frac{\partial u_y}{\partial \theta} = 0$，由式（3-80）知，$\frac{\partial u_y}{\partial y} = 0$，$\frac{\partial^2 u_y}{\partial y^2} = 0$；假定 $z$ 方向无限宽，$u_y$ 不随 $z$ 值改变，则 $\frac{\partial u_y}{\partial z}$，$\frac{\partial^2 u_y}{\partial z^2}$ 也为零；流体不可压缩，$(\nabla \boldsymbol{u}) = 0$，由于液膜的一侧为自由表面，外界压力一定，因而 $\frac{\partial p}{\partial y} = 0$；液膜仅处于重力场作用下，$Y = g$；$y$ 方向的运动微分方程可简化为：

$$\frac{\partial^2 u_y}{\partial x^2} = -\frac{g}{\nu} \tag{3-82}$$

由于 $\frac{\partial u_y}{\partial y} = 0 = \frac{\partial u_y}{\partial z}$，因此，式（3-82）可写为常微分方程：

$$\frac{\mathrm{d}^2 u_y}{\mathrm{d}x^2} = -\frac{g}{\nu} \tag{3-83}$$

边界条件为：

（1）在 $x = 0$ 处，没有动量经过自由表面向外传递，剪应力 $\tau = 0$，即 $\frac{\mathrm{d}u_y}{\mathrm{d}x} = 0$；

（2）在 $x = \delta$ 处，$u_y = 0$。

积分式（3-83）得：

$$\frac{\mathrm{d}u_y}{\mathrm{d}x} = -\frac{g}{\nu}x + c_1$$

由边界条件（1）得 $c_1 = 0$，上式变为：

$$\frac{\mathrm{d}u_y}{\mathrm{d}x} = -\frac{g}{\nu}x$$

再积分，得：

$$u_y = -\frac{g}{2\nu}(x^2 - \delta^2) \quad \text{或} \quad u_y = -\frac{g\delta^2}{2\nu}\left[1 - \left(\frac{x}{\delta}\right)^2\right] \tag{3-84}$$

由式（3-84）可知，液膜沿壁下降的速度侧形为抛物线型。

平均速度可按下式计算：

$$u_0 = \frac{1}{A} \iint_A u_y \mathrm{d}A \tag{3-85}$$

式中，$A$ 为流动截面积。

在 $z$ 方向取单位长度（1），则式（3-85）变为：

$$u_0 = \frac{1}{\delta(1)} \int_0^\delta \frac{g\delta}{2\nu}\left[1 - \left(\frac{x}{\delta}\right)^2\right]\mathrm{d}x = \frac{g}{3\nu}\delta^2 \tag{3-86}$$

由式（3-86）也可以算出膜厚 $\delta$：

$$\delta = \left(\frac{3u_0\nu}{g}\right)^{\frac{1}{2}} \tag{3-87}$$

如果重力方向与固体壁面的夹角是 $\beta$，则重力应为 $g\cos\beta$，于是式（3-83）、式（3-84）、式（3-86）、式（3-87）应当分别写为：

$$u_y = -\frac{g\cos\beta}{2\nu}(x^2 - \delta^2)$$

$$u_y = -\frac{g\delta^2\cos\beta}{2\nu}\left[1 - \left(\frac{x}{\delta}\right)^2\right]$$

$$u_0 = \frac{g\cos\beta}{3\nu}\delta^2$$

$$\delta = \left(\frac{3u_0\nu}{g\cos\beta}\right)^{\frac{1}{2}}$$

### 3.5.3 大平壁的定常态导热

直角坐标系的能量方程为：

$$\rho\frac{DH}{D\theta} - \frac{Dp}{D\theta} = k(\nabla^2 \cdot t) + \dot{q} + \Phi$$

由于 $\rho\dfrac{DH}{D\theta} - \dfrac{Dp}{D\theta} = \rho c_p\dfrac{Dt}{D\theta}$，略去流体内摩擦生成热流速率 $\Phi$，则上式变为：

$$\frac{Dt}{D\theta} = \alpha(\nabla^2 \cdot t) + \frac{\dot{q}}{\rho c_p} \tag{3-88}$$

假若是沿 $y$ 方向的定常态导热，则式（3-88）的左端全部为零，等号右端第一项也仅剩 $\dfrac{\partial^2 t}{\partial y^2}$，式（3-88）可写为：

$$\alpha\frac{\partial^2 t}{\partial y^2} = -\frac{\dot{q}}{\rho c_p} \tag{3-89}$$

或

$$\frac{\partial^2 t}{\partial y^2} = -\frac{\dot{q}}{k} \tag{3-90}$$

温度 $t$ 仅与 $y$ 有关，而与 $x$、$z$ 和 $\theta$ 无关，因此式（3-90）可写为常微分：

$$\frac{d^2 t}{dy^2} = -\frac{\dot{q}}{k} \tag{3-91}$$

设 $\dot{q}$ 和 $k$ 均恒定，且边界条件为：

（1）在 $y=0$ 处，$\dfrac{dt}{dy}=0$；

（2）在 $y = \pm y_0$ 处，$t = t_s$（图 3-16）。

对式（3-91）积分：

$$\frac{dt}{dy} = -\frac{\dot{q}}{k}y + c \tag{3-92}$$

把边界条件（1）带入式（3-92），得 $c=0$，于是有：

$$\frac{dt}{dy} = -\frac{\dot{q}}{k}y \tag{3-93}$$

再积分式（3-93），得

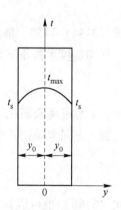

图 3-16　大平壁
定常态导热

$$t - t_s = \frac{\dot{q}}{2k}(y_0^2 - y^2) \tag{3-94}$$

此即温度分布式。

当 $y = 0$ 时，$t = t_{max}$，则式（3-94）变为：

$$t_{max} - t_s = \frac{\dot{q}}{2k}y_0^2 \tag{3-95}$$

联立求解式（3-94）和式（3-95），得：

$$\frac{t - t_s}{t_{max} - t_s} = 1 - \left(\frac{y}{y_0}\right)^2 \tag{3-96}$$

式（3-96）也为温度分布式，由于 $t_{max}$ 较之 $\dot{q}$ 易于测定，因此式（3-96）较为方便。

热量通量按照下式计算：

$$\frac{q}{A} = -k\frac{dt}{dy}$$

因为 $\dfrac{dt}{dy} = -\dfrac{\dot{q}y}{k}$，所以热通量为：

$$\frac{q}{A} = \dot{q}y \tag{3-97}$$

### 3.5.4 大平壁的定常态分子扩散

由组分 A、B 组成的二元系在总浓度 $C$ 为常数时的传质微分方程式为：

$$\frac{Dc_A}{D\theta} = D_{AB}\left(\frac{\partial^2 c_A}{\partial x^2} + \frac{\partial^2 c_A}{\partial y^2} + \frac{\partial^2 c_A}{\partial z^2}\right) + \dot{R}_A$$

由于是发生在固相中的分子扩散，式（2-85）中左侧的所有速度项 $u_x$、$u_y$、$u_z$ 全部为零；又由于是定常态分子扩散，$\dfrac{\partial c_A}{\partial \theta} = 0$，即等式左端等于零；分子扩散仅沿 $y$ 方向进行，$\dfrac{\partial c_A}{\partial x} = 0 = \dfrac{\partial c_A}{\partial z}$，于是，式（2-85）变为：

$$D_{AB}\frac{\partial^2 c_A}{\partial y^2} = -\dot{R}_A \tag{3-98}$$

或

$$\frac{\partial c_A}{\partial y^2} = -\frac{\dot{R}_A}{D_{AB}} \tag{3-99}$$

由于 $c_A$ 仅为 $y$ 的函数，所以偏导数可改写为常导数 $\dfrac{d^2 c_A}{dy^2}$，式（3-99）可写为：

$$\frac{d^2 c_A}{dy^2} = -\frac{\dot{R}}{D_{AB}} \tag{3-100}$$

边界条件为：

（1）在 $y = 0$ 处，$\dfrac{dc_A}{dy} = 0$；

（2）在 $y = \pm y_0$ 处，$c_A = c_{As}$（图 3-17）。

假定扩散系数 $D_{AB}$ 和 A 组分的生成速率 $\dot{R}_A$ 恒定，对式（3-100）积分得：

$$\frac{dc_A}{dy} = -\frac{\dot{R}}{D_{AB}}y + c \qquad (3\text{-}101)$$

把边界条件（1）带入式（3-101）得 $c = 0$，式（3-101）变为：

$$\frac{dc_A}{dy} = -\frac{\dot{R}}{D_{AB}}y \qquad (3\text{-}102)$$

再对式（3-102）积分：

$$\int_{c_{As}}^{c_A} dc_A = -\frac{\dot{R}}{D_{AB}}\int_{y_0}^{y} y\,dy$$

即得：

$$c_A - c_{As} = \frac{\dot{R}}{2D_{AB}}(y_0^2 - y^2) \qquad (3\text{-}103)$$

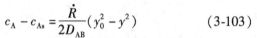

图 3-17　大平壁定常态
分子扩散

式（3-103）为浓度分布式。当 $y = 0$ 时，$c_A = c_{A,max}$，式（3-103）变为：

$$c_{A,max} - c_{As} = \frac{\dot{R}}{2D_{AB}}y_0^2 \qquad (3\text{-}104)$$

比较式（3-103）和式（3-104）得：

$$\frac{c_A - c_{As}}{c_{A,max} - c_{As}} = 1 - \left(\frac{y}{y_0}\right)^2 \qquad (3\text{-}105)$$

式（3-105）也为浓度分布式。

质量通量

$$J_A = -D_{AB}\frac{dc_A}{dy} \qquad (3\text{-}106)$$

$$\frac{dc_A}{dy} = -\frac{\dot{R}_A y}{D_{AB}} \qquad (3\text{-}107)$$

把式（3-107）带入式（3-106）可得：

$$J_A = \dot{R}_A y \qquad (3\text{-}108)$$

### 3.5.5　圆管内的定常态层流

圆管内定常态层流的条件是定常态、一维（仅 $x$ 方向）、层流、流体不可压缩，所考察部位远离进出口。先化简柱坐标的连续性方程：

$$\frac{\partial \rho}{\partial \theta'} + \frac{1}{r}\frac{\partial}{\partial r}(\rho r u_r) + \frac{1}{r}\frac{\partial}{\partial \theta}(\rho u_\theta) + \frac{\partial}{\partial z}(\rho u_z) = 0$$

根据流动条件，定常态：$\dfrac{\partial \rho}{\partial \theta'} = 0$，一维流动：$u_r = 0 = u_\theta$，式（2-18）变为：

$$\frac{\partial u_z}{\partial z} = 0 \qquad (3\text{-}109)$$

柱坐标 $z$ 方向的运动微分方程为：

$$\frac{\partial u_z}{\partial \theta'} + u_r\frac{\partial u_z}{\partial r} + \frac{u_\theta}{r}\frac{\partial u_z}{\partial \theta} + u_z\frac{\partial u_z}{\partial z} = X_z - \frac{1}{\rho}\frac{\partial p}{\partial z} + \nu\left[\frac{1}{r}\frac{\partial}{\partial r}\left(r\frac{\partial u_z}{\partial r}\right) + \frac{1}{r^2}\frac{\partial^2 u_z}{\partial \theta^2} + \frac{\partial^2 u_z}{\partial z^2}\right]$$

用同样的方法化简上式，左端第一、二和三项为零；由式（3-109）得 $u_z\dfrac{\partial u_z}{\partial z} = 0$；等

号右端第一、二项用 $\dfrac{1}{\rho}\dfrac{\partial p_{\mathrm{d}}}{\partial z}$ 代替 $X_z$，于是得：

$$X_z - \frac{1}{\rho}\frac{\partial p}{\partial z} = \frac{1}{\rho}\frac{\partial p_{\mathrm{d}}}{\partial z} \tag{3-110}$$

$u_z$ 在 $\theta$ 方向具有对称性，$\dfrac{\partial u_z}{\partial\theta}=0$，因 $\dfrac{\partial u_z}{\partial z}=0$，故 $\dfrac{\partial^2 u_z}{\partial z^2}=0$。于是式（2-44c）最终化简为：

$$\nu\left[\frac{1}{r}\frac{\partial}{\partial r}\left(r\frac{\partial u_z}{\partial r}\right)\right]=\frac{1}{\rho}\frac{\partial p_{\mathrm{d}}}{\partial z} \quad 或 \quad \frac{1}{r}\frac{\partial}{\partial r}\left(r\frac{\partial u_z}{\partial r}\right)=\frac{1}{\mu}\frac{\partial p_{\mathrm{d}}}{\partial z} \tag{3-111}$$

由于 $u_\theta$ 和 $u_r$ 均为零，因此 $\theta$ 方向和 $r$ 方向的运动微分方程可化简为：

$$\frac{\partial p_{\mathrm{d}}}{\partial\theta}=0 \tag{3-112}$$

$$\frac{\partial p_{\mathrm{d}}}{\partial r}=0 \tag{3-113}$$

在式（3-111）中，由于 $\dfrac{\partial u_z}{\partial\theta}$ 和 $\dfrac{\partial u_z}{\partial z}$ 均为零，$u_z$ 仅为 $r$ 的函数，因此 $\dfrac{\partial u_z}{\partial r}$ 可写为常导数的形式：

$$\frac{\mathrm{d}}{\mathrm{d}r}\left(r\frac{\mathrm{d}u_z}{\mathrm{d}r}\right) \tag{3-114}$$

同理，由于 $p_{\mathrm{d}}$ 仅为 $z$ 的函数，$\dfrac{\partial p_{\mathrm{d}}}{\partial z}$ 也可写为常导数的形式。

根据数理方程的性质，$u_z$ 仅与 $r$ 有关，而与 $\theta$ 和 $z$ 无关；$p_{\mathrm{d}}$ 仅与 $z$ 有关，而与 $\theta$ 和 $r$ 无关，而 $r$ 和 $z$ 又是独立变量，因此，方程要成立，应等于某一常数，于是式（3-111）应写为：

$$\frac{1}{r}\frac{\mathrm{d}}{\mathrm{d}r}\left(r\frac{\mathrm{d}u_z}{\mathrm{d}r}\right)=\frac{1}{\mu}\frac{\mathrm{d}p_{\mathrm{d}}}{\mathrm{d}z}=\mathrm{const} \tag{3-115}$$

边界条件为：

（1）在 $r=0$ 时，$\dfrac{\mathrm{d}u_z}{\mathrm{d}r}=\dfrac{\mathrm{d}u_{\max}}{\mathrm{d}r}=0$；

（2）$r=r_{\mathrm{i}}$ 处，$u_z=0$（图3-18）。

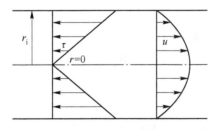

图3-18　圆管中定常态层流流动

积分式（3-115），得

$$r \frac{\mathrm{d}u_z}{\mathrm{d}r} = \frac{1}{2\mu} \frac{\mathrm{d}p_\mathrm{d}}{\mathrm{d}z} r^2 + c \tag{3-116}$$

把边界条件（1）带入式（3-116）得 $c = 0$，式（3-116）变为：

$$\frac{\mathrm{d}u_z}{\mathrm{d}r} = \frac{1}{2\mu} \frac{\mathrm{d}p_\mathrm{d}}{\mathrm{d}z} r \tag{3-117}$$

再积分式（3-117）得：

$$\int_0^{u_z} \mathrm{d}u_z = \frac{1}{2\mu} \frac{\mathrm{d}p}{\mathrm{d}z} \int_{r_\mathrm{i}}^{r} r\mathrm{d}r \quad 即 \quad u_z = -\frac{1}{4\mu} \frac{\mathrm{d}p_\mathrm{d}}{\mathrm{d}z}(r_\mathrm{i}^2 - r^2) \tag{3-118}$$

此即速度分布式。当 $r = 0$ 时，$u_x = u_{\max}$，于是有：

$$u_{\max} = -\frac{1}{4\mu} \frac{\mathrm{d}p_\mathrm{d}}{\mathrm{d}z} r_\mathrm{i}^2 \tag{3-119}$$

比较式（3-118）和式（3-119）得另一速度表达式：

$$u_z = u_{\max} = \left[ 1 - \left( \frac{r}{r_\mathrm{i}} \right)^2 \right] \tag{3-120}$$

平均速度可按下式计算：

$$u_\mathrm{b} = \frac{1}{A} \iint_A u_z \mathrm{d}A \tag{3-121}$$

$$u_\mathrm{b} = \frac{1}{\pi r_\mathrm{i}^2} \int_0^{2\pi} \mathrm{d}\theta \int_0^{r_\mathrm{i}} u_{\max} \left[ 1 - \left( \frac{r}{r_\mathrm{i}} \right)^2 \right] r\mathrm{d}r = \frac{1}{2} u_{\max} \tag{3-122}$$

有效压力降的求取，由式（3-119）和式（3-122）得：

$$u_z = -\frac{1}{8\mu} \frac{\mathrm{d}p_\mathrm{d}}{\mathrm{d}z} r_\mathrm{i}^2 \tag{3-123}$$

或

$$\frac{\mathrm{d}p_\mathrm{d}}{\mathrm{d}z} = -\frac{8\mu u_\mathrm{b}}{r_\mathrm{i}^2} \tag{3-124}$$

在 $z$ 方向上，当板长 $L = 0$ 时，$p_\mathrm{d} = p_{\mathrm{d}1}$，当板长 $L = L$ 时，$p_\mathrm{d} = p_{\mathrm{d}2}$，积分式（3-124）得：

$$\Delta p_\mathrm{d} = p_{\mathrm{d}2} - p_{\mathrm{d}1} = \frac{8\mu L u_\mathrm{b}}{r_\mathrm{i}^2} \tag{3-125}$$

或

$$\Delta p_\mathrm{d} = 4 \times \frac{16}{\dfrac{\mathrm{d}u_\mathrm{b}\,\rho}{\mu}} \frac{L}{d} \frac{1}{2} \rho u_\mathrm{b}^2 = 4 \times \frac{16}{Re} \frac{L}{d} \frac{\rho u_\mathrm{b}^2}{2}$$

或

$$\Delta p_\mathrm{d} = 4f \frac{L}{d} \frac{\rho u_\mathrm{b}^2}{2} \tag{3-126}$$

式中，$f$ 为范宁摩擦因子，$f = \dfrac{16}{Re}$。

有效剪应力的求取：流体沿 $z$ 方向运动，$u_z$ 仅在 $r$ 方向上存在速度梯度，因此剪应力 $\tau = -\mu \dfrac{\mathrm{d}u_z}{\mathrm{d}r}$。

式（3-118）对 $r$ 求导，由于 $\dfrac{\mathrm{d}p_\mathrm{d}}{\mathrm{d}z}$ 为常数，所以有：

$$\frac{\mathrm{d}u_z}{\mathrm{d}r} = \frac{1}{\mu} \frac{\mathrm{d}p_\mathrm{d}}{\mathrm{d}z} \frac{r}{2} \tag{3-127}$$

$$\tau = -\mu\left(\frac{1}{\mu}\frac{dp_d}{dz}\frac{r}{2}\right) = -\frac{1}{2}\frac{dp_d}{dz}\frac{1}{r} \tag{3-128}$$

式（3-128）为直线方程，即剪应力呈直线分布，在管中心处，$r = 0$，$\tau$ 也为零；在管壁处，$r = r_i$，剪应力为最大：

$$\tau_s = -\frac{dp_d}{dz}\frac{1}{2r_i}$$

速度分布和剪应力分布如图 3-18 所示。

对圆管中定常态层流流动各目标函数，除以上方法外，还可以通过对流体微元所受力的分析，建立相应的数学模型，给定边界条件后求出。流体在圆直管中微分衡算的建立及其求解，就是一个很有用的例子。

假定此时的流动条件与本节开始所说的完全相同。在圆管中取一半径为 $r$，长度为 $L$ 的流体微元，使其轴线与圆管之轴线重合，由于流体微元不被加速，因此，作用于流体微元端面上的总压力应当与作用于其表面的曳力，即

$$\pi r^2(\Delta p) = -2\pi r L \tau$$

式中　$\Delta p$——作用于微元体端面上的压力差；

　　　$\tau$——作用于微元体表面上的应力。

负号表示曳力方向与流向相反。

上式化简可得：

$$\tau = -\frac{\Delta p}{2L}r \tag{3-129}$$

在壁面处，$r = D/2$，式（3-129）变为：

$$\tau_s = -\frac{\Delta p}{4L}D \tag{3-130}$$

式中，$D$ 为圆管内径。

比较两式得：

$$\tau = \tau_s\frac{r}{r_i} = \tau_s\left(1 - \frac{y}{r_i}\right) \tag{3-131}$$

式中，$y$ 是自管壁算起的径向距离。

式（3-131）既适于圆管中的层流，也适于圆管中的湍流；既适于牛顿型流体，也适于非牛顿型流体。

对于牛顿型流体层流流动，由现象方程得：

$$\tau = -\mu\frac{du_z}{dr} \tag{3-132}$$

式（3-129）与式（3-132）相等，因此有：

$$rdr = \frac{2L\mu}{\Delta p}du_z \tag{3-133}$$

边界条件为：

（1）在 $r = 0$ 处，$u_z = u_{max}$；

（2）在 $r = r$ 处，$u = u_z$（图 3-19）。

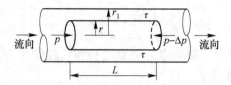

图3-19　作用于圆管中流体微元上的力

积分式（3-133），得：

$$-\frac{r^2}{2} = \frac{2L\mu}{\Delta p}(u_{max} - u_z) \quad 或 \quad u_z = u_{max} + \frac{\Delta p}{4L\mu}r^2 \tag{3-134}$$

式（3-134）即为速度分布式。当 $r = r_1$ 时，$u_z = 0$，因而得到最大速度 $u_{max}$：

$$u_{max} = -\frac{\Delta p}{4L\mu}r_1^2 \tag{3-135}$$

比较式（3-134）和式（3-135）得：

$$u_x = u_{max}\left[1 - \left(\frac{r}{r_1}\right)^2\right] \tag{3-136}$$

式（3-136）也是速度分布式。在管道入口处，流体被加速，式（3-136）不适用，只有在流型充分发展后才适用。

### 3.5.6　圆套管环隙中的定常态层流

工程中最常见的换热器的结构就是由若干同心圆套管组成。在本章第3.4.5节已经作过讨论，当时所讨论的是系统的内部产生项 $\frac{dp_d}{dz} = 0$ 的情况。如果具有内部产生项的环隙流动条件，除了 $\frac{dp_d}{dz} \neq 0$ 以外，其余条件均与3.4.5节相同，则此时的运动微分方程可写为：

$$\mu\frac{1}{r}\frac{d}{dr}\left(r\frac{du_z}{dr}\right) = \frac{dp_d}{dz} \tag{3-137}$$

边界条件（图3-20）为：

（1）在 $r = r_{i1}$ 处，$u_{z1} = 0$；

（2）在 $r = r_{i2}$ 处，$u_{z2} = 0$。

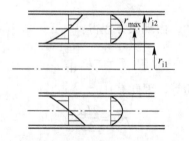

图3-20　同心圆套管环隙中的定常态层流

式（3-137）积分两次得：

$$r\frac{\mathrm{d}u_z}{\mathrm{d}r} = \frac{1}{\mu}\frac{\mathrm{d}p_\mathrm{d}}{\mathrm{d}z} + \frac{r^2}{2} + c_1$$

$$u_z = \frac{1}{4\mu}\frac{\mathrm{d}p_\mathrm{d}}{\mathrm{d}z}r^2 + c_1\ln r + c_2 \tag{3-138}$$

把边界条件（1）和（2）分别代入式（3-138），并联立求解，得：

$$c_1 = \frac{1}{4\mu}\frac{\mathrm{d}p_\mathrm{d}}{\mathrm{d}z}r_{i2}^2\frac{1 - \left(\dfrac{r_{i1}}{r_{i2}}\right)^2}{\ln\dfrac{r_{i2}}{r_{i1}}}$$

$$c_2 = -\frac{1}{4\mu}\frac{\mathrm{d}p_\mathrm{d}}{\mathrm{d}z}r_{i2}^2\left[1 - \frac{1 - \left(\dfrac{r_{i1}}{r_{i2}}\right)^2}{\ln\dfrac{r_{i2}}{r_{i1}}}\ln r_{i2}\right]$$

把 $c_1$、$c_2$ 代回式（3-138），得速度分布式：

$$u_z = \frac{1}{4\mu}\frac{\mathrm{d}p_\mathrm{d}}{\mathrm{d}z}r_{i2}^2\left[1 - \left(\frac{r}{r_{i2}}\right)^2 + \frac{1 - \left(\dfrac{r_{i1}}{r_{i2}}\right)^2}{\ln\dfrac{r_{i2}}{r_{i1}}}\ln\frac{r}{r_{i2}}\right] \tag{3-139}$$

平均速度按下式计算：

$$u_{b2} = \frac{1}{\pi(r_{i2}^2 - r_{i1}^2)}\int_{r_{i1}}^{r_{i2}}u_z(2\pi r)\mathrm{d}r = \frac{r_{i2}^4}{8(r_{i2}^2 - r_{i1}^2)}\frac{\mathrm{d}p_\mathrm{d}}{\mathrm{d}z}\left\{1 - \left(\frac{r_{i1}}{r_{i2}}\right)^4 - \frac{\left[1 - \left(\dfrac{r_{i1}}{r_{i2}}\right)^2\right]^2}{\ln\dfrac{r_{i2}}{r_{i1}}}\right\} \tag{3-140}$$

剪应力按照下式计算：

$$\tau_{r2} = -\mu\frac{\mathrm{d}u}{\mathrm{d}r} = \frac{1}{2}\frac{\mathrm{d}p_\mathrm{d}}{\mathrm{d}z}\left[r - \frac{1 - \left(\dfrac{r_{i1}}{r_{i2}}\right)^2}{2\ln\dfrac{r_{i2}}{r_{i1}}}\frac{r_{i2}^2}{r}\right] \tag{3-141}$$

在 $u_2 = u_{\max}$ 处，$\dfrac{\mathrm{d}u_z}{\mathrm{d}r} = 0$，因此剪应力为零，而 $\dfrac{\mathrm{d}p_\mathrm{d}}{\mathrm{d}z} \neq 0$，因此方括号内的数值必为零，由此算得与 $u_{\max}$ 对应的距离 $r_{\max,2}$：

$$r_{\max,2} = r_{i2}\left[\frac{1 - \left(\dfrac{r_{i1}}{r_{i2}}\right)^2}{2\ln\dfrac{r_{i2}}{r_{i1}}}\right]^{\frac{1}{2}} \tag{3-142}$$

压力降的计算：取 $z$ 方向长度为 $L$ 的环隙内的全部流体进行动量衡算，由于为定常态流动，流体既不被加速，也不被减速，因此动量衡算转化为 $x$ 的衡算，按照牛顿第二定律，作用于划定区域流体上的外力之和等于零。

令 $F_1$ 为作用在环隙内表面上的摩擦力，$F_2$ 为作用在环隙外表面上的摩擦力，则有：

$$\pi(r_{i2}^2 - r_{i1}^2)(p_1 - p_2) + F_1 + F_2 = 0$$

该式说明两壁面上的总剪应力等于环隙截面上的压力。由上式可求出 $L$ 长度上的有效压力降：

$$p_1 - p_2 = \frac{-(F_1 + F_2)}{\pi(r_{i2}^2 - r_{i1}^2)} \tag{3-143}$$

式中，$F_1 = -2\pi r_{i1} L \tau_1$；$\tau_1$ 为 $r = r_{i1}$ 处的剪应力。

将式（3-141）中的 $\dfrac{\mathrm{d}p_d}{\mathrm{d}z}$ 换成 $\dfrac{p_1 - p_2}{L}$ 后代入上式，得：

$$F_1 = -\pi r_{i1}(p_1 - p_2)\left[ r_{i1} - \frac{1 - \left(\dfrac{r_{i1}}{r_{i2}}\right)^2}{2\ln \dfrac{r_{i2}}{r_{i1}}} \frac{r_{i2}^2}{r_{i1}} \right]$$

$$F_2 = 2\pi r_{i2} L \tau_2 = \pi r_{i2}(p_1 - p_2)\left[ r_{i2} - \frac{1 - \left(\dfrac{r_{i1}}{r_{i2}}\right)^2}{2\ln \dfrac{r_{i2}}{r_{i1}}} \frac{r_{i2}^2}{r_{i1}} \right]$$

内外壁上力的比值为：

$$\frac{F_1}{F_2} = \frac{-r_{i1}\tau_1}{r_{i2}\tau_2} = \frac{\dfrac{(r_{i2}^2/r_{i1}^2) - 1}{2\ln(r_{i2}/r_{i1})} - 1}{(r_{i2}^2/r_{i1}^2) - \dfrac{(r_{i2}^2/r_{i1}^2) - 1}{2\ln(r_{i2}/r_{i1})}} \tag{3-144}$$

力的比值关系如图 3-21 所示。由式（3-144）可知，在 $r_{i2}/r_{i1} \to 1$ 的极限情况下，$F_1/F_2 \approx 1$。作用在内筒壁上的力与总摩擦力之比可写为：

$$\frac{F_1}{F_1 + F_2} = \frac{-r_{i1}\tau_1}{-r_{i1}\tau_1 + r_{i2}\tau_2} = \frac{1}{2\ln(r_{i2}/r_{i1})} - \frac{1}{(r_{i2}/r_{i1})^2 - 1}$$

由该式可以看出，如外筒表面与内筒表面之比为 5∶1，则有总摩擦力的 27% 作用在内筒表面上，环隙内外表面受力不等的情况在直径较小厚壁管的挤出过程中应予以重视。

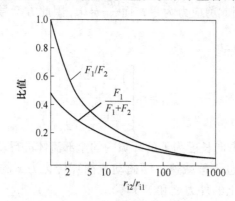

图 3-21　圆套管环隙内力与半径的关系

本节和第 3.4.5 节研究的均为同心圆套管环隙中的定常态层流，从以上分析可知，两者区别在于有无内部产生项，即 $\dfrac{dp_d}{dz}$ 是否等于零。由于有此差别，导致各个目标函数的差异，这个差异对于传热和传质也是存在的。

### 3.5.7 长圆柱体和长圆筒壁的导热

在 3.4.6 节，已把长圆筒壁的能量方程化简为：

$$\frac{1}{r}\frac{d}{dr}\left(r\frac{dt}{dr}\right)=0$$

它是基于无内热源和内摩擦热流率 $\varphi$ 得到的。由于长圆柱体和长圆筒壁导热微分方程相同，仅边界条件有别，因此，如果计入内热源热流速率 $\dot{q}$，则长圆柱体定常态一维导热的能量方程为：

$$\frac{1}{r}\frac{d}{dr}\left(r\frac{dt}{dr}\right)=-\frac{\dot{q}}{k} \tag{3-145}$$

边界条件为：

（1）在 $r=0$ 处，$\dfrac{dt}{dr}=0$；

（2）在 $r=r_i$ 处，$t=t_s$（图 3-22）。

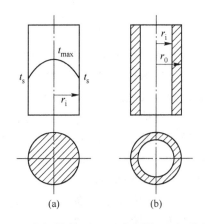

图 3-22 长圆柱体（a）和长圆筒（b）的导热

假定内热源分布均匀，$\dot{q}$ 为常数，则对式（3-145）积分两次，得：

$$t=-\frac{\dot{q}}{4k}r^2+c_1\ln r+c_2 \tag{3-146}$$

由边界条件求得 $c_1=0$，$c_2=t_s+\dfrac{\dot{q}}{4k}r_i^2$，把 $c_1$ 和 $c_2$ 代回式（3-146），得温度分布式：

$$t=t_s+\frac{\dot{q}}{4k}(r_i^2-r^2) \tag{3-147}$$

式中　$t$——$r$ 处的温度；

　　　$t_s$——圆柱体表面的温度；

　　　$r_i$，$r$——分别为圆柱体半径和离圆柱体中心的距离。

在 $r=0$ 处，$t=t_{\max}$，则式（3-147）变为：

$$t_{\max} - t_s = \frac{\dot{q}}{4k}r_i^2 \tag{3-148}$$

比较式（3-147）和式（3-148），得另一种形式的温度分布式：

$$\frac{t - t_s}{t_{\max} - t_s} = 1 - \left(\frac{r}{r_i}\right)^2 \tag{3-149}$$

式（3-149）所表达的温度分布与导热系数 $k$ 无关。

圆柱体的平均温度按下式求取：

$$t_s = \frac{1}{\pi r_i^2}\int_0^{r_i} t2\pi r\mathrm{d}r = \frac{1}{\pi r_i^2}\int_0^{r_i}\left[t_s + \frac{\dot{q}}{4k}(r_i^2 - r^2)\right]2\pi r\mathrm{d}r = t_s + \frac{\dot{q}}{8k}r_i^2 \tag{3-150}$$

或

$$t_b - t_s = \frac{\dot{q}}{8k}r_i^2 \tag{3-150a}$$

平均温度与最高温度之间的关系可由式（3-148）和式（3-150a）得到：

$$\frac{t_b - t_s}{t_{\max} - t_s} = \frac{1}{2} \tag{3-151}$$

圆柱体任意半径 $r$ 处单位面积上的热流速率可由傅里叶第一定律获得：

$$q = -k\frac{\mathrm{d}t}{\mathrm{d}r} = \frac{\dot{q}}{2}r \tag{3-152}$$

电热棒、核反应堆的轴棒和管式固定床反应器等，它们的长度远大于其直径，且温度分布沿轴向是对称的，故均可按上述沿径向的一维定常态导热问题处理。

扩展表面的导热：在加热壁面或其他热源上安置翅片或刺状等金属表面，在金属壁面的导热过程中，这些表面裸露在空气或其他流体中并向介质散热，例如翅片换热器、空气冷却式内燃机气缸、变压器的散热片及采暖用的暖气片，即为扩展表面导热的典型装置。

假定扩展表面是棒条，以其中的一根为代表讨论其温度分布和散热速率，如图 3-23 所示。棒条长度为 $L$，棒条导热良好，在同一截面上温度处处相等，以导热方式由热源传递至棒条的热流速率，等于棒条表面向周围介质对流传热的热流速率。由此，可以认为棒条的导热是沿 $x$ 方向的一维定常态导热，因此，式（2-69）可化简为：

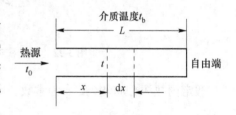

图 3-23　棒条向环境散热

$$\frac{\partial^2 t}{\partial x^2} + \frac{\dot{q}}{k} = 0 \tag{3-153}$$

式（3-153）为描述棒条导热的普遍方程。式中的 $\dot{q}$ 是棒条的散热速率，为负值，其值可根据棒条微分长度 $\mathrm{d}x$ 作热量衡算求出。设棒条截面均匀，横截面积为 $A$；$P$ 为棒条圆周长；$t$ 为棒条在 $x$ 处的温度；$t_b$ 为棒条周围流体的温度，则长度为 $\mathrm{d}x$ 的棒条，其体积为 $A\mathrm{d}x$，表面积为 $p\mathrm{d}x$，棒表面与周围介质的传热系数为 $h$，由于棒条散热速率应等于其与周围介质对流传热速率，即

$$q_1 = \dot{q}A\mathrm{d}x = -h(p\mathrm{d}x)(t - t_b)$$

故可得：
$$\dot{q} = -\frac{hP}{A}(t - t_b)$$

代入式（3-153），得：

$$\frac{d^2t}{dx^2} = \frac{hP}{A}(t - t_b) \tag{3-154}$$

式（3-154）说明了棒条向周围流体散热时温度沿 $x$ 方向变化的变化关系，它是描述有负内热源的一维定常态导热的一个特定方程。令棒条 $x$ 处的温度与介质的温差为过剩温度 $\tau$，即：

$$\tau = t - t_b \tag{3-155}$$

再令

$$m = \sqrt{\frac{hP}{kA}} \tag{3-156}$$

将式（3-155）和式（3-156）带入式（3-154），则得：

$$\frac{d^2\tau}{dx^2} = m^2\tau \tag{3-157}$$

式（3-157）为二阶线性常微分方程，其通解为：

$$\tau = c_1 e^{mx} + c_2 e^{-mx} \tag{3-158}$$

式中，$c_1$ 和 $c_2$ 为积分常数，由边界条件确定。

设热源的温度为 $t_0$，因此，边界条件之一是：$x = 0$，$t = t_0$。

边界条件之二，由于棒条另一端为自由端，可分为三种情况：

（1）棒条无限长，自由端温度与环境温度相同，即在 $x = L$ 处，$t = t_b$ 或 $\tau = 0$；把它称为第一类边界条件；

（2）棒条很长，自由端散失的热量可忽略不计，或者是棒条虽不太长，但自由端被绝热，此时，有：

$$q_1 = -kA\frac{dt}{dx}\bigg|_{x=L} = 0$$

或在 $x = L$ 处，$\frac{dt}{dx} = 0$，即 $\frac{d\tau}{dx} = 0$，此即第二类边界条件。

（3）棒条虽不长，但自由端未被绝热而有一定的热损，即：

在 $x = L$ 处，
$$q_1 = -kA\frac{dt}{dx}\bigg|_{x=L} \neq 0$$

此即第三类边界条件。

第三类边界条件最为普遍，但计算极其困难，在一般情况下，用第二类边界条件，已足够精确。

现在，利用第二类边界条件计算式，此时的边界条件为：

（1）在 $x = 0$ 处，$t = t_0$，或 $\tau = \tau_0$；

（2）在 $x = L$ 处，$\frac{dt}{dx} = 0$，或 $\frac{d\tau}{dx} = 0$。

把边界条件（1）代入式（3-158），得：

$$\tau_0 = c_1 e^0 + c_2 e^0 = c_1 + c_2 \tag{3-159a}$$

式 (3-158) 对 $x$ 求导，得：

$$\frac{d\tau}{dx} = c_1 m e^{mx} - c_2 m e^{-mx}$$ (3-159b)

将边界条件 (2) 代入式 (3-159b)，得：

$$\frac{d\tau}{dx}\bigg|_{x=L} = c_1 m e^{mL} - c_2 m e^{-mL} = 0$$

由上式得：

$$\frac{c_2}{c_1} = e^{2mL}$$ (3-160)

联立求解式 (3-159a) 和式 (3-160)，得：

$$c_1 = \frac{\tau_0}{1 + e^{2mL}}; \qquad c_2 = \frac{\tau_0}{1 + e^{-2mL}}$$ (3-161)

将 $c_1$ 和 $c_2$ 代入式 (3-158)，得：

$$\tau = \tau_0 \left( \frac{e^{mx}}{1 + e^{2mL}} + \frac{e^{-mL}}{1 + e^{-2mL}} \right) = \tau_0 \left[ \frac{e^{mx} e^{-mL}}{(e^0 + e^{2mL}) e^{-mL}} + \frac{e^{-mx} e^{mL}}{(e^0 + e^{-2mL}) e^{mL}} \right] = \tau_0 \left[ \frac{e^{-m(L-x)} + e^{m(L-x)}}{e^{mL} + e^{-mL}} \right]$$

或

$$\tau = \tau_0 \frac{\cosh m(L - x)}{\cosh(mL)}$$ (3-162)

式 (3-162) 为棒条自由端绝热 (或散热速率可忽略不计) 情况下棒条内部的温度分布方程，由它可求出任意点的温度，例如欲求自由端的温度，即 $x = L$ 时的温度，此时 $\cosh m(x - L) = 1$，故自由端温度差 $t_L$ 与介质的温度差 $\tau_L$ 为：

$$\tau_L = t_L - t_b = \frac{\tau_0}{\cosh(mL)}$$ (3-163)

由于热量传递是定常态的，棒条的热流速率为热源提供，所以，只要求出 $x = 0$ 处热源以导热方式传递给棒条的热流速率，即可得到棒条的散热速率，此速率方程为：

$$q = -kA \frac{d\tau}{dx}\bigg|_{x=0}$$ (3-164)

$$\frac{d\tau}{dx}\bigg|_{x=0} = c_1 m - c_2 m = m\tau_0 \left( \frac{1}{1 + e^{2mL}} - \frac{1}{1 + e^{-2mL}} \right)$$

$$= m\tau_0 \left[ \frac{e^{-mL}}{(e^0 + e^{2mL}) e^{-mL}} - \frac{e^{mL}}{(e^0 + e^{-2mL}) e^{mL}} \right] = -m\tau_0 \frac{e^{mL} - e^{-mL}}{e^{mL} + e^{-mL}}$$

即

$$\frac{d\tau}{dx}\bigg|_{x=0} = -m\tau_0 \tanh(mL)$$ (3-165)

把式 (3-165) 代入式 (3-164)，得棒条的热流速率：

$$q = kAm\tau_0 \tanh(mL)$$ (3-166)

把式 (3-156) 的 $m$ 值代入，得：

$$q = \sqrt{hPkA} \tau_0 \tanh(mL)$$ (3-166a)

图 3-24 所示为 $\frac{1}{\cosh(mL)}$、$\tanh(mL)$ 与 $mL$ 的值。由图 3-24 及式 (3-163)、式 (3-166)

可知，当棒条长度 $L$ 增长时，自由端与热源之间的温差 $\tau_L$ 减小，当 $L$ 很长时，$\tau_L = 0$，散热速率 $q$ 随 $L$ 最初急剧增加，而后增加的速率减慢，最后接近一渐近线值。

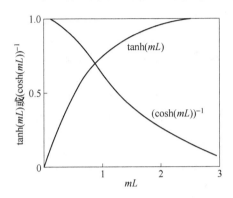

图 3-24　棒条散热速率及温度分布

### 3.5.8　长圆柱体的定常态分子扩散

在总体流动可以忽略情况下，与长圆柱体定常态导热相类似，传质微分方程式（2-85）可化简为：

$$D_{AB}\frac{1}{r}\frac{d}{dr}\left(r\frac{dc_A}{dr}\right) = -\dot{R}_A \tag{3-167}$$

式中，$\dot{R}_A$ 为组分的生成速率（或消耗速率），若 A 组分为生成物，$\dot{R}_A$ 为正值；若 A 组分为反应物，$\dot{R}_A$ 为负值。

对于均相的零级反应，$\dot{R}_A$ 与反应速度的关系为：

$$\dot{R}_A = k_0$$

式中，$k_0$ 为零级反应的化学反应常数，其单位为 $kmol/(m^3 \cdot s)$。

此时，传质微分方程可写为：

$$\frac{1}{r}\frac{d}{dr}\left(r\frac{dc_A}{dr}\right) + \frac{k_0}{D_{AB}} = 0$$

对于均相的一级反应，$\dot{R}_A$ 与反应速度的关系为：

$$\dot{R}_A = k_1 c_A$$

式中，$k_1$ 为一级反应的反应速度常数，其单位为 $1/s$。

此时，传质微分方程可写为：

$$\frac{1}{r}\frac{d}{dr}\left(r\frac{dc_A}{dr}\right) + \frac{k_1 c_A}{D_{AB}} = 0$$

以上关系，对无限大平壁的定常态分子扩散也有类似的结果，见表 3-4。

**表3-4　一维定常态分子传递**（具有内部产生项）

| 传递现象 | | 平行平板间的定常态层流 | 大平板的定常态导热 | 大平板的定常态分子扩散 |
|---|---|---|---|---|
| 直角坐标系 | 方程 | $\mu \dfrac{d^2 u_x}{dy^2} = \dfrac{dp_d}{dx}$ | $k \dfrac{d^2 t}{dy^2} = -\dot{q}$ | $D_{AB} \dfrac{d^2 c_A}{dy^2} = -\dot{R}_A$ |
| | 边界条件 | $(1)\ y=0\ 处,\ \dfrac{du_x}{dy}=0$<br>$(2)\ y=\pm y_0\ 处,\ u_x=0$ | $(1)\ y=0\ 处,\ \dfrac{dt}{dy}=0$<br>$(2)\ y=\pm y_0\ 处,\ t=t_s$ | $(1)\ y=0\ 处,\ \dfrac{dc_A}{dy}=0$<br>$(2)\ y=\pm y_0\ 处,\ c_A=c_{As}$ |
| | 速度温度分布浓度 | $u_x = \dfrac{1}{2\mu}\dfrac{dp_d}{dx}(y_0^2 - y^2)$　或<br>$\dfrac{u_x}{u_{max}} = 1 - \left(\dfrac{y^2}{y_0}\right)$ | $t - t_s = \dfrac{1}{2k}\dot{q}(y_0^2 - y^2)$　或<br>$\dfrac{t-t_s}{t_{max}-t_s} = 1 - \left(\dfrac{y}{y_0}\right)^2$ | $c_A - c_{As} = \dfrac{1}{2D_{AB}}\dot{R}_A(y_0^2 - y^2)$　或<br>$\dfrac{c_A-c_{As}}{c_{A,max}-c_{As}} = 1 - \left(\dfrac{y}{y_0}\right)^2$ |
| | 动量热量通量质量 | $\tau = -\dfrac{dp_d}{dx}y$ | $q = \dot{q}y$ | $J_A = \dot{R}_A y$ |

| 传递现象 | | 圆管内定常态层流 | 长圆柱体定常态导热 | 长圆柱体定常态分子扩散 |
|---|---|---|---|---|
| 柱坐标系 | 方程 | $\mu \dfrac{1}{r}\dfrac{d}{dr}\left(r\dfrac{du}{dr}\right) = \dfrac{dp_d}{dx}$ | $k \dfrac{1}{r}\dfrac{d}{dr}\left(r\dfrac{dt}{dr}\right) = -\dot{q}$ | $D_{AB}\dfrac{1}{r}\dfrac{d}{dr}\left(r\dfrac{dc_A}{dr}\right) = -\dot{R}_A$ |
| | 边界条件 | $(1)\ r=0\ 处,\ \dfrac{du}{dr}=0$<br>$(2)\ r=0\ 处,\ u=u_{max}$<br>$(3)\ r=r_i\ 处,\ u=0$ | $(1)\ r=0\ 处,\ \dfrac{dt}{dr}=0$<br>$(2)\ r=0\ 处,\ t=t_{max}$<br>$(3)\ r=r_i\ 处,\ t=t_s$ | $(1)\ r=0\ 处,\ \dfrac{dc_A}{dr}=0$<br>$(2)\ r=0\ 处,\ c_A=c_{A,max}$<br>$(3)\ r=r_i\ 处,\ c_A=c_{As}$ |
| | 速度温度分布浓度 | $u = -\dfrac{1}{4\mu}\dfrac{dp_d}{dx}(r_i^2 - r^2)$　或<br>$u = u_{max}\left[1 - \left(\dfrac{r}{r_i}\right)^2\right]$ | $t - t_s = \dfrac{1}{4k}\dot{q}(r_i^2 - r^2)$　或<br>$t - t_s = (t_{max}-t_s)\left[1 - \left(\dfrac{r}{r_i}\right)^2\right]$ | $c_A - c_{As} = \dfrac{1}{4D_{AB}}\dot{R}_A(r_i^2 - r^2)$　或<br>$c_A - c_{As} = (c_{A,max}-c_{As})$<br>$\left[1 - \left(\dfrac{r}{r_i}\right)^2\right]$ |
| | 动量热量通量质量 | $\tau = -\dfrac{dp_d}{dx}\dfrac{r}{2}$ | $q = \dot{q}\dfrac{r}{2}$ | $J_A = \dot{R}_A \dfrac{r}{2}$ |

# 3.6　二维定常态分子的传递

## 3.6.1　二维定常态导热

　　此前，我们仅讨论了一维定常态的分子传递，然而，二维定常态的热、质传递更具普遍意义。假定固体的导热系数 $k$ 为定值，则描述固体二维导热的能量方程式为拉普拉斯方程：

$$\frac{\partial^2 t}{\partial x^2} + \frac{\partial^2 t}{\partial y^2} = 0 \tag{3-168}$$

式（3-168）的求解有三种方法：数学分析法、数值计算法或图解法。求解的目的是计算热流速率和温度分布。

### 3.6.1.1　数学分析法

如果单值条件较为简单，可用分析法求式（3-168）的解。以一个无内热源的矩形平板为例，如图 3-25 所示，此平板的长和宽分别为 $L$ 和 $H$，3 条边的温度为恒定温度 $t_1$，另一条边的温度可能是简单的恒定温度 $t_2$，也可能是复杂的正弦波分布，在 $z$ 方向无温度分布，因此，温度分布仅为 $x$ 和 $y$ 的函数。先讨论 $t_2$ 为恒温，再讨论 $t_2$ 为正弦波分布的情况。

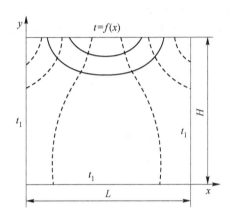

图 3-25　平板二维定常态导热

（1）在 $y = H$ 处，$t_2$ 为恒定温度。

为方便计算，将式（3-168）中的温度改写为无因次温度 $T'$，令 $T' = \dfrac{t - t_1}{t_2 - t_1}$，则式（3-168）变为：

$$\frac{\partial^2 T'}{\partial x^2} + \frac{\partial^2 T'}{\partial y^2} = 0 \tag{3-168a}$$

相应的边界条件为：

1）在 $x = 0$ 处，$t = t_1$，即 $T' = 0$；

2）在 $x = L$ 处，$t = t_1$，即 $T' = 0$；

3）在 $y = 0$ 处，$t = t$，即 $T' = 0$；

4）在 $y = H$ 处，$t = t_2$，即 $T' = 1$。

假定式（3-168a）的解已用分离变量法求出，其解为：

$$T' = XY \tag{3-169}$$

式中，$X$ 仅为坐标 $x$ 的函数，$Y$ 仅为坐标 $y$ 的函数，因此，式（3-168a）可写为常微分的形式：

$$\frac{Y \mathrm{d}^2 X}{\mathrm{d} x^2} + X \frac{\mathrm{d}^2 Y}{\mathrm{d} y^2} = 0 \tag{3-168b}$$

或

$$-\frac{1}{X} \frac{\mathrm{d}^2 X}{\mathrm{d} x^2} + \frac{1}{Y} \frac{\mathrm{d}^2 Y}{\mathrm{d} y^2} \tag{3-168c}$$

式（3-168）左侧仅为 $x$ 的函数，右侧仅为 $y$ 的函数，等式要成立，必等于某一常数 $\lambda^2$，于是可得到两个方程：

$$\frac{\mathrm{d}^2 X}{\mathrm{d}x^2} + \lambda^2 X = 0 \tag{3-170}$$

$$\frac{\mathrm{d}^2 Y}{\mathrm{d}y^2} - \lambda^2 Y = 0 \tag{3-171}$$

式中，$\lambda$ 称为分离常数，其值由边界条件决定。

先写出式（3-170）和式（3-171）可能的全部解，然后再筛选出满足边界条件的唯一解。可能的三种情况：$\lambda^2 = 0$；$\lambda^2 < 0$；$\lambda^2 > 0$。

1）$\lambda^2 = 0$ 的情况：此时，分别对式（3-170）和式（3-171）积分两次，即得到它们的解：

$$X = c_1 x + c_2$$
$$Y = c_3 y + c_4$$

将其代入式（3-169）得：

$$T' = (c_1 x + c_2)(c_3 y + c)$$

上式说明，当 $y$ 值一定时，$T'$ 与 $x$ 为线性关系，即在 $x = 0$ 处或 $x = L$ 处，$T'$ 均不为零，这与式（3-168a）的边界条件，因而 $\lambda^2 = 0$ 不是所求解。

2）$\lambda^2 < 0$ 的情况：此时，分别对式（3-170）和式（3-171）积分两次，即得到它们的解：

$$X = c_5 \mathrm{e}^{\lambda x} + c_6 \mathrm{e}^{-\lambda x}$$
$$Y = c_7 \cos\lambda y + c_8 \sin\lambda y$$

将其带入式（3-169），得：

$$T' = (c_5 \mathrm{e}^{\lambda x} + c_6 \mathrm{e}^{-\lambda x})(c_7 \cos\lambda y + c_8 \sin\lambda y) \tag{3-172}$$

把边界条件代入上式，得：

$$0 = (c_5 + c_6)(c_7 \cos\lambda y + \sin\lambda y)$$

上式的成立条件是 $c_5 = -c_6$，并把此关系式代入式（3-172），得：

$$T' = c_5(\mathrm{e}^{\lambda x} - \mathrm{e}^{-\lambda x})(c_7 \cos\lambda y + c_8 \sin\lambda y) \tag{3-173}$$

把边界条件代入上式，得：

$$0 = c_5 c_7(\mathrm{e}^{\lambda x} - \mathrm{e}^{-\lambda x})$$

上式成立的条件是 $c_7 = 0$，并把此关系式代入式（3-173），得：

$$T' = c_5(\mathrm{e}^{\lambda x} - \mathrm{e}^{-\lambda x})c_8 \sin\lambda y = c(\mathrm{e}^{\lambda x} - \mathrm{e}^{-\lambda x})\sin\lambda y \tag{3-174}$$

式中 $c = c_5 c_8$，再把边界条件代入式（3-174），得：

$$0 = c(\mathrm{e}^{\lambda L} - \mathrm{e}^{-\lambda L})\sin\lambda y$$

欲使上式成立，只有 $\lambda = 0$，即 $\lambda^2 = 0$，正如前面所述，$\lambda^2 = 0$ 是不能满足边界条件的。因此，$\lambda^2 < 0$ 不是所求解。

3）$\lambda^2 > 0$ 的情况：此时，将式（3-170）和式（3-171）分别积分两次，其解分别为：

$$X = c_9 \cos\lambda x + c_{10} \sin\lambda x$$
$$Y = c_{11} \mathrm{e}^{\lambda y} + c_{12} \mathrm{e}^{-\lambda y}$$

将它们代回式（3-169）得：

$$T' = (c_9 \cos\lambda x + c_{10} \sin\lambda x)(c_{11} \mathrm{e}^{\lambda y} + c_{12} \mathrm{e}^{-\lambda y}) \tag{3-175}$$

将边界条件代入上式，得：

$$0 = c_9 ( c_{11} e^{\lambda y} + c_{12} e^{-\lambda y} )$$

上式要成立，只有 $c_9 = 0$，并把此关系代入式（3-175）得：

$$T' = c_{10} \sin\lambda x ( c_{11} e^{\lambda y} + c_{12} e^{-\lambda y} ) = \sin\lambda x ( a e^{\lambda y} + b e^{-\lambda y} ) \tag{3-176}$$

式中，$a = c_{10} c_{11}$，$b = c_{10} c_{12}$。

把边界条件代入式（3-176），得：

$$0 = ( a + b ) \sin\lambda x$$

上式要成立，只有 $a = -b$，把此关系代入式（3-176），得：

$$T' = a\sin\lambda x ( e^{\lambda y} - e^{-\lambda y} ) = d\sin\lambda x \sinh\lambda y \tag{3-177}$$

式中，$d = 2a$，为常数。

把边界条件代入式（3-177），得：

$$0 = d\sin\lambda L \sinh\lambda y$$

上式成立的条件是 $\sin\lambda L = 0$，因而 $\lambda L = n\pi$，即 $\lambda = \dfrac{n\pi}{L}$，式中 $n = 1,2,3,\cdots$，将它代入式（3-177），得：

$$T' = \sum_{n=1}^{\infty} d_n \sin\frac{n\pi}{L} x \sinh\frac{n\pi}{L} y \tag{3-178}$$

式中，$d_n$ 为常数，常数 $d$ 随 $n$ 值而变，故取名 $d_n$。

式（3-178）是式（3-169）在 $\lambda^2 > 0$ 条件下，满足边界条件的解；最后，还要看式（3-178）能否满足边界条件，为此，把边界条件代入式（3-178），得：

$$1 = \sum_{n=1}^{\infty} d_n \sin\frac{n\pi}{L} x \sinh\frac{n\pi}{L} H = \sum_{n=1}^{\infty} A_n \sin\frac{n\pi}{L} x \tag{3-179}$$

其中

$$A_n = d_n \sinh\frac{n\pi}{L} H \tag{3-180}$$

只要能求出 $A_n$，温度分布就可以求出。为此，展开式（3-179），得：

$$1 = A_1 \sin\frac{\pi x}{L} + A_2 \sin\frac{2\pi x}{L} + A_3 \sin\frac{3\pi x}{L} + \cdots$$

把上式等号两端同乘以 $\sin\dfrac{m\pi}{L} x dx$，并在 $0 \sim L$ 之间积分：

$$\int_0^L \sin\frac{m\pi}{L} x dx = \sum_{n=1}^{\infty} \int_0^L A_n \sin\frac{m\pi}{L} x \sin\frac{n\pi}{L} x dx \tag{3-181}$$

式中，当 $m \neq n$ 时，$\int_0^L \sin\dfrac{m\pi}{L} x \sin\dfrac{n\pi}{L} x dx$ 的值为零；当 $m = n$ 时，有以下关系：

$$\int_0^L \sin\frac{m\pi}{L} x \sin\frac{n\pi}{L} x dx = \int_0^L \sin^2\left(\frac{m\pi}{L} x\right) dx$$

当 $m = n$ 时，式（3-181）变为：

$$\int_0^L \sin\frac{m\pi}{L} x dx = \int_0^L A_n \sin^2\left(\frac{n\pi}{L} x\right) dx = A_n \int_0^L \left[ 1 - \cos^2\left(\frac{n\pi x}{L}\right) \right] dx$$

即

$$-\frac{L}{n\pi} \cos\frac{n\pi x}{L} \Big|_0^L = A_n \frac{L}{2}$$

化简上式，得：

$$A_n = \frac{2}{\pi} \frac{1 - (-1)^n}{n}$$

将上式代入式（3-180），求得 $d_n$

$$d_n = \frac{2}{\pi} \frac{1 - (-1)^n}{n} \frac{1}{\sinh\frac{n\pi}{L}H}$$

把 $d_n$ 代入式（3-178），最终求得温度分布式：

$$T' = \frac{2}{\pi} \sum_{n=1}^{\infty} \frac{1 - (-1)^n}{n} \sin\frac{n\pi}{L}x \frac{\sinh\frac{n\pi}{L}y}{\sinh\frac{n\pi}{L}H} \qquad (3\text{-}182)$$

（2）在 $y = H$ 处，$t$ 为正弦波分布，此时的边界条件为：

1）当 $x = 0$ 时，$t = t_1$，即 $T' = 0$；

2）当 $x = L$，$t = t_1$，即 $T' = 0$；

3）当 $y = 0$ 时，$t = t_1$，即 $T' = 0$；

4）当 $y = H$ 时，$t = t_m\sin\frac{\pi x}{L} + t_1$。

式中，$t_m$ 为正弦函数的振幅。

通过以上分析可知，在 $\lambda^2 = 0$ 和 $\lambda^2 < 0$ 条件下，所得温度分布式均不能满足正弦函数的边界条件，唯有 $\lambda^2 > 0$ 时得到的温度分布式为：

$$t = (c_9\cos\lambda x + c_{10}\sin\lambda x)(c_{11}e^{-\lambda y} + c_{12}e^{\lambda y}) \qquad (3\text{-}183)$$

式（3-183）与式（3-175）极其相似。式（3-183）的最终解为：

$$t = t_m\frac{\sinh(\pi y/L)}{\sinh(\pi y/L)}\sin\left(\frac{\pi x}{L}\right) + t_1 \qquad (3\text{-}184)$$

图 3-25 给出了矩形板内部的等温线（以实线表示）和热流线（以虚线表示），它们相互垂直，这与动量传递中的等势线与流线相互垂直相类似。

以上介绍的是二维平板定常态导热，对于三维定常态导热，上述方法原则上适用，但几何形状和边界条件必须简单，否则不宜用分析法而要用数值计算法或图解法。

### 3.6.1.2  数值计算法

分析法的优点是计算精度较高，缺点是导热体的边界条件和几何形状要简单，而且表达式本身比较复杂。数值计算法借助电子计算机，能克服分析法的不足。数值计算的基础，是将连续变化的偏微分方程用梯级变化的差分方程近似地表达，以求出温度分布。

下面讨论用数值计算法求解二维定常态导热微分方程：

$$\frac{\partial^2 t}{\partial x^2} + \frac{\partial^2 t}{\partial y^2} = 0$$

视所求点所处位置不同，导热微分方程可分为物体内部的结点温度方程和物体边界上的结点温度方程，此外，还有二维定常态温度场的结点温度方程组。

**A 物体内部的结点温度方程**

如图 3-26 所示，将物体分割成 $\Delta x \Delta y$ 的小方格，分割线的交点称为结点。步长 $\Delta x$ 和 $\Delta y$ 的长度越小，所得温度的精度越高，但工作量也随之增加。

对于二维定常态导热，温度分布必然是：

$$t = f(x, y)$$

将上式沿 $x$ 方向在 $i$ 点附近展开成泰勒级数，若向右展开，得：

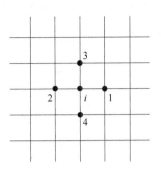

图 3-26 物体内部的结点

$$t_1 = t_i + \left(\frac{\partial t}{\partial x}\right)_{x=i} \Delta x + \left(\frac{\partial^2 t}{\partial x^2}\right)_{x=i} \frac{\Delta x^2}{2!} + \left(\frac{\partial^3 t}{\partial x^3}\right)_{x=i} \frac{\Delta x^3}{3!} + \cdots$$

再向左展开得：

$$t_2 = t_i - \left(\frac{\partial t}{\partial x}\right)_{x=i} \Delta x + \left(\frac{\partial^2 t}{\partial x^2}\right)_{x=i} \frac{\Delta x^2}{2!} - \left(\frac{\partial^3 t}{\partial x^3}\right)_{x=i} \frac{\Delta x^3}{3!} + \cdots$$

把两式相加得：

$$t_1 + t_2 = 2t_i + \left(\frac{\partial^2 t}{\partial x^2}\right)_{x=i} \Delta x^2 + 0\left[(\Delta x)^4\right] \tag{3-185}$$

式中，$0\left[(\Delta x)^4\right]$ 为余项的数量级。

由式（3-185）可得：

$$\left(\frac{\partial^2 t}{\partial x^2}\right)_{x=i} = \frac{t_1 + t_2 - 2t_i}{\Delta x^2} + 0\left[(\Delta x)^4\right] \tag{3-186a}$$

同理，将 $t = f(x, y)$ 在 $y$ 方向展开后，得：

$$\left(\frac{\partial^2 t}{\partial y^2}\right)_{y=i} = \frac{t_3 + t_4 - 2t_i}{\Delta y^2} + 0\left[(\Delta y)^4\right] \tag{3-186b}$$

令 $\Delta x = \Delta y$，并略去余项 $0\left[(\Delta x)^4\right]$ 和 $0\left[(\Delta y)^4\right]$，得：

$$\left(\frac{\partial^2 t}{\partial x^2}\right)_{x=i} + \left(\frac{\partial^2 t}{\partial y^2}\right)_{y=i} = \frac{t_1 + t_2 + t_3 + t_4 - 4t_i}{\Delta x^2}$$

把上式与式（3-168）结合得：

$$\frac{t_1 + t_2 + t_3 + t_4 - 4t_i}{\Delta x^2} = 0$$

或

$$t_1 + t_2 + t_3 + t_4 - 4t_i = 0$$

故所求 $i$ 点的温度 $t_i$ 为：

$$t_i = \frac{1}{4}(t_1 + t_2 + t_3 + t_4) \tag{3-187}$$

式（3-187）说明，无内热源的二维定常态温度场中，其内部某结点的温度，等于与之相邻的 4 个结点的算数平均值。如果将所有结点的温度与其相邻 4 个点的温度按式（3-187）的形式联系起来，便可得到物体内部结点温度方程组。

**B 物体边界上的结点温度方程**

结点位于物体边界上，由于环境的影响，边界上的结点温度就不能用式（3-187）来计算。恒温边界，温度为已知时，问题很简单；若边界绝热或与环境进行对流传热，则结点温度方程要视具体问题而定。图 3-27（a）所示为绝热边界层，图 3-27（b）~（d）所示为对流边界层。

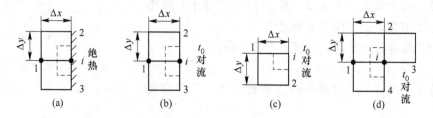

图 3-27　边界上的结点

（a）绝热边界层；（b）对流边界层；（c）对流边界上的外角；（d）对流边界上的内角

（1）绝热边界。如图 3-27（a）所示，根据傅里叶第一定律，对虚线所围微元体进行热量衡算。设 $\Delta x = \Delta y$，垂直于纸面的距离为 1 单位，则 $x$ 方向为 $\Delta x/2$，$y$ 方向为 $\Delta x = \Delta y$。

左侧面导入热：
$$-k\frac{t_1 - t_i}{\Delta x}[\Delta y(1)]$$

上侧面导入热：
$$-k\frac{t_2 - t_i}{\Delta y}\left[\frac{\Delta x}{2}(1)\right]$$

下侧面导入热：
$$-k\frac{t_3 - t_i}{\Delta y}[\Delta x(1)]$$

右侧面为绝热，导热速率为零，前侧面和后侧面为恒温，微元体的衡算式：

$$-k\frac{t_1 - t_i}{\Delta x}[\Delta y(1)] - k\frac{t_2 - t_i}{\Delta y}\left[\frac{\Delta x}{2}(1)\right] - k\frac{t_3 - t_i}{\Delta y}\left[\frac{\Delta x}{2}(1)\right] = 0$$

上式经过化简，变为：

$$2t_1 + t_2 + t_3 - 4t_i = 0$$

即

$$t_i = \frac{1}{4}(2t_1 + t_2 + t_3) \tag{3-188}$$

式（3-188）表示结点 i 位于绝热边界层的结点温度方程。

（2）对流边界。以图 3-27（b）为例，虚线所围微元体，$y$ 方向为 $\Delta y = \Delta x$，$x$ 方向为 $\Delta x/2$，周围流体主体温度为 $t_b$，微元体表面与环境的对流传热系数为 $h$，且 $t_b$ 和 $h$ 恒定，根据牛顿冷却定律，由左、上、下三面导入的热流速率应等于右平面与流体对流传热所输出的热流速率，即：

$$k\frac{t_1 - t_i}{\Delta x}[\Delta y(1)] + k\frac{t_2 - t_i}{\Delta y}\left[\frac{\Delta x}{2}(1)\right] + k\frac{t_3 - t_i}{\Delta y}\left[\frac{\Delta x}{2}(1)\right] = h[\Delta y(1)](t_i - t_b)$$

上式经过化简得：

$$\frac{1}{2}(2t_1 + t_2 + t_3) - \left(\frac{h\Delta x}{k} + 2\right)t_i = -\frac{h\Delta x}{k}t_b \tag{3-189}$$

（3）对于图 3-27（c）（d）的情况，可用相同的方法进行推导，最后分别得到：

$$t_1 + t_2 - 2\left(\frac{h\Delta x}{k} + 1\right)t_i = -2\frac{h\Delta x}{k}t_b \tag{3-190}$$

$$2t_1 + 2t_2 + t_3 + t_4 - 2\left(\frac{h\Delta x}{k} + 3\right)t_i = -2\frac{h\Delta x}{k}t_b \tag{3-191}$$

C 二维定常态温度场的结点温度方程组

以上式（3-188）~式（3-191）为定常态无内热源温度场中结点温度之间的关系，各式均为线性代数方程。如果精度要求高，方程的数量就多，此时手算就十分困难。但如果将物体分成若干等边的小正方形，并将各结点统一编号，例如 $1,2,3,\cdots$，然后将具有编号的结点分别作为结点 $i$，按其所在位置（内部或边界上）与邻近各点的关系，参照式（3-188）~式（3-191），便可写出整个温度场的结点温度方程组：

$$\left.\begin{array}{l} a_{11}t_1 + a_{12}t_2 + a_{13}t_3 + \cdots + a_{1n}t_n = c_1 \\ a_{21}t_1 + a_{22}t_2 + a_{23}t_3 + \cdots + a_{2n}t_n = c_2 \\ \vdots \\ a_{n1}t_1 + a_{n2}t_2 + a_{n3}t_3 + \cdots + a_{nn}t_n = c_n \end{array}\right\} \tag{3-192}$$

式中，$a_{11},\cdots$ 和 $c_1,\cdots$ 为常数；$t_1$ 为未知温度。

式（3-192）为线性方程组，方程数和未知温度均为 $n$，因此方程是闭合的。求解方法有逆矩阵法、迭代法和高斯消元法。下面介绍逆矩阵法。

令：矩阵 $[A]$、$[c]$ 和 $[t]$ 分别为：

$$[A] = \begin{bmatrix} a_{11} & a_{12} & a_{13} & \cdots & a_{1n} \\ a_{21} & a_{22} & a_{23} & \cdots & a_{2n} \\ \vdots & \vdots & \vdots & \ddots & \vdots \\ a_{n1} & a_{n2} & a_{n3} & \cdots & a_{nn} \end{bmatrix}, \quad [c] = \begin{bmatrix} c_1 \\ c_2 \\ \vdots \\ c_n \end{bmatrix}, \quad [t] = \begin{bmatrix} t_1 \\ t_2 \\ \vdots \\ t_n \end{bmatrix}$$

则式（3-192）变为：

$$[A][t] = [c] \tag{3-193}$$

矩阵 $[A]$ 的逆为 $[A]^{-1}$，则 $[t]$ 可按下式求出：

$$[t] = [A]^{-1}[c] \tag{3-194}$$

式中

$$[A]^{-1} = \begin{bmatrix} b_{11} & b_{12} & b_{13} & \cdots & b_{1n} \\ b_{21} & b_{22} & b_{23} & \cdots & b_{2n} \\ \vdots & \vdots & \vdots & \ddots & \vdots \\ b_{n1} & b_{n2} & b_{n3} & \cdots & b_{nn} \end{bmatrix}$$

各点温度值可按下式求出：

$$t_1 = b_{11}c_1 + b_{12}c_2 + b_{13}c_3 + \cdots + b_{1n}c_n$$
$$t_2 = b_{21}c_1 + b_{22}c_2 + b_{23}c_3 + \cdots + b_{2n}c_n$$
$$\vdots$$
$$t_n = b_{n1}c_1 + b_{n2}c_2 + b_{n3}c_3 + \cdots + b_{nn}c_n$$

必须注意，只有温度系数是方阵才能求逆矩阵，也即温度系数为方阵时才可以用矩阵法求温度。如果方程组温度系数矩阵的对角线优势得不到保障，则可用高斯消元法求温度。对角线优势是指对角任意一个元素的绝对值比同一行中非对角元素绝对值之和大。一般情况下，用高斯消元法或迭代法比逆矩阵法简单。

## 3.6.2 二维定常态分子扩散

二维定常态分子扩散的浓度分布是两个独立空间坐标的函数。假定无总体流动，扩散系数为常数时，传质微分方程，即式（2-85）可写为：

$$\frac{\partial^2 c_A}{\partial x^2} + \frac{\partial^2 c_A}{\partial y^2} = 0 \tag{3-195}$$

式（3-195）的求解有三种方法：数学分析法，数值计算值或图解法。求解的目的是计算传质速率和浓度分布。

### 3.6.2.1　数学分析法

如图 3-28 所示，矩形平壁左侧面、右侧面和下侧面组分 A 的浓度均为 $c_{A1}$，唯上侧面浓度为 $c_{A2}$。令无因次浓度 $c'_A$ 为：

$$c'_A = \frac{c_A - c_{A1}}{c_{A2} - c_{A1}}$$

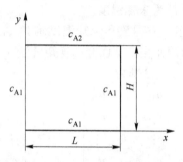

图 3-28　二维定常态分子扩散

则式（3-195）可写为：

$$\frac{\partial^2 c'_A}{\partial x^2} + \frac{\partial^2 c'_A}{\partial y^2} = 0 \tag{3-196}$$

式（3-195）和式（3-196）为拉普拉斯方程，求其精确解的典型方法是分离变量法。假定式（3-196）的解已求出，并且为：

$$c'_A = XY \tag{3-197}$$

式中，$X$ 仅为坐标 $x$ 的函数；$Y$ 仅为坐标 $y$ 的函数，将式（3-197）代入式（3-196），分离变量积分，得：

$$-\frac{1}{X}\frac{d^2 X}{dx^2} = \frac{1}{Y}\frac{d^2 Y}{dy^2} \tag{3-198}$$

式中，左右两侧分别是 $x$、$y$ 的函数，等式要成立，必然等于某一常数，例如等于 $\lambda^2$，由此可得：

$$\frac{d^2 X}{dx^2} + \lambda^2 X = 0 \tag{3-199}$$

$$\frac{d^2 Y}{dy^2} + \lambda^2 Y = 0 \tag{3-200}$$

分别对式（3-199）和式（3-200）积分，得其通解为：

$$X = c_1 \cos\lambda x + c_2 \sin\lambda x$$

$$Y = c_3 e^{-\lambda y} + c_4 e^{\lambda y}$$

把两式代回式（3-197）得：

$$c_A' = (c_1\cos\lambda x + c_2\sin\lambda x)(c_3 e^{-\lambda y} + c_4 e^{\lambda y}) \tag{3-201}$$

式中，常数 $c_1$、$c_2$、$c_3$、$c_4$ 可根据以下四个边界条件求出：

(1) 在 $x=0$ 处，$c_A = c_{A1}$，即 $c_A' = 0$；

(2) 在 $x=L$ 处，$c_A = c_{A1}$，即 $c_A' = 0$；

(3) 在 $y=0$ 处，$c_A = c_{A1}$，即 $c_A' = 0$；

(4) 在 $y=H$ 处，$c_A = c_{A2}$，即 $c_A' = 1$。

由第一个边界条件 $x=0$，得：

$$c_1(c_3 e^{-\lambda y} + c_4 e^{\lambda y}) = 0$$

由第二个边界条件 $x=L$ 得：

$$(c_1\cos\lambda x + c_2\sin\lambda x)(c_3 e^{-\lambda y} + c_4 e^{\lambda y}) = 0$$

由第一个边界条件 $x=0$，得：

$$(c_1\cos\lambda x + c_2\sin\lambda x)(c_3 + c_4) = 0$$

由以上对边界条件的分析可知，对于第三个边界条件，只有在 $c_3 = -c_4$ 时才能满足。而对于第一个边界条件，只有 $c_1 = 0$ 时才成立，应用这些结果，第二个边界条件可化简为：

$$c_2 c_4 \sin(\lambda L)(e^{-\lambda y} + e^{\lambda y}) = 2c_2 c_4 \sin(\lambda L)\sinh(\lambda y) = 0 \tag{3-202}$$

除了在整个通道内各处 $c_A = 0$ 这个毫无价值的解以外，不论是 $c_2$ 或 $c_4$ 均不可能为零。由于式（3-202）对于所有的 $y$ 值都是成立的，所以方程（3-202）成立的唯一条件是：

$$\sin\lambda L = 0$$

也即 $\lambda = \dfrac{n\pi}{L}$，其中，$n = 1,2,3,\cdots$。对于每一个整数 $n$，都对应着一个特定的解，而每一个特定的解，又有自身的积分常数 $A_n$，将所有这些解加在一起，可得：

$$c_A' = \sum_{n=1}^{\infty} A_n \sin\frac{n\pi x}{L}\sinh\frac{n\pi y}{L}$$

再把边界条件 $y=H$ 考虑进去，最终可得组分 A 的浓度分布式：

$$c_A' = \frac{2}{\pi}\sum_{n=1}^{\infty}\frac{1-(-1)^n}{n}\sin\frac{n\pi x}{L}\frac{\sinh\dfrac{n\pi y}{L}}{\sin\dfrac{n\pi H}{L}} \tag{3-203}$$

只要给出 $y=H$ 处的浓度分布，便可用方程（3-203）求出常数 $A_n = \dfrac{2}{\pi}\dfrac{1-(-1)^n}{n}$，最后将 $A_n$ 值代入式（3-202）就可求出 $c_A'$ 随 $x$、$y$ 变化的方程式。

假设是三维定常态分子传质，即 $c_A' = X(x)Y(y)Z(z)$，再把此表达式代入 $\nabla^2 c_A = 0$，就可以把分离变量法推广到三维空间，如果变量是可分离的，则可根据边界条件积分求得 3 个二阶常微分方程。

以上讨论了矩形平整壁上进行二维定常态分子扩散的浓度分布，讨论过程中，假定平壁左右侧面和下侧面组分 A 的浓度均为 $c_{A1}$ 且恒定不变。如果 $c_{A1} = 0$，以上结论是否正确？例如对某横截面为矩形的固定床反应器（尽管此类形状的反应器仅在特殊情况下使用），组分 A 通过上侧面（图 3-28）进入矩形反应器，而且当反应物到达其余 3 个表面时立即发生化学反应，把组分 A 消耗殆尽，换言之，在反应器的 3 个表面上，组分 A 的浓度 $c_{A1}=0$。设反应器宽为 $L$，高为 $H$，在 $y=H$ 处，组分 A 的浓度不均匀且用 $c_A=c(x)$ 表示。假若反应器内没有主体流动，即 $N_A=-N_B$，扩散系数也为定值，那么床层内的浓度分布仍可用拉普拉斯方程来描述，即式（3-195），与前面所述 $c_A=c_{A1}\neq 0$ 不同的是，边界条件有所不同，此时边界条件为：

（1）在 $x=0$ 处，$c_{A1}=0$，$c_A'=c_A/c_{A2}$；

（2）在 $x=L$ 处，$c_{A1}=0$，$c_A'=c_A/c_{A2}$；

（3）在 $y=0$ 处，$c_{A1}=0$，$c_A'=c_A/c_{A2}$；

（4）在 $y=H$ 处，$c_A=c_{A2}$，$c_A'=1$。

按照 $c_{A1}\neq 0$ 情况下的程序，最终仍能求得上侧面，即 $y=H$ 处组分 A 的浓度分布式，即式（3-203）。

### 3.6.2.2 数值计算法

从以上的讨论中，已经了解到平板壁面二维定常态导热与分子扩散的机理、数学模型、边界条件和求解结果十分相似。可以推断，对于没有总体流动的二维定常态扩散，其微分质量衡算方程，即：$\dfrac{\partial^2 c_A}{\partial x^2}+\dfrac{\partial^2 c_A}{\partial y^2}=0$ 也可以用差分方程代替。假如结点在物体内部，则第 $i$ 点相邻点的浓度可写为：

$$c_{Ai}=\frac{1}{4}(c_{A1}+c_{A2}+c_{A3}+c_{A4})$$

式中，$c_{A1}$、$c_{A2}$、$c_{A3}$、$c_{A4}$ 是与第 $i$ 点相邻点的浓度，如图 3-26 所示。

假定结点在物体边界上，则只需要将描述导热的式（3-189）、式（3-190）、式（3-191）、式（3-192）中的导热系数 $k$ 换成分子扩散系数 $D_{AB}$，传热膜系数 $h$ 换为传质膜系数 $k_c$，温度 $t$ 换为组分 A 的浓度 $c_A$，就可以得到一系列的传质方程，利用这些方程，即可以求得各结点的浓度。以求到各结点的浓度（表 3-5）。

**表 3-5 平壁二维定常态分子传递**

| 项 目 | | 平壁二维定常态导热 | 平壁二维定常态分子传递 |
|---|---|---|---|
| 数学分析法 | 数学模型 | $\dfrac{\partial^2 t}{\partial x^2}+\dfrac{\partial^2 t}{\partial y^2}=0$ 或 $\dfrac{\partial^2 T'}{\partial x^2}+\dfrac{\partial^2 T'}{\partial y^2}=0$ | $\dfrac{\partial^2 c_A}{\partial x^2}+\dfrac{\partial^2 c_A}{\partial y^2}=0$ $\dfrac{\partial^2 c_A'}{\partial x^2}+\dfrac{\partial^2 c_A'}{\partial y^2}=0$ |
| | 边界条件 | （1）在 $x=0$ 处，$t=t_1$，即 $T'=0$<br>（2）在 $x=L$ 处，$t=t_1$，即 $T'=0$<br>（3）在 $y=0$ 处，$t=t_1$，即 $T'=0$<br>（4）在 $y=H$ 处，$t=t_2$，即 $T'=1$ | （1）在 $x=0$ 处，$c_A=c_{A1}$，即 $c_A'=0$<br>（2）在 $x=L$ 处，$c_A=c_{A1}$，即 $c_A'=0$<br>（3）在 $y=0$ 处，$c_A=c_{A1}$，即 $c_A'=0$<br>（4）在 $y=H$ 处，$c_A=c_{A2}$，即 $c_A'=1$ |
| | 求解结果 | $T'=\dfrac{2}{\pi}\displaystyle\sum_{n=1}^{\infty}1\dfrac{1-(-1)^n}{n}\sin\dfrac{n\pi}{L}x$ $\dfrac{\sinh\dfrac{n\pi}{L}y}{\sinh\dfrac{n\pi}{L}H}$ | $c_A'=\dfrac{2}{\pi}\displaystyle\sum_{n=1}^{\infty}\dfrac{1-(-1)^n}{n}\sin\dfrac{n\pi}{L}x$ $\dfrac{\sinh\dfrac{n\pi}{L}y}{\sinh\dfrac{n\pi}{L}H}$ |

| 项　目 | | 平壁二维定常态导热 | 平壁二维定常态分子传递 |
|---|---|---|---|
| 数值计算法 | 数学模型 | $\dfrac{\partial^2 t}{\partial x^2} + \dfrac{\partial^2 t}{\partial y^2} = 0$ | $\dfrac{\partial^2 c_A}{\partial x^2} + \dfrac{\partial^2 c_A}{\partial y^2} = 0$ |
| | 结点在物体内部 | $t_i = \dfrac{1}{4}(t_1 + t_2 + t_3 + t_4)$ | $c_{Ai} = \dfrac{1}{4}(c_{A1} + c_{A2} + c_{A3} + c_{A4})$ |
| | 对流边界层 | $\dfrac{1}{2}(2t_1 + t_2 + t_3) - \left(\dfrac{h\Delta x}{k} + 2\right)t_i = -\dfrac{h\Delta x}{k}t_b$ | $\dfrac{1}{2}(2c_{A1} + c_{A2} + c_{A3}) - \left(\dfrac{k_c\Delta x}{D_{AB}} + 2\right)c_{Ai} = -\dfrac{k_c\Delta x}{D_{AB}}c_{Ab}$ |
| | 对流边界上的外角 | $t_1 + t_2 - 2\left(\dfrac{h\Delta x}{k} + 1\right)t_i = -2\dfrac{h\Delta x}{k}t_b$ | $c_{A1} + c_{A2} - 2\left(\dfrac{k_c\Delta x}{D_{AB}}\right)c_{Ai} = -2\left(\dfrac{k_c\Delta x}{D_{AB}}\right)c_{Ab}$ |
| | 对流边界上的内角 | $2t_1 + 2t_2 + t_3 + t_4 - 2\left(\dfrac{h\Delta x}{k} + 3\right)t_i = -2\dfrac{h\Delta x}{k}t_b$ | $2c_{A1} + 2c_{A2} + c_{A3} + c_{A4} - 2\left(\dfrac{k_c\Delta x}{D_{AB}} + 3\right)c_{Ai} = -2\dfrac{k_c\Delta x}{D_{AB}}c_A$ |
| 数值计算法 | 绝热边界层或有一侧面不发生分子扩散 | $t_i = \dfrac{1}{4}(2t_1 + t_2 + t_3)$ | $c_{Ai} = \dfrac{1}{4}(2c_{A1} + c_{A2} + c_{A3})$ |
| | 二维定常态温度（浓度）场的结点温度（浓度）方程组 | $a_{11}t_1 + a_{12}t_2 + \cdots + a_{1n}t_n = c_1$<br>$a_{21}t_1 + a_{22}t_2 + \cdots + a_{2n}t_n = c_2$<br>$\vdots$<br>$a_{n1}t_1 + a_{n2}t_2 + \cdots + a_{nn}t_n = c_n$<br>求解方法：逆矩阵法、迭代法、高斯消元法 | $a_{11}t_1 + a_{12}t_2 + \cdots + a_{1n}t_n = c_1$<br>$a_{21}t_1 + a_{22}t_2 + \cdots + a_{2n}t_n = c_2$<br>$\vdots$<br>$a_{n1}t_1 + a_{n2}t_2 + \cdots + a_{nn}t_n = c_n$<br>求解方法：逆矩阵法、迭代法、高斯消元法 |

# 3.7　非定常态流动、导热和分子传递

迄今为止，所讨论的传递现象均是在定常态条件下进行的，即传递的特征量（如速度、温度和浓度）仅与空间有关而与时间无关。但是，实际工程中不乏非定常态传递的例子，例如金属的熔化、淬火等热加工处理，造纸工业中木材的蒸气加热、食品工业中罐头的蒸汽加热或冷冻、窑中烧制陶瓷、气温突变导致建筑物内部产生的热应力等，都是非定常态导热的例子。即便是定常态导热过程，其初期仍为非定常态导热，例如沸腾炉的点火升温阶段、氨合成塔的升温还原初期等。研究非定常态传递的目的在于找到速度（或温度、浓度）随时间、空间变化的规律。

## 3.7.1　非定常态流动

如图 3-29 所示。在静止的流体中放置一块水平板，当时间 $\theta = 0$ 时，平板静止；当 $\theta > 0$ 时，平板以 $u_0$ 的速度沿 $x$ 方向均速运动。在黏性力的作用下，当紧靠平板表面的流体已经开始运动时，速度很快增加，而其余部分流体仍静止不动。随着时间的增加，速度的变化层层深入到流体内部，但远离平板处，即使当时间 $\theta = \infty$ 时，也有一部分流体的速度为零。此时，运动微分方程可写为：

$$\frac{\partial u_x}{\partial \theta} = \nu \frac{\partial^2 u_x}{\partial y^2} \tag{3-204}$$

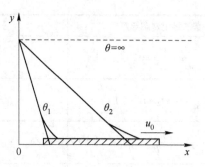

图 3-29　平壁非定常态层流

初始条件为：

$\theta = 0$ 时，对于所有的 $y$ 值，$u_x = 0$。

边界条件为：

（1）$\theta > 0$ 时，在 $y = 0$，$u_x = u_0$；

（2）$\theta > 0$ 时，在 $y = \infty$ 处，$u_x = 0$。

为了求解式（3-204），可先将其化为常微分方程，然后再将常微分方程积分，就可得速度分布 $u_x = f(\theta, y)$。

令 $n = \dfrac{y}{\sqrt{4\nu\theta}}$ 为描述非定态流动的无因次变量，则式（3-204）中各项变化为：

$$\frac{\partial u_x}{\partial \theta} = \frac{\partial u_x}{\partial n}\frac{\partial n}{\partial \theta} = \frac{y}{\sqrt{4\nu}}\left(-\frac{1}{2}\theta^{-\frac{3}{2}}\right)\frac{\partial u_x}{\partial n} = -\frac{n}{2\theta}\frac{\partial u_x}{\partial n}$$

$$\frac{\partial u_x}{\partial y} = \frac{\partial u_y}{\partial n}\frac{\partial n}{\partial \theta} = \frac{1}{\sqrt{4\nu\theta}}\frac{\partial u_x}{\partial n}$$

$$\frac{\partial^2 u_x}{\partial y^2} = \frac{\partial}{\partial y}\left(\frac{\partial u_x}{\partial y}\right) = \frac{\partial}{\partial y}\left(\frac{1}{\sqrt{4\nu\theta}}\frac{\partial u_x}{\partial n}\right) = \frac{1}{\sqrt{4\nu\theta}}\frac{\partial^2 u_x}{\partial n^2}$$

代回式（3-204），得：

$$-\frac{n}{2\theta}\frac{\partial u_x}{\partial n} = \frac{\nu}{4\nu\theta}\frac{\partial^2 u_x}{\partial n^2}$$

即

$$\frac{\partial^2 u_x}{\partial n^2} + 2n\frac{\partial u_x}{\partial n} = 0$$

式中，$u_x$ 仅为 $n$ 的函数，因此可写为常微分方程，

$$\frac{\mathrm{d}^2 u_x}{\mathrm{d} n^2} + 2n\frac{\mathrm{d} u_x}{\mathrm{d} n} = 0 \tag{3-205}$$

初始条件和边界条件变如下。

初始条件：当 $\theta = 0$ 时，在 $y \to \infty$ 处，$u_x = 0$。

边界条件：

（1）当 $\theta > 0$ 时，在 $y = 0$ 处，即 $n = 0$ 处，$u_x = u_0$；

（2）当 $\theta > 0$ 时，在 $y = \infty$ 处，即 $n = \infty$ 处，$u_x = 0$。

令 $p(n) = \dfrac{\mathrm{d}u_x}{\mathrm{d}n}$，则式（3-205）可写为关于 $p(n)$ 的常微分方程：

$$\frac{\mathrm{d}p(n)}{\mathrm{d}n} + 2np(n) = 0$$

或

$$\frac{\mathrm{d}p(n)}{p(n)} = -2n\mathrm{d}n$$

积分上式，得：

$$\ln p(n) = -n^2 + c_1$$

或

$$p(n) = c_1 \mathrm{e}^{-n^2}$$

式中，$c_1 = \mathrm{e}^{c_1}$ 仍为常数。上式可写为：

$$\frac{\mathrm{d}u_x}{\mathrm{d}n} = c_1 \mathrm{e}^{-n^2}$$

积分上式，得：

$$u_x = c_1 \int_0^n \mathrm{e}^{-n^2} \mathrm{d}n + c_2 \tag{3-206}$$

将边界条件代入上式，得 $c_2 = u_0$，再将初始条件代入上式，并把 $c_2 = u_0$ 也代入，得：

$$0 = c_1 \int_0^\infty \mathrm{e}^{-n^2} \mathrm{d}n + u_0$$

文献 [6] 已证明，$\displaystyle\int_0^\infty \mathrm{e}^{-n^2} \mathrm{d}n = \dfrac{\sqrt{\pi}}{2}$，于是，上式变为：

$$0 = c_1 \frac{\sqrt{\pi}}{2} + u_0$$

由此得

$$c_1 = -\frac{2}{\sqrt{\pi}} u_0$$

将 $c_1$、$c_2$ 代入式（3-206），得：

$$\frac{u_0 - u_x}{u_0} = \frac{2}{\sqrt{\pi}} \int_0^n \mathrm{e}^{-n^2} \mathrm{d}n \tag{3-207}$$

上式右侧 $\dfrac{2}{\sqrt{\pi}}\displaystyle\int_0^n \mathrm{e}^{-n^2}\mathrm{d}n$ 称为高斯误差函数，记为：

$$\frac{2}{\sqrt{\pi}} \int_0^n \mathrm{e}^{-n^2} \mathrm{d}n = \mathrm{erf}(n) \tag{3-208}$$

对于不同的 $\dfrac{y}{\sqrt{4\nu\theta}}$ 值，$\mathrm{erf}(n)$ 值可以由误差函数表中查获。从表中可看出：

$$\mathrm{erf}(0) = 0, \quad \mathrm{erf}(2) = 0.99532, \quad \mathrm{erf}(\infty) = 1$$

当 $n \geqslant 2$ 时，$\mathrm{erf}(n)$ 的变化很小（误差仅 4.68‰）。由式（3-207）和式（3-208）得：

$$\frac{u_0 - u_x}{u_0} = \mathrm{erf}(n) \tag{3-209}$$

式（3-209）即为速度分布式，可把此关系绘制成图 3-30。速度分布也可近似地用一根与

横轴相交于 $y = \sqrt{\pi\nu\theta}$ 的直线表示，如图 3-29 所示。记录 $y = \sqrt{\pi\nu\theta}$ 表示动量渗入的深度，只要其小于流体的实际深度，这种解法是适用的。

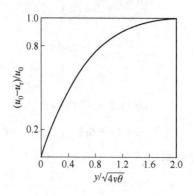

图 3-30　非定常态流动速度分布

任意瞬间，壁面上的剪应力可按下式计算：

$$\tau_s = -\mu \left.\frac{\partial u_x}{\partial y}\right|_{y=0}$$

而

$$\left.\frac{\partial u_x}{\partial y}\right|_{y=0} = \left.\frac{\partial u_x}{\partial n}\frac{\partial n}{\partial y}\right|_{n=0} = \left.-\frac{2}{\sqrt{\pi}}e^{-n^2}\frac{u_0}{\sqrt{4\nu\theta}}\right|_{n=0} = -\frac{u_0}{\sqrt{\pi\nu\theta}}$$

所以：

$$\tau_s = \frac{\mu u_0}{\sqrt{\pi\nu\theta}} \tag{3-210}$$

利用渗透深度的概念，可以从另一个角度定义充分发展了的流型和进口段长度。如果流体是在圆管内层流，则当渗透深度由管内壁发展到管中心，速度分布不再改变，此种流型称为层流流动，流体由进口处至渗透深度等于管内径 $R$ 所经过的距离称为进口段，用 $L_{\text{ent.}\nu}$ 表示。

$$R = \sqrt{\pi\nu\theta} = \sqrt{\pi\nu\frac{L_{\text{ent.}\nu}}{u_0}}$$

或

$$L_{\text{ent.}\nu} = \frac{u_b R^2}{\pi\nu} = 0.101\frac{V}{\nu}$$

式中，$u_b$ 为平均流速；$\nu$ 为体积流率。

### 3.7.2　半无限厚（或半无限长）介质非定常态一维导热

半无限厚平壁或半无限长圆柱体统称半无限固体。设导热开始前（$\theta = 0$），物体的初始温度处为 $t_0$，若此时突然将左端面温度由 $t_0$ 变为 $t_s$，且在过程中恒定不变，上、下、前、后四个面均为绝热，由于右端面在无限远处，故其温度在导热过程中始终维持导热开始时的恒定温度 $t_0$（图 3-31）。

虽然工程上遇到的物体不会无限厚或无限长，但相当厚（如墙壁）或相当长的圆柱体（如长棒）可以近似看作无限厚或无限长固体，其导热问题可作为一维非定常态导热处理。其导热微分方程可写为：

$$\frac{\partial t}{\partial \theta} = \alpha \frac{\partial^2 t}{\partial y^2} \tag{3-211}$$

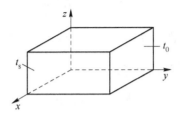

图 3-31　半无限固体的非定常态导热

初始条件和边界如下：

（1）当 $\theta = 0$ 时，$t = t_0$（对于任何 $y$）；

（2）在 $y = 0$ 时，$t = t_s$（当 $\theta > 0$）；

（3）在 $y \rightarrow \infty$ 时，$t = t_0$（当 $\theta \geqslant 0$）。

类似上节非定常态一维层流动，式（3-211）也可通过适当的变量置换或拉普拉斯变换变换为常微分方程，再根据相应的初始条件和边界条件求温度分布和热通量。

### 3.7.2.1　变量置换法求温度分布、热通量

令 $n = \dfrac{y}{\sqrt{4\alpha\theta}}$ 为描述非定常态导热的无因次变量，则式（3-211）中各项变换为：

$$\frac{\partial t}{\partial \theta} = \frac{\partial t}{\partial n} \frac{\partial n}{\partial \theta} = -\frac{n}{2\theta} \frac{\partial t}{\partial n}$$

$$\frac{\partial^2 t}{\partial y^2} = \frac{\partial \left( \frac{\partial t}{\partial y} \right)}{\partial n} \frac{\partial n}{\partial y} = \frac{1}{4\alpha\theta} \frac{\partial^2 t}{\partial n^2}$$

把上两式代入式（3-211），得：

$$-\frac{n}{2\theta} \frac{\partial t}{\partial n} = \frac{\alpha}{4\alpha\theta} \frac{\partial^2 t}{\partial n^2}$$

即

$$\frac{\partial^2 t}{\partial n^2} + 2n \frac{\partial t}{\partial n} = 0 \tag{3-212}$$

式中，$t$ 仅为 $n$ 的函数，因此该式可写为常微分方程。

$$\frac{\mathrm{d}^2 t}{\mathrm{d} n^2} + 2n \frac{\mathrm{d} t}{\mathrm{d} n} = 0 \tag{3-213}$$

式（3-213）的初始条件和边界条件可写为：

初始条件：当 $\theta = 0$ 时，在 $y \rightarrow \infty$ 处，即 $n = \infty$ 处，$t = t_0$。

边界条件：

（1）当 $\theta > 0$ 时，在 $y = 0$ 处，即 $n = 0$，$t = t_s$；

（2）当 $\theta > 0$ 时，在 $y \rightarrow \infty$ 处，即 $n = \infty$ 处，$t = t_0$。

比较式（3-205）和式（3-213）及其单值条件，就发现它们之间十分相似，只需把式

（3-205）中的 $u_x$ 换为 $t$，$u_0$ 换为 $t_s$，并注意到初始条件：$\theta = 0$ 时，$t = t_0$，就可以得到式（3-213）的解，即温度分布式：

$$\frac{t - t_s}{t_0 - t_s} = \text{erf}\left(\frac{y}{\sqrt{4\alpha\theta}}\right) \tag{3-214}$$

式中，$\text{erf}(n)$ 或 $\text{erf}\left(\dfrac{y}{\sqrt{4\alpha\theta}}\right)$ 也称为高斯误差积分或误差函数。

式（3-209）是非定常态的速度分布式，即：

$$\frac{u_0 - u_x}{u_0} = \text{erf}(n)$$

或

$$\frac{u_x - u_0}{-u_0} = \text{erf}(n)$$

与式（3-214）相比，发现式（3-209）左侧分母少了一个对应项 $u_{n\to\infty}$，这是因为流动边界条件已给定，当 $\theta > 0$ 时，在 $y \to \infty$ 处 $u_{n\to\infty} = 0$ 之故。

图 3-32 所示为半无限大介质的温度分布曲线；图 3-33 所示为不同时刻的温度分布曲线，从图中可以看出，对于较短的时间间隔，温度分布曲线可近似用直线表示。

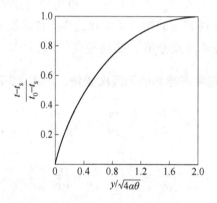

图 3-32　平壁非定常态导热的温度分布

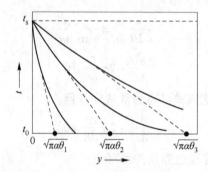

图 3-33　平壁非定常态导热的温度分布

热通量可用傅里叶第一定律求得，即

$$\frac{q_{0,\theta}}{A} = -k\left.\frac{\partial t}{\partial y}\right|_{y=0} = -k\left(\frac{\partial t}{\partial n}\frac{\partial n}{\partial y}\right)_{y=0} \tag{3-215}$$

由 $\dfrac{t-t_s}{t_0-t_s} = \dfrac{2}{\sqrt{\pi}}\displaystyle\int_0^n \mathrm{e}^{-n^2}\mathrm{d}n$ ，两边对 $n$ 求偏导数，得：

$$\frac{\partial t}{\partial n} = (t_0 - t_s)\frac{2}{\sqrt{\pi}}\mathrm{e}^{-n^2}$$

$$\frac{\partial n}{\partial y} = \frac{1}{\sqrt{4\alpha\theta}}$$

即 $\dfrac{\partial t}{\partial y}\Big|_{y=0} = (t_0-t_s)-\dfrac{2}{\sqrt{\pi}}\mathrm{e}^{-n^2}\dfrac{1}{\sqrt{4\alpha\theta}}\Big|_{y=0} = (t_0-t_s)\mathrm{e}^{-(y^2/4\alpha\theta)}\dfrac{1}{\sqrt{\pi\alpha\theta}}\Big|_{y=0} = \dfrac{t_0-t_s}{\sqrt{\pi\alpha\theta}}$ (3-216)

把式（3-216）代入式（3-215），得热通量 $q_{0,\theta}/A$：

$$\frac{q_{0,\theta}}{A} = -k\frac{\partial t}{\partial y}\Big|_{y=0} = -k\frac{t_0-t_s}{\sqrt{\pi\alpha\theta}}$$ (3-217)

在 $\theta$ 时间内，通过 $y=0$ 处单位面积传给介质的总热量为：

$$Q = \int_0^\theta \frac{q_{0,\theta}}{A}\Big|_{y=0}\mathrm{d}\theta = \frac{k(t_s-t_0)}{\sqrt{\pi\alpha}}\int_0^\theta \theta^{-\frac{1}{2}}\mathrm{d}\theta = 2k(t_s-t_0)\sqrt{\frac{\theta}{\pi\alpha}}$$ (3-218)

式（3-216）表明，在 $y=0$ 处，温度曲线的切线经过点 $t=t_s$，$y=\sqrt{\pi\alpha\theta}$。距离 $y=\sqrt{\pi\alpha\theta}$ 称为渗透深度。如果渗透深度小于大平板的厚度 $L$，就可作为半无限大介质的非定常态导热问题处理。因此，作为半无限大介质处理的条件是：

$$\sqrt{\pi\alpha\theta} \ll L$$

常写为：

$$Fo = \frac{\alpha\theta}{L^2} \ll 0.1 \text{（一般小于 } 0.05\text{）}$$

无因次数 $Fo$（傅里叶数）的物理意义为：

$$Fo = \frac{\partial\theta}{L^2} = \left(\frac{\text{渗透深度}}{\text{介质深度}}\right)^2$$

利用渗透深度的概念，可以估算热进口段的长度。当热量渗透到管中心，即渗透深度等于管内半径 $R$ 时，流体由管子入口处开始所经过的距离称为热进口段，以 $L_{\text{ent.}h}$ 表示。

$$R = \sqrt{\pi\alpha\theta} = \sqrt{\pi\alpha\frac{L_{\text{ent.}h}}{u_b}}$$

或

$$L_{\text{ent.}h} = \frac{u_b R^2}{\pi\alpha} = 0.101\frac{V}{\alpha}$$

式中，$u_b$ 为平均流速；$V$ 为体积流率。

以上讨论的是初始温度分布均匀一致的半无限大介质，突然将某一侧面温度由 $t_0$ 改变为 $t_s$，并使该平面保持此温度恒定不变。如果初始温度分布均匀一致的半无限大介质，突然将某一侧面的热通量改变为恒热通量（$q_0/A$），则微分方程的初始条件和边界条件为：

$$t(y,0) = t_0$$

$$\theta > 0 \text{ 时，} \frac{q_0}{A} = -k\frac{\partial t}{\partial y}\Big|_{y=0}$$

此时方程的解为：

$$t - t_0 = \frac{2q_0 \sqrt{\alpha\theta/\pi}}{kA} \exp\left(\frac{-y^2}{4\alpha\theta}\right) - \frac{q_0 y}{kA}\left(1 - \mathrm{erf}\frac{y}{\sqrt{4\alpha\theta}}\right) \tag{3-219}$$

在解决实际的非定常态导热问题时，必须把表面对流传热的边界条件（即第三类边界条件）考虑进去，对于上述半无限大介质的导热问题，其边界上的能量平衡式为：

$$hA(t_\infty - t)\bigg|_{y=0} = -kA\frac{\partial t}{\partial y}\bigg|_{y=0}$$

求解此问题是相当复杂的，施耐德进行了详细的求解，其结果是：

$$\frac{t - t_0}{t_\infty - t_0} = 1 - \mathrm{erf}\left(\frac{y}{\sqrt{4\alpha\theta}}\right) - \left[epx\left(\frac{hy}{k} + \frac{h^2\alpha\theta}{k^2}\right)\right]\left[1 - \mathrm{erf}\left(\frac{y}{\sqrt{4\alpha\theta}} + \frac{h\sqrt{\alpha\theta}}{k}\right)\right] \tag{3-220}$$

式中，$t_\infty$ 为环境温度。

### 3.7.2.2　拉普拉斯变换法求温度分布

首先介绍拉氏变换的定义式和程序，再利用拉氏变换求非定态导热的目标函数。

对某函数 $f(\theta)$ 进行如下积分变换：

$$\int_0^\infty \mathrm{e}^{-s\theta} f(\theta)\mathrm{d}\theta = \bar{f}(s)$$

此变换称为函数 $f(\theta)$ 的拉氏变换。

积分收敛是拉氏变换的条件，式中 $s$ 为一参数，积分时 $s$ 可视为常数，因为 $s$ 不是 $\theta$ 的函数。被变换的函数 $f(\theta)$ 称为原函数，积分得到的函数 $\bar{f}(s)$ 称为象函数。拉氏变换常记为：

$$L[f(\theta)] = \bar{f}(s)$$

对象函数进行逆变换，记为：

$$L^{-1}[\bar{f}(s)] = f(\theta)$$

用拉氏变换求解偏微分方程的程序如下：

第一步，将偏微分方程及其边界条件利用拉氏变换变换为由象函数表示的常微分方程及其相应的边界条件。

第二步，求解常微分方程，得到用象函数表示的解。

第三步，进行逆变换，求取目标函数。

以上是拉氏变换的通用程序。对于非定态导热的拉氏变换，其程序如下。

温度 $t$ 是时间和位置的函数，即 $t = t(y, \theta)$，其拉氏变换可用下式表示：

$$\bar{t}(y, s) = \int_0^\infty t(y, \theta)\mathrm{e}^{-s\theta}\mathrm{d}\theta$$

记为：

$$L[t(y, \theta)] = \bar{t}(y_1, s)$$

式中，$t(y, \theta)$ 为原函数；$\bar{t}(y_1, s)$ 为象函数。

这里只对原函数 $t(y, \theta)$ 中的时间 $\theta$ 进行变换，$y$ 仍为自变量。

将式（3-211）对 $\theta$ 作拉氏变换：

$$L\left[\frac{\partial t}{\partial \theta}\right] = L\left[\alpha\frac{\partial^2 t}{\partial y^2}\right] \tag{3-221}$$

式（3-221）左侧：

$$L\left[\frac{\partial t}{\partial \theta}\right] = \int_0^\infty \frac{\partial t}{\partial \theta}e^{-s\theta}d\theta = \int_0^\infty \left[\frac{\partial}{\partial \theta}(te^{-s\theta}) + ste^{-s\theta}\right]d\theta = \int_0^\infty ste^{-s\theta}d\theta + s\int_0^\infty e^{-s\theta}td\theta = -t\mid_{\theta=0} + s\bar{t}(y,s)$$

$$(3\text{-}222)$$

式（3-221）右侧：

$$L\left[\alpha \frac{\partial^2 t}{\partial y^2}\right] = \alpha \frac{\partial}{\partial y^2}L[t(y,\theta)] = \frac{d^2}{dy^2}\bar{t}(y,s) \qquad (3\text{-}223)$$

将初始条件 $\theta = 0$ 时 $t = t_0$ 和式（3-222）、式（3-223）代入上式，整理得：

$$\frac{d^2\bar{t}}{dy^2} - \frac{s}{\alpha}\bar{t} + \frac{t_0}{\alpha} = 0$$

积分可得：

$$\bar{t} = c_1 e^{\sqrt{\frac{s}{\alpha}}y} + c_2 e^{-\sqrt{\frac{s}{\alpha}}y} + \frac{t_0}{s} \qquad (3\text{-}224)$$

式中，$c_1$、$c_2$ 为常数，由边界条件决定。

将边界条件代入式（3-224）得：

$$\bar{t}(\infty,s) = c_1 e^{\sqrt{\frac{s}{\alpha}}\infty} + c_2 e^{-\sqrt{\frac{s}{\alpha}}\infty} + \frac{t_0}{s} = \frac{t_0}{s}$$

上式要成立，$c_1$ 必为零，故式（3-224）变为：

$$\bar{t} = c_2 e^{-\sqrt{\frac{s}{\alpha}}y} + \frac{t_0}{s} \qquad (3\text{-}225)$$

再将边界条件代入，并对等号两端对 $\theta$ 进行拉氏变换得：

$$\int_0^\infty t(0,\theta)e^{-s\theta}d\theta = \int_0^\infty t_s e^{-s\theta}d\theta = t_s\left[\left(-\frac{1}{s}\right)e^{-s\theta}\right]\Big|_0^\infty = \frac{t_s}{s}$$

将上式代入（3-225），得：

$$\frac{t_s}{s} = c_2 + \frac{t_0}{s}$$

即

$$c_2 = \frac{t_s - t_0}{s}$$

将 $c_2$ 代回式（3-225）得：

$$\bar{t}(y,s) = \frac{t_s - t_0}{s}e^{-\sqrt{\frac{s}{\alpha}}y} + \frac{t_0}{s} \qquad (3\text{-}226)$$

此即象函数表示解。

要想由象函数得到原函数的逆变换可查拉氏函数变换对照表，式（3-226）的原函数表达式为：

$$t(y,\theta) = t_0 + (t_s - t_0)\,\mathrm{erfc}\left(\frac{y}{\sqrt{4\alpha\theta}}\right) = 1 - \mathrm{erfc}\left(\frac{y}{\sqrt{4\alpha\theta}}\right) \qquad (3\text{-}227)$$

式中，$\mathrm{erfc}\left(\dfrac{y}{\sqrt{4\alpha\theta}}\right)$ 称为余误差函数。

式（3-227）还可写为：

$$\frac{t_s - t}{t_s - t_0} = \mathrm{erf}\left(\frac{y}{\sqrt{4\alpha\theta}}\right)$$

它与式（3-214）完全相同，由此可求出温度分布。

热通量的计算式，无须进行拉氏变换，直接使用式（3-217）即可。

### 3.7.3 半无限厚介质中的非定常态分子扩散

在分子传质中，若扩散时间较短或扩散系数较小或扩散距离较长，传递的物质尚未从介质的一侧渗透到另一侧，则此种扩散称为通过半无限介质的分子扩散。间歇操作的扩散过程、组分 A 在深水池中的吸收过程等，均属于非定常态分子扩散。

如图 3-34 所示，$x$ 和 $z$ 方向无限长，扩散仅沿 $y$ 方向进行。扩散开始前，介质中 A 组分的浓度处处均为 $c_{A0}$，扩散开始的瞬间，介质一侧组分 A 的浓度突然增加到 $c_{As}$，并且在整个传质过程中保持此浓度恒定。随着扩散时间的延续，组分 A 的分子将层层深入到介质内部，描述这一现象的微分方程为：

$$\frac{\partial c_A}{\partial \theta} = D_{AB}\frac{\partial^2 c_A}{\partial y^2} \tag{3-228}$$

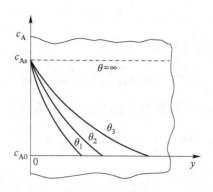

图 3-34　半无限大介质中的非定常态分子扩散

初始条件：$\theta = 0$ 时，$c_A = c_{A0}$。

边界条件：

（1）$\theta > 0$ 时，在 $y = 0$ 处，$c_A = c_{As}$；

（2）$\theta > 0$ 时，在 $y \to 0$ 处，$c_A = c_{A0}$。

考察式（3-228）及其相应的定解条件，发现半无限介质中的非定常态分子扩散的物理模型及其定解条件，与通过半无限大介质的非定常态层流流动、导热完全相似。可以认为，数学模型的化简方法及其结果也一定相似，因此不再赘述，具体结果参见表 3-6。

表 3-6　通过半无限大介质的非定常态一维传递

| 项　目 | 非定常态一维流动 | 非定常态一维导热 | 非定常态一维分子扩散 |
|---|---|---|---|
| 数学模型 | $\dfrac{\partial u_x}{\partial \theta} = \nu\dfrac{\partial^2 u_x}{\partial y^2}$ | $\dfrac{\partial t}{\partial \theta} = \alpha\dfrac{\partial^2 t}{\partial y^2}$ | $\dfrac{\partial c_A}{\partial \theta} = D_{AB}\dfrac{\partial^2 c_A}{\partial y^2}$ |
| 变量 | $n = \dfrac{y}{\sqrt{4\nu\theta}}$ | $n = \dfrac{y}{\sqrt{4\alpha\theta}}$ | $n = \dfrac{y}{\sqrt{4D_{AB}\theta}}$ |

| 项　目 | 非定常态一维流动 | 非定常态一维导热 | 非定常态一维分子扩散 |
|---|---|---|---|
| 速度<br>温度分布<br>浓度 | $\dfrac{u_x - u_0}{-u_0} = \mathrm{erf}(n)$ | $\dfrac{t - t_0}{t_s - t_0} = \mathrm{erf}(n)$ | $\dfrac{c_A - c_{A0}}{c_{As} - c_{A0}} = \mathrm{erf}(n)$ |
| 瞬时速率 | $\tau_s = \mu\dfrac{u_0}{\sqrt{\pi\nu\theta}}$ | $q = k\dfrac{t_s - t_0}{\sqrt{\pi\alpha\theta}}$ | $N_A = D_{AB}\dfrac{c_{As} - c_{A0}}{\sqrt{\pi D_{AB}\theta}}$ |
| 渗透深度 | $y = \sqrt{\pi\nu\theta}$ | $y = \sqrt{\pi\alpha\theta}$ | $y = \sqrt{\pi D_{AB}\theta}$ |

需指出，作为半无限原介质中非定常态分子扩散的条件是：无因次数 $Fo = \left(\dfrac{D_{AB}}{L^2}\right) < 0.05$。

应用渗透深度的概念，也可定义管内层流传质进口段的长度。

$$R = \sqrt{\pi D_{AB}\theta} = \sqrt{\pi D_{AB}\dfrac{L_{ent.M}}{u_b}}$$

或

$$L_{ent.M} = \dfrac{u_b R^2}{\pi D_{AB}} = 0.101\dfrac{V}{D_{AB}}$$

式中　$R$——圆管内半径；

$L_{ent.M}$——传质进口段长度；

$u_b$——平均流速；

$V$——体积流率。

以上讨论了通过半无限大介质的非定常态以为流动、导热和分子扩散，现把它们列入表3-6，从中可以看出，它们的数学模型及求解结果等方面十分相似。

### 3.7.4　大平板的非定常态一维导热

如果两个平行端面的面积很大，或者是虽不很大，但是绝热良好的薄平板、短棒条等，则其导热仅需考虑两个端面，而其余侧面所传导的热量可忽略不计，此类物体的导热可作为非定常态一维导热问题处理，此时，导热的边界条件有两类：其一是两个端面均维持恒温，即第一类边界条件：其二是两个端面与周围环境进行热交换，即第三类边界条件。现分别讨论之。

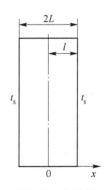

图 3-35　大平板非定常态导热

#### 3.7.4.1　大平板两个端面维持恒温的非定常态一维导热

如图 3-35 所示，假定平板两个端面互相平行，其间距离为 $2l$，平板初始温度处处均为 $t_0$，若两壁面的温度突然变为 $t_s$，且此温度在导热开始后维持稳定（基本上为环境温度），其导热方程为：

$$\dfrac{\partial t}{\partial \theta} = \alpha\dfrac{\partial^2 t}{\partial x^2} \qquad (3\text{-}228a)$$

为使方程的求解过程简化，取平板的一半研究，平板的温度分布沿中心对称，此时的定解条件为：

初始条件：当 $\theta=0$ 时，$t=t_0$（对于任意 $x$）。

边界条件：

（1）当 $\theta>0$ 时，在 $x=\pm l$ 处，$t=t_s$；

（2）当 $\theta>0$ 时，在 $x=0$ 处，$\dfrac{\partial t}{\partial x}=0$。

在用分离变量法求解式（3-228）之前，为方便计算，先把边界条件齐次化，用无因次温度 $T'$、无因次长度 $L'$、无因次时间 $Fo$（傅里叶数）分别取代温度 $t$、长度 $x$ 和时间 $\theta$，它们的定义式分别为：

$$T'=\frac{t-t_s}{t_0-t_s} \tag{3-229a}$$

$$L'=\frac{x}{l} \tag{3-229b}$$

$$Fo=\frac{\alpha\theta}{l^2} \tag{3-229c}$$

将式（3-229a）、式（3-229b）、式（3-229c）代入式（3-228），得：

$$\frac{\partial T'}{\partial Fo}=\frac{\partial^2 T'}{\partial L'^2} \tag{3-230}$$

对应的定解条件为：

（1）$Fo=0$ 时，$T'=1$（对于任意 $L'$）；

（2）当 $Fo>0$ 时，在 $L'=1$ 处，$T'=0$；

（3）当 $Fo>0$ 时，在 $L'=0$ 处，$\dfrac{\partial T'}{\partial L'}=0$。

式（3-230）中的 $L'$ 和 $Fo$ 为自变量，$T'$ 为因变量，要解出 $T'=f(L',Fo)$，就要使其同时满足上述的定解条件。令 $T'=f(L',Fo)$ 为两个函数 $X(L')$ 和 $Y(Fo)$ 的乘积，即：

$$T'(L',Fo)=X(L')Y(Fo) \tag{3-231}$$

式（3-231）中 $X(L')$ 仅为 $L'$ 的函数而与 $Fo$ 无关，$Y(Fo)$ 仅为 $Fo$ 的函数而与 $L'$ 无关，于是有：

$$\frac{\partial^2 T'}{\partial L'^2}=Y\frac{\partial^2 X}{\partial L'^2}$$

及

$$\frac{\partial T'}{\partial Fo}=X\frac{\partial Y}{\partial Fo}$$

将上两式代回式（3-230）中，得：

$$X\frac{\partial Y}{\partial Fo}=Y\frac{\partial^2 X}{\partial L'^2}$$

分离变量后，得

$$\frac{1}{Y}\frac{\partial Y}{\partial Fo}=\frac{1}{X}\frac{\partial^2 X}{\partial L'^2} \tag{3-232}$$

式中等号左侧的函数仅与 $Fo$ 有关，右侧的函数仅与 $L'$ 有关，等式要成立，只有左右两端同等于某一函数，因此式（3-232）可写为常导数：

$$\frac{1}{Y}\frac{\mathrm{d}Y}{\mathrm{d}Fo} = \frac{1}{X}\frac{\mathrm{d}^2X}{\mathrm{d}L'^2} = \mathrm{const} \tag{3-233}$$

由数学分析可知，上式中的常数只有小于零该式才有非零解，故将上式中的常数设为（$-\lambda^2$），于是，式（3-233）可改写为两个常微分方程：

$$\frac{\mathrm{d}^2X}{\mathrm{d}L'^2} + \lambda^2 X = 0$$

$$\frac{\mathrm{d}Y}{\mathrm{d}Fo} + \lambda^2 X = 0$$

分别求解上两式，得：

$$X = c_1\sin\lambda L' + c_2\cos\lambda L'$$

$$Y = c_3\mathrm{e}^{-\lambda^2 Fo}$$

把上两式代入式（3-231）即得 $T'(L', Fo)$ 的解为：

$$T' = XY = (c_1\sin\lambda L' + c_2\cos\lambda L')c_3\mathrm{e}^{-\lambda^2 Fo}$$

或

$$T' = (A\sin\lambda L' + B\cos\lambda L')\mathrm{e}^{-\lambda^2 Fo} \tag{3-234}$$

式中，$A = c_1 c_3$，$B = c_2 c_3$。

式（3-234）中的 $\lambda$ 为特征值，$A$、$B$ 为常数，它们由定解条件求出。

先确定 $A$，将式（3-234）对 $L'$ 求导得：

$$\frac{\partial T'}{\partial L'} = (A\cos\lambda L' - B\sin\lambda L')\mathrm{e}^{-\lambda^2 Fo}$$

将边界条件代入上式得：

$$0 = A\lambda\mathrm{e}^{-\lambda^2 Fo}$$

由于 $\lambda \neq 0$，因而 $A = 0$。

于是，式（3-234）变为：

$$T' = B\cos\lambda L'\mathrm{e}^{-\lambda^2 Fo} \tag{3-235}$$

再确定 $\lambda$0 利用边界条件，即 $L' = 1$，$T' = 0$，代入式（3-235）中，得：

$$0 = B\cos\lambda(1)\mathrm{e}^{-\lambda^2 Fo} \tag{3-236}$$

为了使式（3-228）有非零解，式（3-234）中的常数 $A$ 和 $B$ 不能同时为零，前面已求出 $A = 0$，因此 $B \neq 0$，于是，在式（3-236）中：

$$\cos\lambda = 0$$

由上式可知，特征值 $\lambda$ 有无限多个，即

$$\lambda_1 = \frac{\pi}{2}, \ \lambda_2 = \frac{3}{2}\pi, \cdots, \lambda_i = \frac{z_i - 1}{2}\pi \tag{3-237}$$

式中，$i = 1, 2, 3, \cdots$。

将式（3-237）中的 $\lambda_i$ 值代入式（3-235）得：

$$T' = B_i\cos(\lambda L')\mathrm{e}^{-\lambda^2 Fo} \tag{3-238}$$

式（3-238）与式（3-230）的一个解。由于式（3-230）的线性齐次性，它所有的解叠加起来仍能满足该方程，即式（3-230）的解可写为：

$$T' = \sum_{i=1}^{\infty} B_i\cos\left(\frac{z_i - 1}{2}\pi L'\right)\mathrm{e}^{-\left(\frac{z_i-1}{2}\pi\right)^2 Fo} \tag{3-239}$$

最后求常数 $B$。将初始条件，即 $Fo=0$，$T'=1$ 代入上式得：

$$1 = \sum_{i=1}^{\infty} B_i\cos\left(\frac{z_i-1}{2}\pi L'\right) \tag{3-240}$$

式（3-240）为一傅里叶级数，式中 $B_i$ 为傅氏系数，可表示为：

$$B_i = \frac{2}{1}\int_0^1 \cos\left(\frac{z_i-1}{2}\pi L'\right)\mathrm{d}L'$$

积分上式，得：

$$B_i = 2\left[\frac{2}{(z_i-1)\pi}\right]\left[\sin\left(\frac{z_i-1}{2}\pi L'\right)\right]_0^1$$

解得：

$$B_i = \frac{-4(-1)^i}{(z_i-1)\pi}, \quad i=1,2,\cdots$$

或

$$B_1 = \frac{\pi}{4},\ B_2 = \frac{-4}{3\pi},\ B_3 = \frac{4}{5\pi},\cdots \tag{3-241}$$

至此，常数 $A$、$B$ 和 $\lambda$ 已全部求出，把 $B_i$ 的值代入（3-239），最后可得到 $T'$ 的解：

$$T' = \frac{4}{\pi}\left[\mathrm{e}^{-(\pi/2)^2 Fo}\cos\left(\frac{\pi}{2}L'\right) - \frac{1}{3}\mathrm{e}^{-(3\pi/2)^2 Fo}\cos\left(\frac{3\pi}{2}L'\right) + \frac{1}{5}\mathrm{e}^{-(5\pi/2)^2 Fo}\cos\left(\frac{5\pi}{2}L'\right) - \cdots\right]$$

$$\tag{3-242}$$

式（3-242）即为描述大平板两个端面恒温情况下，大平板内某瞬时的温度分布式。只要用给定的时间和位置数据求出 $Fo$ 和 $L'$ 的值，便可用它求出 $T'$ 值，最后求出给定时间和位置条件下的温度 $t$。

板中心的温度也可用上式求出，设此温度为 $t_c$，在板中心，$x=0$，即 $L'=0$，故上式可写为：

$$T'_c = \frac{t_c-t_s}{t_0-t_s} = \frac{4}{\pi}\left[\mathrm{e}^{-(\pi/2)^2 Fo} - \frac{1}{3}\mathrm{e}^{-(3\pi/2)^2 Fo} + \frac{1}{5}\mathrm{e}^{-(5\pi/2)^2 Fo} - \cdots\right] \tag{3-243}$$

式（3-242）是一无穷级数，工程设计中，取第一项精度即能满足要求。

式（3-242）还可用于平板一个端面绝热，另一端面骤然升温至 $t_s$ 情况下的导热计算。显然，此时的导热正是图 3-35 对称大平板中一半平板的导热问题，由于板中心面的温度梯度为零（即绝热情况下的边界条件），因此，一端面绝热平板的非定常态导热问题也可用式（3-242）计算，即求任意瞬间、任意位置处的温度值，符合这种条件最典型的例子是关于防火墙的计算。当它的一个端面温度突然升至 $t_s$，热流不稳定地通入墙壁，而墙的另一端面绝热时，可近似地用式（3-243）计算绝热面在不同时间的温升值。

当然，以上对防火墙导热计算的提法有些理想化，这是因为墙的受热端温度不是骤然而是逐渐升至 $t_s$，而且墙的绝热端也非真正绝热，对流和辐射也会有热损，尽管如此，上述理论推导仍有一定的实际意义。

将式（3-243）用于防火墙的导热分析，可以得到两点结论。

（1）绝热端的温度 $t_c$ 是傅里叶数是 $Fo$ 的函数，而傅里叶数与导温系数的关系为 $Fo=\alpha\theta/l^2$，因此 $t_c$ 也是导温系数 $\alpha$ 的函数。所以防火墙材质的防火性能应由其导热系数 $k$ 和蓄热能力 $\rho c$ 来确定（$\rho$ 和 $c$ 分别为防火墙的密度和比热）。为了说明 $t_c$ 与 $\alpha$ 间的简单关系，可设 $t_0=0$，代入式（3-243）中，取其第一项，得：

$$t_c = t_s \left( 1 - \frac{4/\pi}{e^{(\pi/2)^2 \alpha\theta/l^2}} \right) \tag{3-244}$$

上式说明，$\alpha$ 减小时 $t_c$ 也减小，亦即 $k$ 减小或 $\rho c$ 增大都会使 $t_c$ 降低，基于此原因，防火墙材质的导热系数 $k$ 应越小越好，而比热 $c$ 和密度 $\rho$ 应尽可能大一些。

（2）由于 $Fo = \alpha\theta/l^2$，即 $Fo$ 正比于 $\theta$ 而反比于 $l^2$，由式（3-243）可知，$T'_c$ 仅为 $Fo$ 的函数，因此，当 $\theta$ 和 $l^2$ 两者作同样程度的改变时，均不会影响墙的绝热端温度变化，也即绝热端温度升到某一数值所经历的时间与墙厚度的平方成正比。这是衡量防火墙效能的一项重要指标。

以上结论在工程中已得到了证实。

此外，木板的蒸汽加热、橡胶板的硫化、钢板的淬火等均为平板加热（或冷却）的实例。

### 3.7.4.2　大平板两个端面与周围介质有热交换的非定态一维导热

此类问题在工程中最为常见。此时应当用第三类边界条件，即平板表面任意时刻的导热速率等于平板表面与流体之间的对流传热速率。

如图 3-36 所示，平板厚度为 $2l$，其初始温度均匀，为 $t_0$，将此平板置于主体温度恒定为 $t_b$ 的流体中，平板两端面与流体间的对流传热系数 $h$ 已知，热流沿 $x$ 方向（与平板两端面垂直）进行导热。

此时，导热微分方程仍为式（3-228）。

定解条件为：

（1）当 $\theta = 0$ 时，$t = t_0$（对于任何 $x$）；

（2）当 $\theta > 0$ 时，在 $x = l$ 处，$-k\dfrac{\partial t}{\partial x} = h(t_s - t_b)$；

（3）当 $\theta > 0$ 时，在 $x = -l$ 处，$k\dfrac{\partial t}{\partial x} = h(t_s - t_b)$。

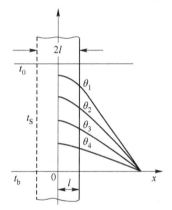

图 3-36　大平板的
非定常态导热

式中，$t_s$ 为任意瞬时平板表面的温度，它随时间 $\theta$ 而变，即 $t_s = f(\theta)$。

为化简式（3-228），采用以 $t_b$ 为基准的过剩温度 $\tau$ 来表示温度变量，即

$$\tau = t - t_b$$

及

$$\tau_s = t_s - t_b; \qquad \tau_0 = t_0 - t_b$$

由于平板中心两侧面温度是对称分布，所以可取其一半讨论。于是，导热方程及其定解条件变为：

$$\frac{\partial \tau}{\partial \theta} = \alpha \frac{\partial^2 \tau}{\partial x^2} \tag{3-245}$$

初始条件：当 $\theta = 0$ 时，$\tau = \tau_0$（对于任意 $x$）。

边界条件：

（1）当 $\theta > 0$ 时，在 $x = 0$ 处，$\dfrac{\partial \tau}{\partial x} = 0$；

（2）当 $\theta > 0$ 时，在 $x = l$ 处，$\dfrac{\partial \tau}{\partial x} = -\dfrac{h}{k} = \tau_s$。

为求解式（3-245），可用分离变量法，令：

$$\tau(x,\theta) = X(x)Y(\theta) \tag{3-246}$$

上式分别对 $\theta$ 求一阶导数，对 $x$ 求二阶导数，得：

$$\frac{\partial \tau}{\partial \theta} = X\frac{\partial Y}{\partial \theta}$$

$$\frac{\partial^2 \tau}{\partial x^2} = Y\frac{\partial^2 X}{\partial x^2}$$

将上两式代入式（3-245）中，得：

$$X\frac{\partial Y}{\partial \theta} = \alpha Y\frac{\partial^2 X}{\partial x^2}$$

或

$$\frac{1}{Y}\frac{\partial Y}{\partial \theta} = \frac{1}{X}\frac{\partial^2 X}{\partial x^2} \tag{3-247}$$

上式左侧的函数仅与 $\theta$ 有关，右侧函数仅与 $x$ 有关，如上所述，它可以化为常微分方程，并且该式只有等于某一常数，此常数必须小于零，才能使式（3-245）有非零解，现令此常数等于 $-\lambda^2$，并将 $-\lambda^2$ 代入式（3-247），得：

$$\frac{\mathrm{d}Y}{\mathrm{d}\theta} + \lambda^2\alpha Y = 0$$

及

$$\frac{\mathrm{d}^2 X}{\mathrm{d}x^2} + \lambda^2 X = 0$$

分别求解上两式得：

$$Y = c_1 \mathrm{e}^{-\alpha\theta\lambda^2}$$

$$X = c_2\cos(\lambda x) + c_3\sin(\lambda x)$$

将上两式代入式（3-246）中，得到 $\tau$ 的解为：

$$\tau = XY = \mathrm{e}^{-\lambda^2\alpha\theta}\left[A\cos(\lambda x) + B\sin(\lambda x)\right] \tag{3-248}$$

式中，$A = c_1c_2$，$B = c_1c_3$。

在式（3-248）中，$A$、$B$ 为常数，$\lambda$ 为特征值，它们可由定解条件求出。

先求 $B$。利用边界条件（即 $x=0$ 处，$\partial\tau/\partial x = 0$），为利用此条件，将式（3-248）对 $x$ 求导：

$$\frac{\partial \tau}{\partial x} = \mathrm{e}^{-\lambda^2\alpha\theta}\left[A\cos(\lambda x) + B\sin(\lambda x)\right] \tag{3-249}$$

把边界条件代入上式，得：

$$0 = \mathrm{e}^{-\lambda^2\alpha\theta}B\lambda$$

由于 $\lambda = 0$，故：

$$B = 0$$

将 $B$ 值代入式（3-248），得：

$$\tau = A\mathrm{e}^{-\lambda^2\alpha\theta}\cos(\lambda x)$$

其次求 $\lambda$。利用边界条件 $\left(\text{即 } x=l \text{ 处，} \dfrac{\partial \tau}{\partial x} = -\dfrac{h}{k}\tau_\mathrm{s}\right)$。为此，将式（3-249）对 $x$ 求导：

$$\frac{\partial \tau}{\partial x} = -A\lambda\mathrm{e}^{-\lambda^2\alpha\theta}\sin(\lambda x)$$

再将边界条件（2）代入上式，得：

$$-\frac{h}{k}\tau_s = -A\lambda e^{-\lambda^2\alpha\theta}\sin(\lambda l)$$

即

$$\tau_s = \frac{Ak\lambda}{h}e^{-\lambda^2\alpha\theta}\sin(\lambda l) \tag{3-250}$$

又由于 $x = l$ 处 $\tau = \tau_s$，故由式（3-249）得

$$\tau_s = Ae^{-\lambda^2\alpha\theta}\cos(\lambda l) \tag{3-251}$$

式（3-250）和式（3-251）均为描述平板端面处的过剩温度 $\tau_s$，因此，有：

$$\cot(\lambda l) = \frac{k}{h}\lambda = \frac{\lambda l}{hl/k} = \frac{\lambda l}{Bi} \tag{3-252}$$

式中，$\lambda$ 称为毕渥数的单值函数。

式（3-252）称为超越方程，可用图解法求其跟，求解结果见表3-7。

表3-7 超越方程的根

| $Bi$ | $\lambda_1 l$ | $\lambda_2 l$ | $\lambda_3 l$ | $\lambda_4 l$ | $\lambda_5 l$ | $\cdots$ |
|---|---|---|---|---|---|---|
| $\infty$ | $\frac{\pi}{2}=1.57$ | $\frac{3\pi}{2}=4.71$ | $\frac{5\pi}{2}=7.85$ | $\frac{7\pi}{2}=11.00$ | $\frac{9\pi}{2}=14.15$ | $\cdots$ |
| 1000 | 1.57 | 4.71 | 7.84 | 10.98 | 14.13 | $\cdots$ |
| 100 | 1.56 | 4.66 | 7.77 | 10.88 | 14.00 | $\cdots$ |
| 50 | 1.54 | 4.62 | 7.70 | 10.78 | 13.87 | $\cdots$ |
| 10 | 1.43 | 4.30 | 7.22 | 10.20 | 13.22 | $\cdots$ |
| 1 | 0.86 | 3.42 | 6.43 | 9.52 | 12.65 | $\cdots$ |
| 0.5 | 0.65 | 3.29 | 6.36 | 9.47 | 12.61 | $\cdots$ |
| 0.1 | 0.31 | 3.17 | 6.30 | 9.43 | 12.57 | $\cdots$ |
| 0.01 | 0.10 | 3.14 | 6.28 | 9.42 | 12.57 | $\cdots$ |
| 0 | 0 | $\pi=3.14$ | $2\pi=6.28$ | $3\pi=9.42$ | $4\pi=12.57$ | $\cdots$ |

由 $\cot(\lambda l)$ 曲线与 $\lambda k/h$ 的交点的横坐标可读出 $\lambda_1$，$\lambda_2$，$\lambda_3$，$\cdots$（图3-37），将任意一个 $\lambda_i$ 的值代入式（3-249），即可得到 $\tau$ 的一个解，即：

$$\tau_i = A_i e^{-\lambda^2\alpha\theta}\cos(\lambda_i x), \qquad i = 1,2,3,\cdots \tag{3-253}$$

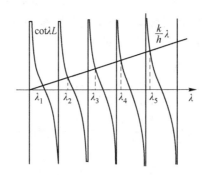

图3-37 $\lambda$ 值的解

又由于方程（3-245）的线性齐次性，其所有的解叠加起来仍能满足该方程，故式（3-245）的解可写为：

$$\tau = \sum_{i=1}^{\infty} A_i e^{-\lambda_i^2 \alpha\theta}\cos(\lambda_i x) \tag{3-254}$$

式中，每一个 $\lambda_i$ 对应着一个 $A_i$。

最后，求 $A$。可利用定解条件（即 $\theta=0$ 时，$\tau=t_0$），将此条件代入式（3-254），并将级数展开，得：

$$\tau_0 = A_1\cos(\lambda_1 x) + A_2\cos(\lambda_2 x) + A_3\cos(\lambda_3 x) + \cdots$$

上式等号两端同乘以 $\cos(\lambda_i x)$，并在 $x=0$ 至 $x=l$ 的区间对 $x$ 积分，可写为：

$$\int_0^l \tau_0\cos(\lambda_i x)\mathrm{d}x = \int_0^l A_1\cos(\lambda_1 x)\cos(\lambda_i x)\mathrm{d}x + \int_0^l A_2\cos(\lambda_2 x)\cos(\lambda_i x)\mathrm{d}x +$$

$$\int_0^l A_3\cos(\lambda_3 x)\cos(\lambda_i x)\mathrm{d}x + \cdots \tag{3-255}$$

在常微分方程的本征值问题的讨论中，已经证明上式右侧的各项，除 $j=i$ 一项以外，其余各项均具有正交性，即 $j\neq i$ 的各项等于零，以通式表达为：

$$\int_0^l A_i\cos(\lambda_i x)\cos(\lambda_j x)\mathrm{d}x = 0$$

于是，式（3-255）右侧仅剩下 $i=j$ 的一项，最后该式可写为：

$$\int_0^l \tau_0\cos(\lambda_i x)\mathrm{d}x = \int_0^l A_i\cos^2(\lambda_i x)\mathrm{d}x$$

从上式可求出 $A_i$；

$$A_i = \frac{\int_0^l \tau_0\cos(\lambda_i x)\mathrm{d}x}{\int_0^l \cos^2(\lambda_i x)\mathrm{d}x} = \frac{2\tau_0\sin(\lambda_i l)}{\lambda_i l + \sin(\lambda_i l)\cos(\lambda_i l)}$$

将 $A_i$ 值代入式（3-254），得：

$$\tau = \sum_{i=1}^{\infty} e^{-\lambda_i^2\alpha\theta}\frac{2\tau_0\sin(\lambda_i l)\cos(\lambda_i x)}{\lambda_i l + \sin(\lambda_i l)\cos(\lambda_i l)} \tag{3-256}$$

令 $\qquad\qquad \delta_i = \lambda_i l$ 或 $\lambda_i = \delta_i/l$ \hfill (3-257)

将 $\lambda_i = \delta_i/l$ 代入式（3-256），得：

$$\frac{\tau}{\tau_0} = \frac{t-t_b}{t_0-t_b} = \sum_{i=1}^{\infty} e^{-\delta_i^2(\alpha\theta/l^2)}\frac{2\sin\delta_i\cos(\delta_i x/l)}{\delta_i + \sin\delta_i\cos\delta_i} \tag{3-258}$$

式（3-258）即为大平板两端与周围流体有热交换时平板内部温度随时间和距离的温度分布式。式中的 $\delta_i$ 可从图 3-37 及式（3-257）求出。

热流速率可由傅里叶第一定律求出：

$$\frac{\mathrm{d}Q}{\mathrm{d}\theta} = -kA\frac{\partial\tau}{\partial x}\Big|_{x=l} \tag{3-259}$$

式中的 $Q$ 为通过端面（$x=l$）的热量。$\frac{\partial\tau}{\partial x}\Big|_{x=l}$ 为该处的温度梯度：

$$\frac{\partial\tau}{\partial x}\Big|_{x=l} = \frac{-2\tau_0}{l}\sum_{i=1}^{\infty} e^{-\delta_i^2(\alpha\theta/l^2)}\frac{\delta_i\sin^2\delta_i}{\delta_i + \sin\delta_i\cos\delta_i} \tag{3-260}$$

把式（3-260）代入（3-359）并在 $0 \sim \theta$ 时间内对 $\theta$ 积分，得：

$$\frac{Q}{A} = \frac{2kl}{\alpha}(t_0 - t_{\mathrm{b}}) \sum_{i=1}^{\infty} \frac{\sin^2 \delta_i \left[1 - \mathrm{e}^{-\delta_i^2(\alpha\theta/l^2)}\right]}{\delta_i^2 + \delta_i \sin\delta_i \cos\delta_i} \qquad (3\text{-}261)$$

### 3.7.5　大平板的非定常态一维分子扩散

某些工程传质中，组分浓度不仅随位置变化，而且与时间有关，此类非定常态分子扩散的数学求解很复杂。但对于扩散系数为定值、无总体流动也无化学反应的非定常态分子扩散，可以用类似非定常态导热的方法进行求解。

#### 3.7.5.1　大平板两个端面与周围介质有质量传递的非定常态一维分子传质

将初始浓度均匀的大平板迅速置于浓度恒为 $t_{\mathrm{b}}$ 的流体内，当两者存在浓度差时，大平板与流体间传质可用下式表示。

$$N_A = \frac{D_{\mathrm{AB}}}{l}(c_{\mathrm{A0}} - c_{\mathrm{As}}) = k_{\mathrm{c}}^0(c_{\mathrm{As}} - c_{\mathrm{Ab}}) = \frac{c_{\mathrm{A0}} - c_{\mathrm{Ab}}}{\dfrac{l}{D_{\mathrm{AB}}} + \dfrac{1}{k_{\mathrm{c}}^0}} \qquad (3\text{-}262)$$

式中　$c_{\mathrm{A0}}, c_{\mathrm{As}}, c_{\mathrm{Ab}}$——分别为平板中心、平板表面和流体主体中组分 A 的浓度；

　　　　$l$——平板厚度之半；

　　　　$k_{\mathrm{c}}^0$——平板与流体间无总体流动时的传质系数；

　　　$l/D_{\mathrm{AB}}$——物体内部分子扩散的阻力；

　　　$l/k_{\mathrm{c}}^0$——对流传质阻力，$\dfrac{l/D_{\mathrm{AB}}}{l/k_{\mathrm{c}}^0} = \dfrac{k_{\mathrm{c}}^0 l}{D_{\mathrm{AB}}} = Bi'$ 为毕渥数，它是衡量传质阻力大小的重要参数。

若 $Bi' \leqslant 0.1$，则对流传质阻力远大于物体内部传质阻力，物体内部的浓度在任意时刻都是均匀的；若 $Bi' \geqslant 100$，则对流传质阻力远小于物体内部传质阻力；若 $0.1 \leqslant Bi' \leqslant 100$，则对流传质阻力和物体内部传质阻力均需考虑。以上三种情况，分别与非定常态导热中的固体内部温度均匀、恒壁温、恒定流体温度类似。现以对流传质阻力和物体内部传质阻力均需考虑的传质进行讨论，如图 3-38 所示，此时，描述这一传质现象的微分方程为：

$$\frac{\partial c_A}{\partial \theta} = D_{\mathrm{AB}} \frac{\partial^2 c_A}{\partial x^2} \qquad (3\text{-}263)$$

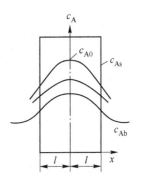

图 3-38　$Bi' > 100$ 的
非定常态分子扩散

初始条件：当 $\theta = 0$ 时，$c_A = c_{\mathrm{Ai}}$（对于任意 $x$）。

边界条件：

（1）当 $\theta > 0$ 时，在 $x = 0$ 处，$\dfrac{\partial c_A}{\partial x} = 0$；

（2）当 $\theta > 0$ 时，在 $x = l$ 处，$c_A = c_{\mathrm{As}}$。

考察式（3-263）及其定解条件，它们与上述介质温度恒定时大平板的非定常态导热十分相似。此时的浓度分布式为：

$$c'_A = \frac{c_A - c_{Ab}}{c_{Ai} - c_{Ab}} \sum_{i=1}^{\infty} e^{-\lambda_i^2 D_{AB}\theta} \frac{2\sin(\lambda_i l)\cos(\lambda_i x)}{\lambda_i l + \sin(\lambda_i l)\cos(\lambda_i l)} \tag{3-264}$$

### 3.7.5.2　大平板两个端面维持恒定浓度的非定态一维分子传递

当毕渥数趋于无穷大时，对流传质的阻力可以忽略不计，此时，平板两端面的浓度与流体主题的浓度近似相等，即 $c_{As} = c_{Bs}$，问题可视为平板端面浓度突然变化为某一恒定浓度时的分子传递。由超越方程，即式（3-252）及表 3-7 查得，当 $Bi' \to \infty$ 时，$\lambda_1 l = \frac{\pi}{2}$，$\lambda_2 l = \frac{3\pi}{2}$，$\lambda_3 l = \frac{5\pi}{2}$，…，$\lambda_i l = \frac{z_i - 1}{2}\pi$。把它们代入式（3-264），得浓度分布式为：

$$c'_A = \frac{\pi}{4}\left[ e^{-(\pi/2)^2 Fo}\cos\left(\frac{\pi}{2}L'\right) - \frac{1}{3}e^{-(3\pi/2)^2 Fo}\cos\left(\frac{3\pi}{2}L'\right) + \frac{1}{5}e^{-(5\pi/2)^2 Fo}\cos\left(\frac{5\pi}{2}L'\right) - \cdots \right]$$
$$\tag{3-265}$$

当 $Bi' < 0.1$ 时，物体内部的传质阻力可略而不计，可用类似非定态传热的集总热容法求解。

在此我们简要介绍毕渥数的物理意义及作用。

假定物体内部的热阻远小于物体与流体之间的对流传热热阻，可以认为在某一时刻的固体内部温度处处相等。例如，把一个密度为 $\rho$、比热容为 $c$、体积为 $V$、表面积为 $A$、初始温度为 $t_0$ 的金属球，突然置于温度恒为 $t_b$ 的流体中，若流体与金属球表面的对流传热系数恒为 $h$，金属球在 $d\theta$ 时间内温度变化为 $dt$，则根据热平衡，金属球放热速率等于球表面对流传热速率，即：

$$-\rho c V \frac{dt}{d\theta} = hA(t - t_b) \tag{3-266}$$

式中，$t$ 为任意时刻球表面（或球内部）的温度。

式（3-266）的初始条件：当 $\theta = 0$ 时，$t = t_0$。

由于球的导热性很好，球内部及表面温度一致，因此没有边界条件。

令 $\tau = t - t_b$，则式（3-266）可简化为：

$$\frac{d\tau}{\tau} = -\frac{hA}{\rho c V}d\theta \tag{3-267}$$

上式对应的边界条件为：当 $\theta = 0$ 时 $\tau = \tau_0$，积分上式，得

$$\frac{\tau}{\tau_0} = \frac{t - t_b}{t_0 - t_b} = e^{-\frac{hA\theta}{\rho c V}} \tag{3-268}$$

式中，$\left[\frac{hA\theta}{\rho c V}\right]$ 可以组合为 $+\left[\frac{h(V/A)}{k}\right]\left[\frac{\alpha\theta}{(V/A)^2}\right]$，而 $\left[\frac{h(V/A)}{k}\right]$ 和 $\left[\frac{\alpha\theta}{(V/A)^2}\right]$ 分别为毕渥数和傅里叶数。

现在简要讨论 $Bi$ 数和 $Fo$ 数的物理意义：

$$Bi = \left[\frac{h(V/A)}{k}\right] = \frac{(对流传热系数) \times (长度)}{(导热系数)} = \frac{(导热热阻) \times (长度)}{(对流传热热阻)}$$

即毕渥数表示了物体内部导热热阻与物体外表对环境流体的对流热阻之比。若 $Bi$ 较大，表示物体内部导热热阻起决定性作用，系统传热不能用集总热容法处理；反之，$Bi$ 数较小时，表示对流传热热阻起决定性的作用。实验表明，当 $Bi < 0.1$ 时，用集总热容法处理导热问题，其误差小于 5%。因此，在处理非定态导热问题时，先算 $Bi$ 数，若 $Bi < 0.1$，则可以用集总热容法求解。

在计算 $Bi$ 数时，$V/A$ 为参与导热物质的体积与传热表面积之比。

对于球体：
$$\frac{V}{A} = \frac{\frac{4}{3}\pi r_0^3}{4\pi r_0^2} = \frac{r_0}{3}$$

对于圆柱体：
$$\frac{V}{A} = \frac{\pi r_0^2 L}{2\pi r_0 L} = \frac{r_0}{2} \quad (\text{当 } L \gg r_0 \text{ 时})$$

对于正方体：
$$\frac{V}{A} = \frac{L^3}{6L^2} = \frac{L}{6}$$

$\left[\dfrac{\alpha\theta}{(V/A)^2}\right]$ 的物理意义为无因次时间之比。文献指出，对于非定常导热，当 $Fo < 0.2$ 时，表示非定态导热的第一阶段，即初始阶段。当 $t\text{-}\theta$ 关系复杂，对于大平板非定态一维导热，上述两种边界条件的数学分析解，即式（3-242）和式（3-256）均需用级数表示。而当 $Fo > 0.2$ 时式（3-242）和式（3-256）均可取相应级数的首项。

以上讨论的是大平板的非定常态一维导热和分子传递，其数学模型、边界条件及结果见表3-8。

**表 3-8　大平板非定常态一维导热和分子扩散**

| 导　　热 | | 分　子　扩　散 | |
|---|---|---|---|
| 大平板两端温度恒定 | | 大平板两端浓度恒定 | |
| 数学模型 | $\dfrac{\partial t}{\partial \theta} = \alpha \dfrac{\partial^2 t}{\partial x^2}$<br><br>或　$\dfrac{\partial T'}{\partial Fo} = \alpha \dfrac{\partial^2 T'}{\partial x^2}$ | 数学模型 | $\dfrac{\partial c_A}{\partial \theta} = \alpha \dfrac{\partial^2 c_A}{\partial x^2}$<br><br>或　$\dfrac{\partial c_A'}{\partial Fo} = \alpha \dfrac{\partial^2 c_A'}{\partial x^2}$ |
| 定解条件 | （1）当 $Fo = 0$ 时，$T' = 1$（对于任意 $L'$）；<br>（2）当 $Fo > 0$ 时，在 $L' = 1$ 处，$T' = 0$；<br>（3）当 $Fo > 0$ 时，在 $L' = 0$ 处，$\dfrac{\partial T'}{\partial L'} = 0$ | 定解条件 | （1）当 $Fo = 0$ 时，$c_A' = 1$（对于任意 $L'$）；<br>（2）当 $Fo > 0$ 时，在 $L' = 1$ 处，$c_A' = 0$；<br>（3）当 $Fo > 0$ 时，在 $L' = 0$ 处，$\dfrac{\partial c_A'}{\partial L'} = 0$ |
| 求解结果 | $T' = \dfrac{\pi}{4}\left[ e^{-(\pi/2)^2 Fo}\cos\left(\dfrac{\pi}{2}L'\right) - \dfrac{1}{3}e^{-(3\pi/2)^2 Fo}\cos\left(\dfrac{3\pi}{2}L'\right) + \dfrac{1}{5}e^{-(5\pi/2)^2 Fo}\cos\left(\dfrac{5\pi}{2}L'\right) - \cdots \right]$ | 求解结果 | $c_A' = \dfrac{\pi}{4}\left[ e^{-(\pi/2)^2 Fo}\cos\left(\dfrac{\pi}{2}L'\right) - \dfrac{1}{3}e^{-(3\pi/2)^2 Fo}\cos\left(\dfrac{3\pi}{2}L'\right) + \dfrac{1}{5}e^{-(5\pi/2)^2 Fo}\cos\left(\dfrac{5\pi}{2}L'\right) - \cdots \right]$ |
| 流体主体温度恒定 | | 流体主体浓度恒定 | |
| 数学模型 | $\dfrac{\partial t}{\partial \theta} = \alpha \dfrac{\partial^2 t}{\partial x^2}$<br><br>或　$\dfrac{\partial \tau}{\partial \theta} = \alpha \dfrac{\partial^2 \tau}{\partial x^2}$ | 数学模型 | $\dfrac{\partial c_A}{\partial \theta} = \alpha \dfrac{\partial^2 c_A}{\partial x^2}$<br><br>或　$\dfrac{\partial \tau}{\partial \theta} = D_{AB} \dfrac{\partial^2 \tau}{\partial x^2}$ |

| 导　热 | | 分　子　扩　散 | |
|---|---|---|---|
| 流体主体温度恒定 | | 流体主体浓度恒定 | |
| 定解条件 | (1) 当 $\theta=0$ 时，$\tau=\tau_0$（对于任意 $x$）；<br>(2) 当 $\theta>0$ 时，$x=0$ 处，$\dfrac{\partial\tau}{\partial x}=0$；<br>(3) 当 $\theta>0$ 时，在 $x=l$ 处，$\dfrac{\partial\tau}{\partial x}=-\dfrac{h}{k}\tau_s$ | 定解条件 | (1) 当 $\theta=0$ 时，$\tau=\tau_0$（对于任意 $x$）；<br>(2) 当 $\theta>0$ 时，$x=0$ 处，$\dfrac{\partial\tau}{\partial x}=0$；<br>(3) 当 $\theta>0$ 时，在 $x=l$ 处，$\dfrac{\partial\tau}{\partial x}=-\dfrac{kc}{D_{AB}}$ |
| 求解结果 | $\tau=\displaystyle\sum_{i=1}^{\infty}e^{-\lambda_i^2\alpha\theta}\dfrac{2\tau_0\sin(\lambda_i l)\cos(\lambda_i x)}{\lambda_i l+\sin(\lambda_i l)\cos(\lambda_i l)}$ | 求解结果 | $c_A=\displaystyle\sum_{i=1}^{\infty}e^{-\lambda_i^2 D_{AB}\theta}\dfrac{2\tau_0\sin(\lambda_i l)\cos(\lambda_i x)}{\lambda_i l+\sin(\lambda_i l)\cos(\lambda_i l)}$ |

### 3.7.6　无限长圆柱体和球体的非定常态一维导热

对于初始温度为 $t_i$、半径为 $R$ 的无限长圆柱体，突然将其置于主体温度恒为 $t_b$ 的流体中时，此圆柱体的导热微分方程为：

$$\frac{\partial t}{\partial\theta'}=\alpha\frac{1}{\gamma}\frac{\partial}{\partial\gamma}\left(\frac{\partial t}{\partial\gamma}\right) \tag{3-269}$$

初始条件：当 $\theta'=0$ 时，在 $0<r<R$ 范围内，$t=t_i$。
边界条件：

(1) 当 $\theta'>0$ 时，在 $r=0$ 处，$\dfrac{\partial t}{\partial\gamma}=0$；

(2) 当 $\theta'>0$ 时，在 $r=R$ 处，$-k\dfrac{\partial t}{\partial\gamma}=h(t_s-t_b)$。

对于相同条件下球体的导热，其微分方程为：

$$\frac{\partial t}{\partial\theta'}=\alpha\left(\frac{\partial^2 t}{\partial r^2}+\frac{2}{r}\frac{\partial t}{\partial r}\right) \tag{3-270}$$

其定解条件与式（3-269）的相同。

### 3.7.7　无限长圆柱体和球体的非定常态一维分子扩散

对于初始浓度为 $c_{Ai}$，半径为 $R$ 的无限长圆柱体，突然将其置于主体浓度为 $c_{Ab}$ 的流体中，此圆柱体的分子扩散微分方程为：

$$\frac{\partial c_A}{\partial\theta'}=D_{AB}\frac{\partial}{\partial r}\left(r\frac{\partial c_A}{\partial r}\right) \tag{3-271}$$

初始条件：当 $\theta'=0$ 时，在 $0<r<R$ 范围内，$c_A=c_{Ai}$。
边界条件：

(1) 当 $\theta'>0$ 时，在 $r=0$ 处，$\dfrac{\partial c_A}{\partial r}=0$；

(2) 当 $\theta'>0$ 时，在 $r=R$ 处，$-D_{AB}\dfrac{\partial c_A}{\partial r}=k_c^0(c_{As}-c_{Ab})$。

相同条件下球体非定态分子扩散的微分方程为：

$$\frac{\partial c_A}{\partial \theta'} = D_{AB}\left(\frac{\partial^2 c_A}{\partial r^2} + \frac{2}{r}\frac{\partial c_A}{\partial r}\right) \tag{3-272}$$

其定解条件与式（3-271）的相同。

# 3.8　多维非定常态导热和分子扩散

### 3.8.1　二维和三维非定常态导热

以上讨论了一维非定常态的导热和分子扩散问题。工程实际情况多是多维非定常态导热和分子传质，研究表明，它们可以利用一维非定常态导热和分子扩散的数学分析解来处理。现在先讨论多维非定常态导热。

假定参与导热物体初始温度均匀，无内热源，流体温度及对流传热系数均恒定，边界条件又比较简单，此时，可以把参与导热的物体分解成两个几何体，分别求出它们的温度分布，然后再按一定的关系式，求出整个物体的温度分布式。这种方法称为 Newman 法则。

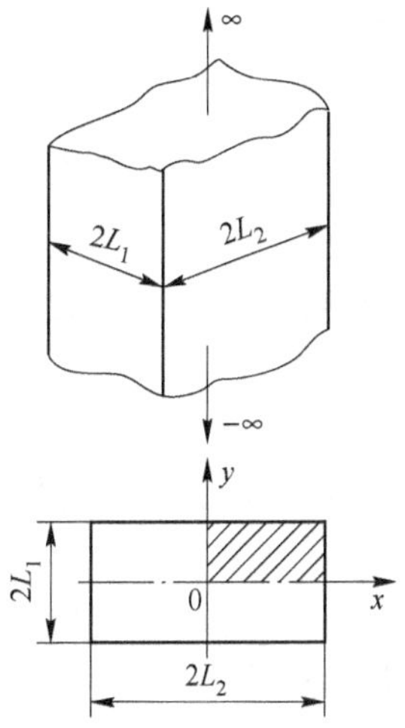

如图 3-39 所示，有一根截面为 $2L_1 \times 2L_2$ 的无限长柱体，初始温度均匀，为 $t_0$，在 $\theta = 0$ 时，突然将其置于温度恒为 $t_b$ 的流体中，导热开始后的任意时刻，柱体内的温度分布求解如下。

截面 $2L_1 \times 2L_2$ 的柱体可以看作是由两块无限大的平板正交后所截出，以截面中心为坐标原点，截面上温度分布对称于 $x$、$y$ 轴。这是二维导热问题。无限长柱体的温度分布 $t(x,y,\theta)$ 由下列偏微分方程及相应的边界条件确定。

令无因次过余温度为：

$$T' = \frac{t(x,y,\theta) - t_b}{t_0 - t_b}$$

则

$$\frac{\partial T'}{\partial \theta} = \alpha\left(\frac{\partial^2 T'}{\partial x^2} + \frac{\partial^2 T'}{\partial y^2}\right) \tag{3-273}$$

初始条件：

$$T'(x,y,0) = 1 \tag{3-273a}$$

边界条件：

$$T'(L_2,y,\theta) + \frac{k}{h}\frac{\partial T'(L_2,y,\theta)}{\partial x} = 0 \tag{3-273b}$$

$$T'(x,L_1,\theta) + \frac{k}{h}\frac{\partial T'(x,L_1,\theta)}{\partial y} = 0 \tag{3-273c}$$

$$\frac{\partial T'(0,y,\theta)}{\partial x} = 0 \tag{3-273d}$$

$$\frac{\partial T'(x,0,\theta)}{\partial y} = 0 \tag{3-273e}$$

图 3-39　无限长圆柱体的
非定常态导热

上列各式对物体加热或冷却均适用。

对于厚度为 $2L_2$ 的无限大平板，令无因次过余温度为：

$$X = \frac{t(x,\theta) - t_b}{t_0 - t_b}$$

则温度分布满足下列方程及定解条件：

$$\frac{\partial X}{\partial \theta} = \alpha \frac{\partial^2 X}{\partial x^2} \tag{3-274}$$

初始条件：

$$X(x,0) = 1 \tag{3-274a}$$

边界条件：

$$\frac{\partial X(0,\theta)}{\partial x} = 0 \tag{3-274b}$$

$$X(L_2,\theta) + \frac{k}{h} \frac{\partial X(L_2,\theta)}{\partial x} = 0 \tag{3-274c}$$

同理，对于厚度为 $2L_1$ 的无限大平板，令无因次过余温度为 $Y$：

$$Y = \frac{t(y,\theta) - t_b}{t_0 - t_b}$$

则温度分布满足下列方程及定解条件：

$$\frac{\partial Y}{\partial \theta} = \alpha \frac{\partial^2 y}{\partial y^2} \tag{3-275}$$

初始条件：

$$Y(y,\theta) = 1 \tag{3-275a}$$

边界条件：

$$\frac{\partial T(0,\theta)}{\partial y} = 0 \tag{3-275b}$$

$$Y(L_1,\theta) + \frac{k}{h} \frac{\partial Y(L_1,\theta)}{\partial y} = 0 \tag{3-275c}$$

现在要证明，这两块无限大平板中温度分布解的乘积等于无限长柱体的解，即：

$$T'(x,y,\theta) = X(x,\theta)Y(y,\theta) \tag{3-276}$$

把式（3-276）分别代入式（3-273）的左右两端，得：

$$\frac{\partial T'}{\partial \theta} = \frac{\partial(x \cdot y)}{\partial \theta} = X\frac{\partial Y}{\partial \theta} + T\frac{\partial X}{\partial \theta}$$

$$\alpha\left(\frac{\partial^2 T'}{\partial x^2} + \frac{\partial^2 T'}{\partial y^2}\right) = \alpha\left(Y\frac{\partial^2 X}{\partial x^2} + X\frac{\partial^2 Y}{\partial y^2}\right)$$

将上两式相减，并考虑到式（3-274）和式（3-275）得：

$$X\frac{\partial Y}{\partial \theta} + Y\frac{\partial X}{\partial \theta} - \alpha\left(X\frac{\partial^2 X}{\partial x^2} + X\frac{\partial^2 Y}{\partial y^2}\right) = X\left(\frac{\partial Y}{\partial \theta} - \alpha\frac{\partial^2 Y}{\partial y^2}\right) + Y\left(\frac{\partial X}{\partial \theta} - \alpha\frac{\partial^2 X}{\partial x^2}\right) = X \cdot 0 + Y \cdot 0 = 0$$

从而证明了式（3-276）满足式（3-273）。

现在还须证明式（3-276）满足定解条件式（3-273a）~式（3-273e）。

由式（3-274a）和式（3-275a）得：

$$T'(x,y,0) = X(x,0)Y(y,0) = 1 \times 1 = 1$$

所以，式 (3-276) 满足初始条件，即满足式 (3-273a)。

将式 (3-276) 代入式 (3-273b) 的左端，并考虑到式 (3-274c) 后，得

$$T'(L_2,y,\theta) + \frac{k}{h}\frac{\partial T'(L_2,y,\theta)}{\partial x} = X(L_2,\theta)(y,\theta) + \frac{k}{h}Y(y,\theta)\frac{\partial X(L_2,\theta)}{\partial x}$$

$$= Y(y,\theta)\left[X(L_2,\theta) + \frac{k}{h}\frac{\partial X(L_2,\theta)}{\partial x}\right]$$

$$= Y(y,\theta)\cdot 0 = 0$$

从而证明了式 (3-276) 满足第一个边界条件，即满足式 (3-273b)。同理可证式 (3-276) 满足第二个边界条件，即满足式 (3-273c)。

最后，再将式 (3-276) 代入式 (3-273d)，并考虑到式 (3-274b)，得：

$$\frac{\partial T'(0,y,\theta)}{\partial X} = \frac{\partial x(0,\theta)}{\partial x}Y(y,\theta) = 0$$

由此可见，式 (3-276) 满足第三个边界条件，即满足式 (3-273d)。同理可证式 (3-276) 满足第四个边界条件，即满足式 (3-273e)。

综上所述，$X(x,\theta)Y(y,\theta)$ 满足方程 (3-273) 和定解条件式 (3-273a) ~ 式 (3-273e)，说明它是该问题的解。

须注意的是，证明时要采用无因次过次过余（剩余）温度。如果把无限长柱体的解改用两块无限大平板的解之和，即 $T'(x,y,\theta) = X(x,\theta) + Y(y,\theta)$，虽然也能满足式 (3-273)，但把初始条件 $\theta = 0$ 时，$T' = \dfrac{t(x,y,0) - t_b}{t_0 - t_b} = X(x,0) = Y(y,0) = 1$ 代入上式，得：

$$T'(x,y,0) = 1 + 1 = 2$$

而 $T'(x,y,0) = 1$，这显然是不可能的。如果把无限长柱体的解改为有因次的形式表示，如：

$$t = t_x t_y$$

或

$$t - t_b = (t_x - t_b)(t_y - t_b)$$

此两种形式也不正确。

同理可以证明，对于短圆柱、短方柱等二维、三维非定常态导热问题，其温度分布函数均可表示为相应的两个或三个一维问题的解的乘积。图 3-40 所示为多维系统温度的乘积解。其中采用了如下符号。

厚度为 $2L$ 的大平板的解为：

$$P(x,\theta) = \frac{t(x,\theta) - t_b}{t_0 - t_b}$$

$P$ 由图 3-41 (a) 及图 3-41 (b) 确定。

半径为 $R$ 的长圆柱体的解为：

$$C(r,\theta) = \frac{t(r,\theta) - t_b}{t_0 - t_b}$$

$C$ 由图 3-41 (c) 和图 3-41 (d) 确定。

半无限大物体的解为：

$$S(x,\theta) = \frac{t(x,\theta) - t_b}{t_0 - t_b}$$

$S$ 由图 3-41（e）确定。

多维系统温度的乘积解如下（图 3-40 和图 3-41）。

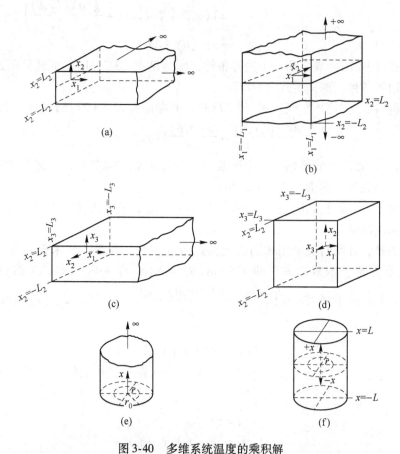

图 3-40　多维系统温度的乘积解

（a）半无限大平板；（b）无限长矩形棒；（c）半无限长矩形棒；（d）平行六面体；

（e）半无限长圆柱体；（f）短圆柱

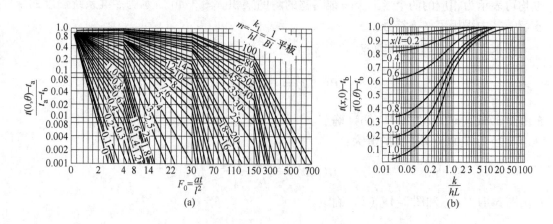

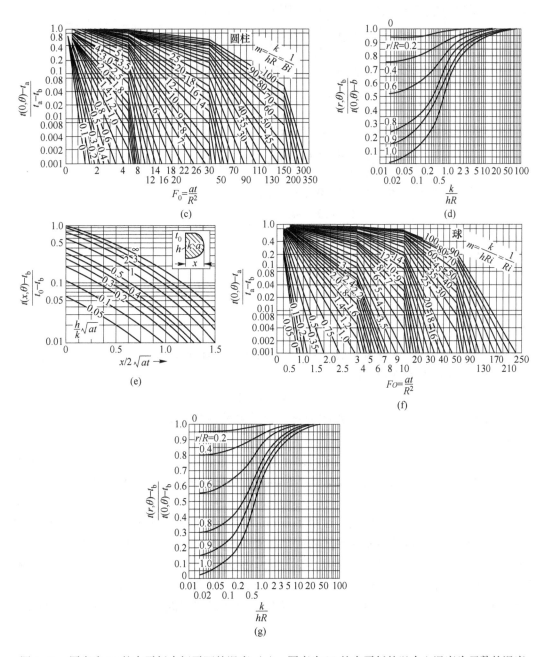

图 3-41 厚度为 $2L$ 的大平板中间平面的温度（a）、厚度为 $2L$ 的大平板的以中心温度为函数的温度分布（b）、半径为 $R$ 的长圆柱的轴线温度（c）、半径为 $R$ 的长圆柱的以轴线温度为函数的温度分布（d）、表面热阻和内部热阻均为有限值的温度分布（e）、半径为 $R$ 的圆球中心温度（f）及半径为 $R$ 的圆球的以中心温度为函数的温度分布（g）

（1）半无限大平板：如图 3-40（a）所示

$$\frac{t(x_1,x_2,\theta)-t_b}{t_0-t_b}=S(x_1,\theta)P(x_2,\theta)$$

（2）无限长矩形棒：如图 3-40（b）所示

$$\frac{t(x_1,x_2,\theta)-t_{\rm b}}{t_0-t_{\rm b}}=P(x_1,\theta)P(x_2,\theta)$$

（3）半无限长矩形棒：如图 3-40（c）所示

$$\frac{t(x_1,x_2,x_3,\theta)-t_{\rm b}}{t_0-t_{\rm b}}=S(x_1,\theta)P(x_2,\theta)P(x_3,\theta)$$

（4）平行六面体：如图 3-40（d）所示

$$\frac{t(x_1,x_2,x_3,\theta)-t_{\rm b}}{t_0-t_{\rm b}}=P(x_1,\theta)P(x_2,\theta)P(x_3,\theta)$$

（5）半无限长圆柱体：如图 3-40（e）所示

$$\frac{t(r,x,\theta)-t_{\rm b}}{t_0-t_{\rm b}}=S(x,\theta)P(r,\theta)$$

（6）短圆柱：如图 3-40（f）所示

$$\frac{t(r,x,\theta)-t_{\rm b}}{t_0-t_{\rm b}}=P(x,\theta)C(r,\theta)$$

### 3.8.2　二维和三维非定常态分子扩散

和二维、三维非定常导热相似，无限长的长方形柱体非定常态二维分子扩散的解，为两块无限大平板的解的乘积，即：

$$c'_{\rm A}(x,y,\theta)=X(x,\theta)Y(y,\theta) \tag{3-277}$$

短圆柱体非定常态二维分子扩散的解，为无限长圆柱体的解与无限大平板的解的乘积，即：

$$c'_{\rm A}(x,r,\theta)=Y(x,\theta)Y(r,\theta) \tag{3-278}$$

长方体非定常态三维非定常态分子扩散的解，为三块无限大平板解的乘积，即：

$$c'_{\rm A}(x,y,z,\theta)=X(x,\theta)Y(y,\theta)Z(z,\theta) \tag{3-279}$$

对于多维非定常态分子扩散，运用 Newman 法则的前提是：物体初始浓度均匀、无内热源、无化学反应、对流传质膜系数和流体浓度均恒定，证明物体浓度分布解时，要用无因这种"分解"物体的方法，不能推广到任意一种边界条件。文献推荐了半无限大平板、无限长矩形棒，半无限矩形棒、平行六面体、半无限长圆柱和短圆柱等多维系统温度的乘积解，对于多维系统浓度的乘积解也是适用的，此时只需把温度 $t$ 换成组分 A 的浓度 $c_{\rm A}$ 即可。

## 3.9　非定常态一维和多维导热与分子扩散的数值解和图解法

### 3.9.1　非定常态一维和多维导热的数值解

前面曾论及，非定常态导热和分子扩散的数学分析解其表达式相当复杂，而且还要受种种条件约束，例如边界条件要简单等；而工程上经常遇到的边界条件不可能那样理想，为此，需要用数值解进行处理。

和定常态导热的数值解相似，可以用阶梯变化的差分方程代替连续变化的微分方程，列出各节点的温度方程，然后求解此节点方程。

### 3.9.1.1 非定常态一维导热的数值解

描述非定常态一维导热的方程为：

$$\frac{\partial t}{\partial \theta} = \alpha \frac{\partial^2 t}{\partial y^2}$$

由于节点所处位置不同，边界条件也有区别，现在分别讨论。

**A 物体内部的结点温度分布方程**

把式（3-211）右侧 $\frac{\partial^2 t}{\partial x^2}$ 在物体内部的第 $i$ 个平面附近展开成泰勒级数：

$$\frac{\partial^2 t}{\partial x^2} = \frac{t_{i+1} + t_{i-1} - 2t_i}{\Delta x^2} \tag{3-280a}$$

式中  $t_{i+1}, t_{i-1}, t_i$——分别为第 $i+1$、$i-1$、$i$ 平面的温度（图3-42（a））；

　　　$\Delta x$——步长，$\Delta x$ 愈细，求解精度愈高。

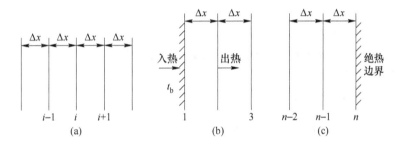

图 3-42  物体内部的结点温度分布（a）、对流边界的结点温度（b）及
绝热边界上结点温度（c）

再把式（3-211）左侧的导数写成差分形式：

$$\frac{\partial t}{\partial \theta} = \frac{t_i' - t_i}{\Delta \theta} \tag{3-280b}$$

式中  $t_i', t_i$——分别为第 $i$ 平面在时间 $\theta$ 和 $(\theta + \Delta\theta)$ 时的温度；

　　　$\Delta\theta$——时间步长。

把式（3-280a）和式（3-280b）代入式（3-211），经化简后，得：

$$t_{i+1} + t_{i-1} - 2t_i = \frac{\Delta x^2}{\alpha \Delta \theta}(t_i' - t_i) \tag{3-281}$$

为使计算过程简化，令：

$$\frac{\Delta x^2}{\alpha \Delta \theta} = M = 2 \tag{3-281a}$$

把式（3-281a）代入式（3-281），得：

$$t_i' = \frac{t_{i-1} + t_{i+1}}{2} \tag{3-282}$$

此即物体内部进行非定常态导热的结点温度式。它说明，物体内部任意平面 $i$ 在时间 $(\theta + \Delta\theta)$ 时刻的温度，等于与其相邻两平面在该温度的算术平均值。

B  对流边界的结点温度方程

如图 3-42（b）所示。表面 1 与流体进行对流传热，平面 2 为物体内部的一个面，两平面间距 $\Delta\theta$，以对流传热形式进入表面 1 的热量为：

$$hA(t_b - t_1)\Delta\theta$$

式中  $h$——对流传热系数；

$A$——传热面积；

$t_b, t_1$——分别为流体主体温度和表面 1 的温度；

$\Delta\theta$——时间间隔。

在时刻 $\Delta\theta$ 内，由平面 2 以导热方式传出的热量为：

$$kA\frac{t_1 - t_2}{\Delta x}\Delta\theta$$

式中，$k$ 为导热系数。

在 $\Delta\theta$ 时间内，表面 1 和平面 2 之间物体累积的热用下式近似地表示：

$$\frac{A\rho c\Delta x}{2\Delta\theta}(t_1' - t_1)\Delta\theta$$

式中  $c$——物体的热容；

$t_1', t_1$——分别表示表面 1 在 $\theta$ 时刻和 $\theta + \Delta\theta$ 时刻的温度；

$\rho$——物体密度。

根据热平衡，有：

$$hA(t_b - t_1) - kA\frac{t_1 - t_2}{\Delta x} = \frac{A\rho c\Delta x}{2\Delta\theta}(t_1' - t_1)$$

将 $\alpha = \dfrac{k}{\rho c}$ 及 $\dfrac{\Delta x^2}{\alpha\Delta\theta} = M = 2$ 代入上式，得：

$$t_1' = \frac{\Delta xh}{k}(t_b - t_1) + t_2 \tag{3-283}$$

此即非定常一维导热中，对流边界面上经过时间 $\Delta\theta$ 后的温度分布式，即对流边界上的结点温度方程。

C  绝热边界上温度结点方程

用类似方法，求得绝热边界上结点温度方程为：

$$t_n' = t_{n-1} \tag{3-284}$$

式中  $t_n'$——绝热面在经过 $\Delta\theta$ 时间后的温度；

$t_{n-1}$——与绝热面相距 $\Delta x$ 的平面上未经过 $\Delta\theta$ 时间以前的温度，如图 3-42（c）所示。

### 3.9.1.2  非定常态二维和三维导热的数值解

非定常态二维导热微分方程为：

$$\frac{\partial t}{\partial\theta} = \alpha\left(\frac{\partial^2 t}{\partial x^2} + \frac{\partial^2 t}{\partial y^2}\right) \tag{3-285}$$

用与一维相同的方法，把上式中的各项依次改写为：

$$\frac{\partial t}{\partial\theta} = \frac{t_0' - t_0}{\Delta\theta}$$

$$\frac{\partial^2 t}{\partial x^2} = \frac{t_1 + t_2 - 2t_0}{\Delta x^2}$$

$$\frac{\partial^2 t}{\partial y^2} = \frac{t_3 + t_4 - 2t_0}{\Delta y^2}$$

把以上三式代入式（3-285）得：

$$t_0' = \frac{t_1 + t_2 + t_3 + t_4 + (M-4)t_0}{M}$$

为方便计算，取 $M = \Delta x^2 / (\alpha \Delta \theta) = 4$，于是，上式变为：

$$t_0' = \frac{1}{4}(t_1 + t_2 + t_3 + t_4) \tag{3-286}$$

对于非定常态三维导热，可写为：

$$t_0' = \frac{1}{6}(t_1 + t_2 + t_3 + t_4 + t_5 + t_6) \tag{3-287}$$

### 3.9.2　非定常态一维和多维分子扩散的数值解

用同样的方法，可以获得非定常态一维、多维分子扩散的结点方程。此时，只需把式（3-282）、式（3-283）、式（3-284）、式（3-286）和式（3-287）中的 $t$ 换为 $c_A$，$k$ 换为 $D_{AB}$，$h$ 换为 $k_c$ 即可得到相应的非定常态分子扩散结点方程。

### 3.9.3　非定常态一维导热和分子扩散的图解法

#### 3.9.3.1　施密特法

文献 [3] 介绍了非定常态一维分子扩散的图解法，即施密特法。其依据是以有限差分法解费克第二定律 $\dfrac{\partial c_A}{\partial \theta} = D_{AB} \dfrac{\partial^2 c_A}{\partial x^2}$。它能解决数学分析法所不能解决的问题，其精度取决于逼近次数。

现以一堵厚墙为例进行分析。设墙表面组分 A 的浓度 $c_{As}$ 恒定，墙内组分 A 的初始浓度为 $c_{A0}$，如图 3-43 所示。把墙用等步长 $\Delta x$ 分割成若干段。由于存在浓度差 $c_{As} - c_{A0}$，因此，组分 A 势必向墙内进行分子扩散。经过时间间隔 $\Delta \theta_1$，组分 A 向 1 平面扩散，如果在此时间增量内，平面 1 与平面 2 之间的浓度差仍为零，则可以认为扩散进来的组分 A 将在图中以虚线表示的区间 $[a、b]$ 以内聚集。$a$、$b$ 在平面 1 两个邻域的平分线上。对于 A 组分，单位面积、时间增量为 $0_0$ 的质量衡算式为：

（进入平面 1 的质量）－（出平面 1 的质量）＝（在 $[a、b]$ 内聚集的质量）

或　　　$$\frac{D_{AB}(c_{As} - c_{A1})}{\Delta x} - \frac{D_{AB}(c_{A1} - c_{A2})}{\Delta x} = \frac{\Delta x}{\Delta \theta_1}(c_{A1}' - c_{A1})$$

式中，$c_{A1}'$ 为平面 1 在时间增量 $\Delta \theta_1$ 后的新浓度。

上式两端同乘以 $\Delta x / D_{AB}$，得：

$$\frac{(\Delta x)^2}{D_{AB} \Delta \theta_1}(c_{A1}' - c_A) = c_{As} - 2c_{A1} + c_{A2}$$

为方便计算，选择适当的 $\Delta x$（或 $\Delta \theta_1$），使 $(\Delta x)^2 / D_{AB} \Delta \theta_1 = 1/2$。即 $\Delta \theta = (\Delta x)^2 /$

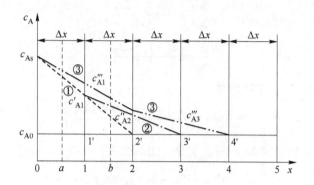

图 3-43 　非定常态一维分子扩散的图解法

$2D_{AB}$，于是，上式变为：

$$c'_{A1} = \frac{1}{2}(c_{A1} + c_{A2})$$

它说明，在 0 时刻，平面 1 的浓度已由 $\theta = 0$ 时的 $c_{A0}$ 升至 $c'_{A1}$，而 $c'_{A1}$ 正是 $c_{As}$ 和平面 2 的连线与平面 1 的交点。对于第二个时间增量 $\Delta\theta_2$，连接（$c'_{A1}$ 和 $3'$ 的连线与平面 2 的交点 $c''_{A2}$）即为平面 2 在 $\Delta\theta_2$ 时刻组分 A 的浓度。连接 $c_{As}$ 和 $c''_{A2}$，此连线与平面 1 的交点为 $c'''_{A1}$，它是第三个时间增量 $\Delta\theta_3$ 时刻平面 1 中组分 A 的浓度；连接 $c''_{A2}$ 和 $4'$ 点，此连线与平面 3 的交点 $c'''_{A3}$ 即为第三个时间增量时刻平面 3 中组分 A 的浓度。照此程序进行下去，即可得到很多时间增量下不同平面上的浓度。但需注意，$\Delta x$ 和 $\Delta\theta$ 为定值。对于第 $(n+1)\Delta\theta$ 时刻的浓度，可以表示为相邻两个平面在时间增量为 $(n\Delta\theta)$ 时所求浓度的算术平均值，即：

$$c_{A,i}^{n+1} = \frac{c_{A,i-1}^n + c_{A,i+1}^n}{2} \tag{3-288}$$

式中 　$n$——时间增量 $\Delta\theta$ 的次数；

　　　$i$——组分 A 的浓度所在平面的编号。

在任意瞬间，进入增量的质量通量 $N_{Ax}^n$ 可以表示为：

$$N_{Ax}^n = \frac{D_{AB}(c_{As} - c_{A,1}^n)}{\Delta x} \tag{3-289}$$

这种图解法的条件是 $D_{AB}$ 为常数，在时间 $\Delta\theta = 0$ 时，$c_{As}$ 和 $c_{A0}$ 已知。所求结果与数学分析解的结果吻合得很好。

此方法也适用于非定常态维导热。条件是导热系数 $k$ 为定值，当时间 $\theta' = 0$ 时，壁面温度 $t_s$ 和壁内温度要已知。

### 3.9.3.2 　捷尼勒莱尔、海斯勒（Gurney-lurie、Heisler）法

下面讨论将数学分析解绘制成图形的方法。

#### A 　大平板非定常态一维导热算图

在求大平板非定常态下维导热的数学分析解时，曾经得到：

$$\frac{\tau}{\tau_0} = \frac{t - t_b}{t_0 - t_b} = \sum_{i=1}^{\infty} e^{-\delta_i^2 \left(\frac{\alpha\theta}{2}\right)} \frac{2\sin\delta_i \cos(\delta_i x/l)}{\delta_i + \sin\delta_i \cos\delta_i}$$

从式中可知，无因次温度 $\dfrac{\tau}{\tau_0}$ 为 $x$、$\theta$、$\delta_i$、$\alpha$ 和 $l$ 等因素的函数，如果把这些因素加以处理，使它们变为若干无因次数群，并把其绘制于同一张图上，就可方便地求出 $\dfrac{\tau}{\tau_0}$。

由式（3-252）和式（3-257），有：

$$\cot(\lambda_i l) = \lambda_i k / h$$

$$\delta_i = \lambda_i l$$

故可得：

$$\delta_i \tan \delta_i = \frac{hl}{k} = Bi$$

由上式可知，$\delta_i$ 是毕渥数（$Bi$）的函数。于是，式（3-258）可以表示为 3 个无因次数群的函数：

$$\frac{\tau}{\tau_0} = f\left( \frac{hl}{k}, \frac{\alpha\theta}{l^2}, \frac{x}{l} \right)$$

令：

无因次温度 $\qquad\qquad T'_b = \dfrac{\tau}{\tau_0} = \dfrac{t - t_b}{t_0 - t_b}$

相对热阻 $\qquad\qquad m = \dfrac{k}{hx_1} = \dfrac{1}{Bi}$

无因次时间 $\qquad\qquad Fo = \dfrac{\alpha\theta}{x_1^2}$

相对位置 $\qquad\qquad n = \dfrac{x}{x_1}$

式中　$t_0, t_b, t$——分别为物体初始温度、周围介质温度（恒定值）和任意时刻任意位置温度；

　　　$h$——物体表面与周围介质之间的对流传热系数；

　　　$k, \alpha$——分别为物体的导热系数和导温系数；

　　　$x_1$——平板厚度之半或由绝热面算起的厚度，相当于式（3-258）中的 $l$；

　　　$x$——某一时刻 $\theta$ 由板中心面至某点的距离。

引入上述 4 个无因次数群之后，式（3-258）变为：

$$T'_b = f(m, Fo, n) \qquad\qquad (3\text{-}290)$$

根据 $m$、$Fo$ 和 $n$ 的值，即可查出 $T'_b$，进而求出 $t$，如图 3-44（a）所示。

　　B　长圆柱体和球体的非定常态一维导热算图

若此两种物体的导热仅沿径向，可由相应的数学分析解求出 $m$、$Fo$、$n$，并据此查出 $T'_b$，进而求出 $t$。如图 3-44（b）和（c）所示。

上述三种算图的使用条件是物体内部无内热源，一维非定常态导热，物体初始温度均匀为 $t_0$，物体的导热系数 $k$ 和流体主体温度 $t_b$ 均为定值。

由于非定常态一维导热的数学模型及定解条件与非定常态一维分子扩散完全相似，因此，只需把图 3-44 中的坐标值进行适当调整，即可用于非定常态一维分子扩散。坐标符号见表 3-9。

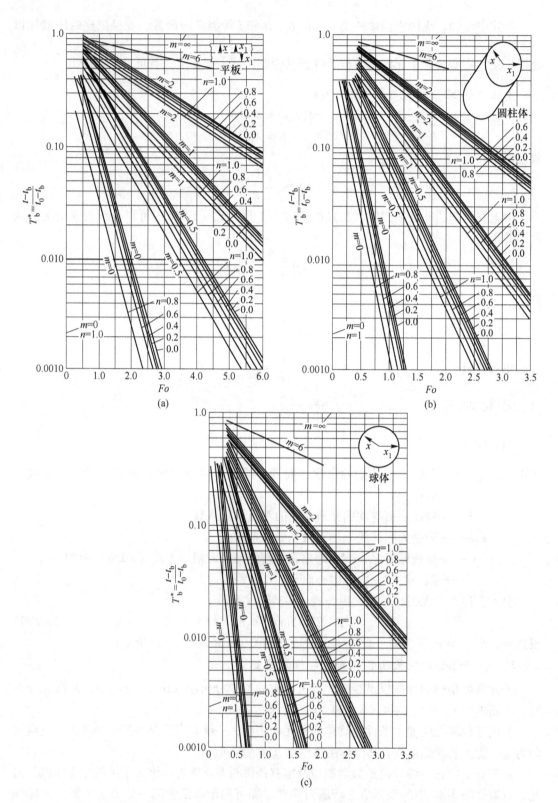

图 3-44 大平板非定常态一维导热（a）、长圆柱体非定常态一维导热（b）及球体非定常态一维导热（c）

**表 3-9　非定常态一维导热和分子扩散的坐标符号**

| 名　称 | 参量符号 | 分子扩散 | 导　热 |
|---|---|---|---|
| 无因次浓度（温度） | $c_{Ab}$ 或 $T_b'$ | $\dfrac{c_A - c_{Ab}}{c_{A0} - c_{Ab}}$ | $\dfrac{t - t_b}{t_0 - t_b}$ |
| 无因次时间 | $Fo'$ 或 $Fo$ | $\dfrac{D_{AB}\theta}{x_1^2}$ | $\dfrac{\alpha\theta}{x_1^2}$ |
| 相对位置 | $n$ | $\dfrac{x}{x_1}$ | $\dfrac{x}{x_1}$ |
| 相对阻力 | $m$ | $\dfrac{D_{AB}}{k_c x_1} = \dfrac{1}{Bi'}$ | $\dfrac{k}{h x_1} = \dfrac{1}{Bi}$ |

注：表中下标物理意义：0—在时间 $\theta = 0$ 时的温度、浓度；b—环境；A—组分 A。

使用这些图表的条件，与非定常态一维导热和分子扩散数学解的相同。

## 例　题

**［例 3-1］**　温度为 20℃ 的水以 0.035kg/s 的质量流率流过内径为 26mm 的水平管道。试求管中心至管壁之间的中心处的流速及通过 1.5m 管长的压降。

设流动已充分发展，水的黏度 $\mu$ 取为 $1.0 \times 10^{-3} Pa \cdot s$，水的密度 $\rho$ 取为 $1000 kg/m^3$。

**［解］**　先求算雷诺数，以便决定流型。

$$u_b = \frac{0.035}{\left(\dfrac{\pi}{4}\right)(0.026)^2(1000)} = 0.0659 m/s$$

$$Re = \frac{D u_b \rho}{u} = \frac{(0.02)(0.0659)(1000)}{10^{-3}} 1318$$

故流动为层流。

（1）求 $r = \dfrac{r_i}{2}$ 处的流速

$$r = \frac{r_i}{2} = \frac{D}{4} = \frac{0.026}{4} = 0.0065 m$$

由 $u = u_{max}\left[1 - \left(\dfrac{r}{r_i}\right)^2\right]$

$u_b = \dfrac{1}{2} u_{max}$，有

$$u = 2u_b\left[1 - \left(\frac{r}{r_i}\right)^2\right] = (2)(0.0659)\left[1 - \left(\frac{0.0065}{0.01}\right)^2\right] = 0.076 m/s$$

（2）求 $L = 1.5m$ 时的压降——$\Delta p$

壁面剪应力 $\tau_s$，由 $\tau = -\mu\dfrac{du_x}{dy}$ 得：

$$\tau_s = -\mu\frac{du}{dr}\bigg|_{r=r_i}$$

由 $u = u_{max}\left[1 - \left(\dfrac{r}{r_i}\right)^2\right]$ 得：

$$\frac{\mathrm{d}u}{\mathrm{d}r} = \frac{\mathrm{d}}{\mathrm{d}r}\left[ u_{max}\left[ 1 - \left(\frac{r}{r_i}\right)^2 \right]\right] = -\frac{2u_{max}}{r_i^2}r$$

故

$$\left.\frac{\mathrm{d}u}{\mathrm{d}r}\right|_{r=r_i} = -\frac{2u_{max}}{r_i} = -\frac{4u_b}{r_i}$$

$$\tau_a = -u\left(-\frac{4u_b}{r_i}\right) = u\frac{8u_b}{D} = (1.0\times10^{-3})\frac{(8)(0.0659)}{(0.02)} = 0.0264\mathrm{Pa}$$

由 $\tau_a = -\frac{\Delta pD}{4L}$ 得:

$$-\Delta p = \frac{4L\tau_a}{D} = \frac{4\times1.5\times0.0264}{0.026} = 6.09\mathrm{Pa}$$

　　[例3-2]　20℃的水以 $1\mathrm{m^3/h}$ 的体积流率流过内管外径为160mm、外管内径为260mm的水平套管环隙。试求算截面上出现最大速度的径向距离、该处的流速以及内外壁面处剪应力的比值。水的黏度为 $1.005\times10^{-3}\mathrm{Pa\cdot s}$,密度为 $1000\mathrm{kg/m^3}$。

　　[解]　为了确定流型,首先计算雷诺数。套管的当量直径 $d_e$ 为:

$$d_e = \frac{(4)\left(\frac{\pi}{4}\right)(d_2^2 - d_1^2)}{\pi(d_2 + d_1)} = d_2 - d_1 = 0.26 - 0.16 = 0.10\mathrm{m}$$

主体流速 $u_b$ 为:

$$u_b = \frac{1}{(3600)\left(\frac{\pi}{4}\right)(0.26^2 - 0.16^2)} = 0.00842\mathrm{m/s}$$

于是:

$$雷诺数\ Re = \frac{d_e u_b \rho}{\mu} = \frac{(0.1)(0.00842)(1000)}{1.005\times10^{-3}} = 838$$

因此,流动为层流,故可应用本节所导出的公式进行计算。

　　(1)出现最大流速处的 $r_{max}$:

$$r_{max} = \left(\frac{r_2^2 - r_1^2}{2\ln\dfrac{r_2}{r_2}}\right)^{1/2} = 0.10399\mathrm{mm}$$

　　(2)最大流速。

$$\mu = \frac{1}{2\mu}\frac{\mathrm{d}p}{\mathrm{d}z}\left(\frac{r^2 - r_2^2}{2} - r_{max}^2\ln\frac{r}{r_2}\right)$$

将 $\dfrac{\mathrm{d}p}{\mathrm{d}z} = -8\mu u_b\left(\dfrac{1}{r_2^2 + r_1^2 - 2r_{max}^2}\right)$ 带入上式得:

$$\mu = -\frac{-8\mu u_b}{2u}\left[\frac{\dfrac{r^2 - r_2^2}{2} - r_{max}^2\ln\dfrac{r}{r_2}}{r_2^2 + r_1^2 - 2r_{max}^2}\right]$$

经整理得:

$$\mu = 2u_b\frac{r_2^2 - r^2 - 2r_{max}^2\ln\dfrac{r_2}{r}}{r_2^2 + r_1^2 - 2r_{max}^2}$$

式中, $r = r_{max}$ 时, $u = u_{max}$,故得:

$$u_{max} = 2u_b\frac{r_2^2 - r_{max}^2 - 2r_{max}^2\ln\dfrac{r_2}{r_{max}}}{r_2^2 + r_1^2 - 2r_{max}^2}$$

$$=2 \times 0.00842 \times \frac{(0.13)^2 - (0.10399)^2 - (2)(0.10399)^2 \ln \frac{0.13}{0.10399}}{(0.13)^2 + (0.08)^2 - 2 \times (0.10399)^2}$$

$$=0.0127 \text{m/s}$$

（3）在 $r = r_1$ 及 $r = r_2$ 处剪应力得比值 $\tau_{s1}/\tau_{s2}$，由于内管壁处，速度梯度与 $r$ 同向，故：

$$\tau_{s1} = u \frac{\mathrm{d}u}{\mathrm{d}r}\bigg|_{r=r_1}$$

由于外管壁处速度梯度与 $r$ 反向，故：

$$\tau_{s2} = u \frac{\mathrm{d}u}{\mathrm{d}r}\bigg|_{r=r_2}$$

速度梯度 $\dfrac{\mathrm{d}u}{\mathrm{d}r}$ 可由下式求算：

$$\frac{\mathrm{d}u}{\mathrm{d}r} = \frac{1}{2\mu} \frac{\mathrm{d}p}{\mathrm{d}z}\left( \frac{r^2 - r_{\max}^2}{r} \right)$$

因此：

$$\tau_{s1} = \frac{1}{2} \frac{\mathrm{d}p}{\mathrm{d}z}\left( \frac{r_1^2 - r_{\max}^2}{r_1} \right)$$

$$\tau_{s2} = -\frac{1}{2} \frac{\mathrm{d}p}{\mathrm{d}z}\left( \frac{r_2^2 - r_{\max}^2}{r_2} \right)$$

由上式得：

$$\frac{\tau_{s1}}{\tau_{s2}} = \frac{r_2(r_{\max}^2 - r_1^2)}{r_1(r_2^2 - r_{\max}^2)} = \frac{0.13 \times (0.10399^2 - 0.08^2)}{0.08 \times (0.13^2 - 0.10399^2)} = 1.1785$$

[**例 3-3**]　如图 3-45 所示，流体在两无限大平行平壁间呈定常态层流，左侧平面静止，而右侧平面以一恒定的速度 $u_0$ 向上移动，试求平壁间流体的速度分布。

[**解**]　根据本题具体条件，可将奈维-斯托克斯方程简化为：

$$0 = Y\rho - \frac{\mathrm{d}p}{\mathrm{d}y} + u \frac{\mathrm{d}^2 u_y}{\mathrm{d}x^2}$$

式中，质量力仅为重力，即 $Y = -g$，代入并整理得：

$$\frac{\mathrm{d}^2 u_y}{\mathrm{d}x^2} = \frac{1}{u}\left( \rho g + \frac{\mathrm{d}p}{\mathrm{d}y} \right)$$

边界条件为：

（1）$x = 0$ 处，$u_y = 0$；

（2）$x = L$ 处，$u_y = u_0$。

将上式积分两次得：

$$u_y = \frac{1}{2u}\left( \rho g + \frac{\mathrm{d}p}{\mathrm{d}y} \right)x^2 + c_1 x + c_2$$

带入边界条件（1），得 $c_2 = 0$；再代入边界条件（2），得：

$$c_1 = \frac{u_0}{L} - \frac{L}{2u}\left( \rho g - \frac{\mathrm{d}p}{\mathrm{d}y} \right)$$

带回式中，并整理得：

$$u_y = \frac{L}{2u}\left( -\rho g - \frac{\mathrm{d}p}{\mathrm{d}y} \right)(Lx - x^2) + \frac{u_0 x}{L}$$

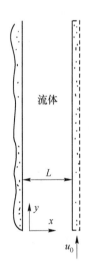

图 3-45　例 3-3 图

此即所求的速度分布式。式中右端第一项为一对称的抛物线，第二项为一直线。若右侧平壁亦静止不动，即 $x = L$ 处，$u_y = 0$，则得：

$$u_y = \frac{L}{2u}\left(-\rho g - \frac{\mathrm{d}p}{\mathrm{d}y}\right)(Lx - x^2)$$

其速度侧形即为一对称的抛物线。

[**例 3-4**] 如果流体沿平壁面流动时层流边界层的速度分布方程可采用下式表述:

$$u_x = u_0 \sin\left(\frac{\pi}{2}\frac{y}{\delta}\right)$$

试导出下列各式,并与本章各相应式进行比较。

(1) 边界层厚度 $\delta$ 的表达式;

(2) 由平板前缘到 $L$ 处的总摩擦阻力 $F_s$ 的表达式;

(3) 由平板前缘到 $L$ 处的平均阻力系数 $C_{fl}$ 的表达式。

又上述的边界层速度分布方程能否如下式:

$$\frac{u_x}{u_0} = \frac{3}{2}\left(\frac{y}{\delta}\right) - \frac{1}{2}\left(\frac{y}{\delta}\right)^3$$

[**解**] (1) $\delta$ 的表达式可由给定的 $u_x$ 表达式对 $y$ 求导数获得:

$$\frac{\partial u_x}{\partial y} = \left(\frac{\pi}{2}\right)\left(\frac{u_0}{\delta}\right)\cos\left(\frac{\pi}{2}\frac{y}{\delta}\right)$$

由边界层动量方程得

$$\rho\frac{\mathrm{d}}{\mathrm{d}x}\int_0^\delta (u_0 - u_x)u_x\mathrm{d}y = \tau_s$$

式中右侧

$$\tau_s = u\left(\frac{\partial u_x}{\partial y}\right)_{y=0} = u\left\{\left(\frac{\pi}{2}\right)\left(\frac{u_0}{\delta}\right)\cos\left(\frac{\pi}{2}\frac{y}{\delta}\right)\right\}_{y=0} = u\frac{\pi u_0}{2\sigma}$$

边界层动量方程的左侧:

$$\int_0^\delta (u_0 - u_x)u_x\mathrm{d}y = \int_0^\delta u_0\sin\left(\frac{\pi}{2}\frac{y}{\delta}\right)\left[u_0 - u_0\sin\left(\frac{\pi}{2}\frac{y}{\delta}\right)\right]\mathrm{d}y$$

$$= u_0^2\int_0^\delta \sin\frac{\pi y}{2\delta}\left(1 - \sin\frac{\pi y}{2\delta}\right)\mathrm{d}y = u_0^2\left[\frac{2\delta}{\pi} - \frac{\delta}{2}\right]$$

$$= \delta u_0^2\left(\frac{2}{\pi} - \frac{1}{2}\right)$$

故:

$$\left(\frac{2}{\pi} - \frac{1}{2}\right)\rho u_0^2\frac{\mathrm{d}\delta}{\mathrm{d}x} = u\frac{\pi u_0}{2\sigma}$$

分离变量:

$$\delta\mathrm{d}\delta = \frac{\pi u}{2\left(\frac{2}{\pi} - \frac{1}{2}\right)u_0\rho}\mathrm{d}x$$

积分上式:

$$\frac{\delta^2}{2} = \frac{\pi u}{2\left(\frac{2}{\pi} - \frac{1}{2}\right)u_0\rho}\mathrm{d}x$$

积分上式:

$$\frac{\delta^2}{2} = \frac{\pi u}{2\left(\frac{2}{\pi} - \frac{1}{2}\right)u_0\rho}x$$

得:

$$\delta = 4.79\sqrt{\frac{\nu x}{u_0}}$$

即:

$$\frac{\delta}{x} = 4.79/Re_x^{\frac{1}{2}}$$

$$\frac{\delta}{x} = 4.64/Re_x^{\frac{1}{2}}$$

（2）　$\tau_s = \dfrac{\pi\mu u_0}{2\delta} = \dfrac{\pi\mu u_0}{2\times(4.79/Re_x^{-\frac{1}{2}})} = 0.328\rho u_0^2 Re_x^{-\frac{1}{2}}$

$$F_d = b\int_0^L \tau_s dx = 0.328\mu b u_0 \sqrt{\frac{u_0}{v}}\int_0^L \frac{dx}{\sqrt{x}} = 0.656b\sqrt{\mu\rho L u_0^3}$$

即　　　　　　　　　　　　　　$F_d = 0.656b u_0\mu Re_L^{\frac{1}{2}}$

比较：　　　　　　　　　　　　$F_d = 0.64b u_0\mu Re_L^{\frac{1}{2}}$

（3）　$c_{fL} = \dfrac{F_d}{\dfrac{1}{2}u_0^2\rho Lb} = 1.132\sqrt{\dfrac{v}{Lu_0}} = 1.132Re_L^{-\frac{1}{2}}$

比较：$c_{fL} = 1.292Re_L^{-\frac{1}{2}}$

可以满足：

$$y = 0 \text{ 处，} u_x = 0$$

$$y = \delta \text{ 处，} u_x = u_0$$

$$\frac{du_x}{dy} = u_0\frac{\pi}{2\delta}\cos\left(\frac{\pi y}{2\delta}\right), \quad y = \delta \text{ 处，} \left.\frac{du_x}{dy}\right|_{y=\delta} = 0$$

$$\frac{d^2 u_x}{dy^2} = -u_0\left(\frac{\pi}{2\delta}\right)^2\sin\left(\frac{\pi y}{2\delta}\right), \quad y = \delta \text{ 处，} \left.\frac{d^2 u_x}{dy^2}\right|_{y=\delta} = 0$$

[**例3-5**]　当固体材料的导热系数 $k$ 与温度 $t$ 的关系采用 $k = k_0[1+\beta(t-t_0)]$ 表示时，试求平壁一维稳态导热时的热通量表达式；并证明此表达式中的导热系数为 $t_1$ 和 $t_2$ 在算术平均温度下的值 $k_m$，即：

$$k_m = k_0\left[1+\beta\left(\frac{t_1+t_2}{2}-t_0\right)\right]$$

已知平壁两侧壁面处的温度为：$x=0$ 时，$t=t_1$；$x=L$ 时，$t=t_2$。

[**解**]　当 $k = k_0[1+\beta(t-t_0)]$ 时，平壁一维稳态导热时的傅里叶定律可写为：

$$\frac{q_x}{A} = -k_0[1+\beta(t-t_0)]\frac{dt}{dx}$$

积分上式：

$$\frac{q_x}{A}\int_x^L dx = -k_0\int_{t_1}^{t_2}[1+\beta(t-t_0)]dt$$

可得导热通量的表达式为：

$$\frac{q_x}{A} = \frac{k_0}{L}\left[1+\beta\left(\frac{t_1+t_2}{2}-t_0\right)\right](t_1-t_2) \tag{1}$$

又在 $q_x = \dfrac{k_A}{L}(t_1-t_2)$ 中，当导热系数 $k$ 随温度而变时，可采用算术平均温度下的导热系数 $k_m$ 代替 $k$，故该式可写为：

$$\frac{q_x}{A} = \frac{k_m}{L}(t_1-t_2) \tag{2}$$

对比式（2）与式（1），即可证明：

$$k_m = k_0\left[1+\beta\left(\frac{t_1+t_2}{2}-t_0\right)\right] \tag{3}$$

式中，$k_m$ 即为 $t = \dfrac{t_1+t_2}{2}$ 下导热系数的平均值。

[例3-6] 有一外径为6cm，内径为3cm，并载有电流密度 I 为6000A/cm² 的内冷钢质导体。导体单位时间发出的热量等于流体同时带走的热量，其内壁面维持70℃。假定外壁面完全绝热，试确定导体内的温度分布并求算导体的最高温度。

已知钢的导热系数 $k = 0.38$ kW/(m·K)，电阻率为 $\rho = 2 \times 10^{-11}$ kΩ·m。

[解] 由 $t = -\dfrac{q}{4k}r^2 + c_1 \ln r + c_2$ 出发，求出导体内部的温度分布，为此，先求出 $c_1$、$c_2$、$q$ 各值：

$$q = \rho I^2 = (2 \times 10^{-11}) \times (6000 \times 10^4)^2 = 6 \times 10^4 \text{kW/m}^3$$

$c_1$ 和 $c_2$ 可根据题给的两个边界条件：

（1）$r_1 = 1.5$cm 时，$t_1 = 70$℃。

（2）$r_2 = 3$cm 时，$-k\dfrac{dt}{dr} = 0$ 即 $\dfrac{dt}{dr} = 0$ 来确定。

将边界条件（2）代入 $\dfrac{dt}{dr} = -\dfrac{q}{2k}r + \dfrac{c_1}{r}$，得：

$$\frac{dt}{dr} = -\frac{6 \times 10^4}{2 \times 0.38} \times 0.03 + \frac{c_1}{0.03} = 0$$

由此得 $c_1 = 71.05$。

再将边界条件（1）和 $c_1$ 值代入下式：

$$t = -\frac{q}{4k}r^2 + c_1 \ln r + c_2 \tag{1}$$

即：

$$70 = \frac{6 \times 10^4}{4 \times 0.38}\left(\frac{1.5}{100}\right)^2 + 71.05 \ln(1.5 \times 10^{-2}) + c_2$$

解得：$c_2 = 377.27$。

将 $c_1$、$c_2$ 值代入式（1）中，最后求出导体内的温度分布方程，即：

$$t = -\frac{6 \times 10^4}{4 \times 0.38}r^2 + 71.05 \ln r + 377.27$$

或

$$t = -39473.7 r^2 + 71.05 \ln r + 377.27$$

最大温度发生在导体的外壁面处，该处 $r = 2$cm，故：

$$t_{max} = -39473.6 \times (0.03)^2 + 71.05 \ln 0.03 + 377.27 = 92.6℃$$

[例3-7] 一根长30cm的锻铁棒条，直径为10mm，其一端在热源中加热，温度为120℃，另一端绝热。棒条裸露在空气中而散热。已知棒条的导热系数 $k = 57$ W/(m·K)，空气的温度为20℃，棒条表面与空气之间的膜系数 $h = 9.1$ W/(m²·K)。试求算：

（1）离加热端0.2m处的温度。

（2）棒条的散热速率（表3-10）。

表3-10  计算棒条散热速率的函数关系

| $mL$ | 0 | 0.5 | 1 | 1.5 | 2 | 3 | 4 | 5 | 6 |
|---|---|---|---|---|---|---|---|---|---|
| $\cosh mL$ | 1 | 1.1276 | 1.543 | 2.352 | 3.762 | 10.07 | 27.31 | 74.21 | 201.7 |
| $\dfrac{1}{\cosh mL}$ | 1 | 0.8868 | 0.6481 | 0.4252 | 0.2658 | 0.0993 | 0.0366 | 0.0135 | 0.0050 |
| $\tanh mL$ | 0 | 0.4621 | 0.7616 | 0.9052 | 0.9640 | 0.9951 | 0.9993 | 0.9999 | 1 |

[解] 由题设：$t_0 = 120$℃，$t_b = 20$℃，$d = 10$mm

$$A = \frac{\pi}{4}(10 \times 10^{-3})^2 = 0.785 \times 10^{-4} \text{m}^2$$

$$m = \left(\frac{hp}{kA}\right)^{\frac{1}{2}} = \left(\frac{h\pi d}{k\frac{\pi}{4}d^2}\right)^{\frac{1}{2}} = \left(\frac{4h}{kd}\right)^{\frac{1}{2}} = \left(\frac{4 \times 9.1}{57 \times 0.01}\right)^{\frac{1}{2}} = 7.99/\text{m}$$

（1）求算 $x = 0.2$ m 处的温度。由：$\tau = \tau_0 \dfrac{\cosh m\ (L - x)}{\cosh mL}$ 得：

$$t - t_\text{b} = (t_0 - t_\text{b})\frac{\cosh m(L - x)}{\cosh mL}$$

所以
$$t = 20 + (120 - 20)\frac{\cosh[7.99(0.3 - 0.2)]}{\cosh[(7.99)(0.3)]} = 44.1\text{℃}$$

（2）求算散热速率。

由　$q = kAm\tau_0\tanh mL$ 得：

$$q = kAm(t_0 - t_\text{b})\tanh mL$$
$$= 57 \times 0.785 \times 10^{-4} \times 7.99 \times (120 - 20)\tanh(7.99 \times 0.3) = 3.15\text{W}$$

[例 3-8]　如图 3-46 所示，某一边长为 1m 的正方形物体，左侧面恒温为 100℃，顶面恒温为 500℃，其余两侧面暴露在对流环境中，环境温度为 100℃。已知物体的导热系数为 10W/(m·℃)，物体与环境的膜系数为 10W/(m²·℃)，试建立 1~9 各结点的结点温度方程组并求出各点的温度值。

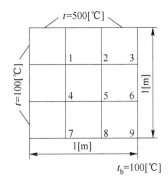

图 3-46　例 3-8 图

[解]　已知：

$$\Delta x = \frac{1}{3}\text{m}, \ t_\text{b} = 100\text{℃}$$

$$K = 10\text{W}/(\text{m}\cdot\text{℃}), \ h = 10\text{W}/(\text{m}^2\cdot\text{℃})$$

（1）建立结点温度方程组。由于内部和边界上的结点温度方程不同，今以内部结点 1 及边界上的结点 3、9 为代表建立各结点温度方程。

对于结点 1，应用 $t_1 + t_2 + t_3 + t_4 - 4t_1 = 0$ 得：

$$t_2 + 100 + 500 + t_4 - 4t_1 = 0$$
$$-4t_1 + t_2 + t_4 = -600$$

结点 3 为一般对流边界上的点，应用下式：

$$\frac{1}{2}(2t_1 + t_2 + t_3) - \left(\frac{h\Delta x}{k} + 2\right)t_\text{i} = -\frac{h\Delta x}{k}t_\text{b}$$

得：

$$\frac{1}{2}(2t_1 + 500 + t_6) - \left(\frac{h\Delta x}{k} + 2\right)t_3 = -\frac{h\Delta x}{k}t_\text{b}$$

代入数据，为：

$$\frac{1}{2}(2t_1 + 500 + t_6) - \left(\frac{10 \times (1/3)}{10} + 2\right)t_3 = \frac{10 \times (1/3)}{10} \times 100$$

或 $\qquad\qquad\qquad 2t_2 - 4.67t_3 + t_6 = -567$

结点9为对流边界外角上的点，应用下式：

$$t_1 + t_2 - 2\left(\frac{h\Delta x}{k} + 1\right)t_i = -2\frac{h\Delta x}{k}t_b$$

并代入数据，得：

$$t_6 + t_8 - 2\left(\frac{10 \times (1/3)}{10} + 1\right)t_9 = -2\frac{10 \times (1/3)}{10} \times 100$$

或 $\qquad\qquad\qquad t_6 + t_8 - 2.67t_9 = -66.7$

采用矩阵将各结点温度方程表示成下述形式：

$$\begin{bmatrix} -4 & 1 & 0 & 1 & 0 & 0 & 0 & 0 & 0 \\ 1 & -4 & 1 & 0 & 1 & 0 & 0 & 0 & 0 \\ 0 & 2 & -4.67 & 0 & 0 & 1 & 0 & 0 & 0 \\ 1 & 0 & 0 & -4 & 1 & 0 & 1 & 0 & 0 \\ 0 & 1 & 0 & 1 & -4 & 1 & 0 & 1 & 0 \\ 0 & 0 & 1 & 0 & 2 & -4.67 & 0 & 0 & 1 \\ 0 & 0 & 0 & 2 & 0 & 0 & -4.67 & 1 & 0 \\ 0 & 0 & 0 & 0 & 2 & 0 & 1 & -4.67 & 1 \\ 0 & 0 & 0 & 0 & 0 & 1 & 0 & 1 & -2.67 \end{bmatrix} \begin{bmatrix} t_1 \\ t_2 \\ t_3 \\ t_4 \\ t_5 \\ t_6 \\ t_7 \\ t_8 \\ t_9 \end{bmatrix} = \begin{bmatrix} -600 \\ -500 \\ -567 \\ -100 \\ 0 \\ -66.7 \\ -167 \\ -66.7 \\ -66.7 \end{bmatrix}$$

上述矩阵表达式即为所求的 1~9 各结点的结点温度方程。

（2）各点的温度数据的计算结果如下：

$$t_1 = 279℃，\quad t_2 = 327℃，\quad t_3 = 307℃$$
$$t_4 = 190℃，\quad t_5 = 227℃，\quad t_6 = 214℃$$
$$t_7 = 156℃，\quad t_9 = 182℃，\quad t_{10} = 173℃$$

[**例 3-9**]　一个耐高温陶瓷制成的截圆锥形物体，其圆形截面的直径 $d = 0.25x$，导热系数 $k = 4.46W/(m \cdot K)$。如图 3-47 所示，$x_1 = 0.09m$，$x_2 = 0.30m$，侧面绝热，$t_1 = 227℃$，$t_2 = 427℃$。作为维定常态处理。

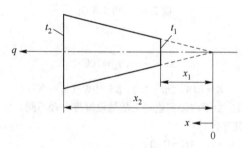

图 3-47　例 3-9 图

（1）试导出其温度分布式。

（2）计算通过圆锥形物体的导热速率。

[**解**]　（1）温度分布：

$$Q = -kA\frac{\mathrm{d}t}{\mathrm{d}x} = -k\frac{\pi}{4}d^2\frac{\mathrm{d}t}{\mathrm{d}x} = -k\frac{\pi}{4}(0.25x)^2\frac{\mathrm{d}t}{\mathrm{d}x}$$

分离变量得：

$$\mathrm{d}t = -\frac{Q}{k\frac{\pi}{4}(0.25x)^2}\frac{\mathrm{d}x}{x^2}$$

将上式积分，下限取 $x = x_1$ 时，$t = t_1$，上限用 $x$ 和 $t$，得：

$$t - t_1 = \frac{Q}{k\frac{\pi}{4}(0.25)^2}\left(\frac{1}{x} - \frac{1}{x_1}\right) \tag{1}$$

将 $x = x_2$ 时 $t = t_2$ 代入上式得

$$t_1 = t_2 = \frac{Q}{k\frac{\pi}{4}(0.25)^2}\left(\frac{1}{x} - \frac{1}{x_1}\right) \tag{2}$$

式（1）和式（2）相除，就可得出温度分布式：

$$\frac{t - t_1}{t - t_2} = \frac{\frac{1}{x} - \frac{1}{x_1}}{\frac{1}{x_2} - \frac{1}{x_1}}$$

（2）传热速率。将式（2）移项，即得：

$$Q = \frac{\pi}{4}(0.25)^2 k \frac{t_2 - t_1}{\frac{1}{x_2} - \frac{1}{x_1}} = \frac{\pi}{4}(0.25)^2 \times 4.46 \times \frac{427 - 227}{\frac{1}{0.30} - \frac{1}{0.09}} = -5.626\text{W}$$

[**例 3-10**]　一用钢筋加强的墙壁，如图 3-48 所示，钢筋和砖墙的导热系数分别用 $k_1$、$k_2$ 表示，试导出此墙壁的导热速率表达式。

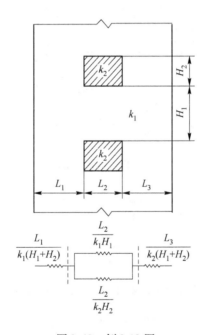

图 3-48　例 3-10 图

[**解**]　假定有一维定常态导热，且钢筋在墙内系均匀分布。取高为 $H_1 + H_2$、宽为 $l$ 单位长度的墙壁为基准进行分析。

将墙厚度方向划分为 $L_1$、$L_2$ 和 $L_3$ 三部分，显然在定常态情况下，通过各部分的热量必相等。因此通过 $(H_1 + H_2)$ 墙壁的导热速率为：

$$Q = k_1(H_1 + H_2)\frac{t_1 - t_2}{L_1} = \frac{t_1 - t_2}{\frac{L_1}{k_1(H_1 + H_2)}} = k_1 H_1 \frac{t_2 - t_3}{L_2} + k_2 H_2 \frac{t_2 - t_3}{L_2}$$

$$= \frac{t_2 - t_3}{\dfrac{L_2}{k_1 H_1 + k_2 H_2}} = k_1 (H_1 + H_2) \frac{t_3 - t_4}{L_3} = \frac{t_3 - t_4}{\dfrac{L_3}{k_1 (H_1 + H_2)}}$$

$$= \frac{t_1 - t_4}{\dfrac{L_1}{k_1 (H_1 + H_2)} + \dfrac{L_2}{k_1 H_1 + k_2 H_2} + \dfrac{L_3}{k_1 (H_1 + H_2)}}$$

上式系在假定钢筋和砖墙紧密接触、接触面上无温差即无接触热阻的前提下导出，实际上由于表面粗糙度的影响，钢筋和砖墙之间常有空隙，钢筋表面也可能形成一层氧化膜，总的热阻将大于计算所得之值；而且，在导热系数较大的材料附近（钢筋附近），沿高度方向存在着显著的温度差，按一维导热处理也将引起误差，因此导得的公式只是近似的计算式。

[**例3-11**]　一球形薄壁金属容器内储存有液氮（图3-49），温度为77K，容器的直径为0.5m，外包25mm厚的绝热层，绝热材料为二氧化硅粉末，导热系数取 $k = 0.0017\text{W}/(\text{m} \cdot \text{K})$，绝热层外表面暴露在27℃的空气中。已知绝热层外表面与空气间的传热膜系数 $h = 20\text{W}/(\text{m}^2 \cdot \text{K})$，液氮的汽化潜热为 $2 \times 10^5 \text{J/kg}$，密度为 $804\text{kg/m}^3$，试求传向液氮的热流速率及液氮蒸发的质量速率。

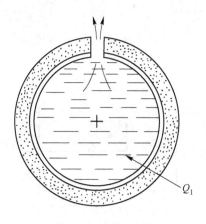

图3-49　例3-11图

[**解**]　忽略金属薄壁的热阻，绝热层内表面温度 $t_i \approx 77\text{K}$。

通过绝热层热传导的热流速 $Q$ 可按下式计算：

$$Q_1 = \frac{t_i - t_0}{\dfrac{1}{4k\pi}\left(\dfrac{1}{r_i} - \dfrac{1}{r_0}\right)}$$

绝热层外表面与空气间对流传热的传热速率可用牛顿冷却定律计算：

$$Q_2 = 4\pi r_0^2 h (t_0 - t_\infty) = \frac{t_0 - t_\infty}{\dfrac{1}{4\pi r_0^2 h}}$$

在定常态传热的情况下，$Q_1 = Q_2 = Q$，故：

$$Q = \frac{t_i - t_\infty}{\dfrac{1}{4k\pi}\left(\dfrac{1}{r_i} - \dfrac{1}{r_0}\right) + \dfrac{1}{4\pi r_0^2 h}} = \frac{77 - (273 + 27)}{\dfrac{1}{4\pi \times 0.0017}\left(\dfrac{1}{0.25} - \dfrac{1}{0.275}\right) + \dfrac{1}{4\pi \times (0.275)^2 \times 20}}$$

$$= -\frac{223}{17.02 + 0.05} = -13.6\text{W}$$

负号表示传热的方向和半径的方向相反，即热量由空气传向液氮。

根据热量衡算，传入的热量必等于液氮蒸发吸收的热量，若用 $m$ 表示液氮蒸发的质量速；则：

$$m = \frac{13.06}{2 \times 10^5} = 6.53 \times 10^{-5} \text{kg/s}$$

每天蒸发，即损耗的液氮量 $M$ 为：

$$M = 6.53 \times 10^{-5} \times 3600 \times 24 = 5.64 \text{kg/d}$$

讨论：

（1）薄壁金属容器的体积为 $\frac{4}{3}\pi(0.25)^3 = 0.065\text{m}^3$，可储存液氮 $0.065 \times 804 = 52.26\text{kg}$，因此每天损耗的液氮占储存量的 $\frac{5.64}{52.26} \times 100\% = 10.79\%$

（2）如欲储存100kg的液氮，显然用一个直径较大的容器要比两个0.5m直径容器所损耗的液氮量少。

（3）根据计算结果，导热的热阻为17.02℃/W，对流的热阻为0.05℃/W，因此增加绝热层厚度显然有利于减少液氮的损耗。

[例3-12] 用一水银温度计插入温度计套管以测量温度计储罐里的空气温度（图3-50），读数 $t = 100℃$，储罐壁的温度 $t_0 = 50℃$。温度计套管长 $L = 140\text{m}$，厚 $\delta = 1\text{mm}$，套管壁的导热系数 $k = 50\text{W/(m·℃)}$，套管表面和空气之间的对流传热膜系数为 $30\text{W/(m·℃)}$，试求空气的真实温度。若改用导热系数为 $15\text{W/(m·℃)}$ 的不锈钢做套管结果如何？

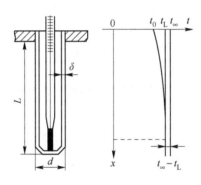

图3-50　例3-12图

[解]　本题可按杆的长度有限，杆端对流传热可以忽略计算，即按杆端绝热处理，根据下式：

$$\frac{\theta}{\theta_0} = \frac{e^{-mx}e^{mL} + e^{-mL}e^{mx}}{e^{-mL} + e^{mL}} = \frac{e^{m(L-x)} + e^{-m(L-x)}}{e^{-mL} + e^{mL}} = \frac{\cosh[m(L-x)]}{\cosh(mL)}$$

在 $x = L$ 处：

$$\frac{\theta_L}{\theta_0} = \frac{t_\infty - t_L}{t_\infty - t_0} = \frac{1}{\cosh(mL)}$$

已知套管周长 $P = \pi d$，截面积 $A = \pi d\delta$

$$mL = \sqrt{\frac{hp}{kA}}L = \sqrt{\frac{h\pi d}{k\pi d\delta}}L = \sqrt{\frac{h}{k\delta}}L = \sqrt{\frac{30}{50 \times 0.001}} \times 0.14 = 3.43$$

$$t_\infty - 100 = \frac{t_\infty - 50}{\cosh 3.43} = \frac{t_\infty - 50}{15.5}$$

解得 $t_\infty = 103.4℃$，即空气的真实温度为103.4℃，测量误差 $t_\infty - t_L = -3.4℃$。

如改用不锈钢套管，显然，空气温度不变，仍为103.4℃。

$$mL = \sqrt{\frac{h}{k\delta}}L = \sqrt{\frac{30}{15 \times 0.001}} \times 0.14 = 6.26$$

$$103.4 - t_L = \frac{103.4 - 50}{\cosh 6.26} = \frac{53.4}{263}$$

解得 $t_L = 103.2℃$，此即为使用不锈钢套管时由温度计测得的温度，测量误差仅 $-0.2℃$。

由例可见，选用 $k$ 值较小的材料做温度计套管，可加大 $mL$ 值，从而减小测量误差。为减小测量误差，还可采用下列措施：

（1）增加套管长度 $L$。

（2）减薄套管厚度 $\delta$。

（3）加大套管与流体之间的传热膜系数。

另外，在安装套管附近的储罐壁面包上保温材料，减小流体与套管根部之间的温度差，亦可减小测量误差。

**[例 3-13]** 导热系数为常数的一无限长正方形柱体（图 3-51），各边温度如图所示，试求沿球体中心线上的温度。

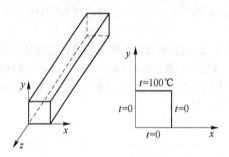

图 3-51 例 3-13 图

**[解]** 由于 $z$ 方向无限长，故可假定乙方向无温度梯度，作为定常态的二维导热处理，温度分布可由下式求得：

$$H = \frac{2}{\pi}\sum_{n=1}^{\infty}\frac{1-(-1)^n}{n}\sin\frac{n\pi}{L}x\frac{\sinh\frac{n\pi}{L}y}{\sinh\frac{n\pi}{L}H}$$

在柱体中心线上，$x = \frac{1}{2}L$，$y = \frac{1}{2}H$，且由于柱体为正方形，即 $L = H$，代入上式得：

$$H = \frac{2}{\pi}\sum_{n=1}^{\infty}\frac{1-(-1)^n}{n}\sin\frac{n\pi}{2}\frac{\sinh\frac{n\pi}{2}}{\sinh n\pi}$$

当 $n=1$ 时，$\sin\frac{\pi}{2}\frac{\sinh\frac{\pi}{2}}{\sinh\pi} = 1\times\frac{2.3013}{11.5487} = 0.199$；

当 $n=2$ 时，$\sin\pi\frac{\sinh\pi}{\sinh 2\pi} = 0$；

当 $n=3$ 时，$\sin\frac{3\pi}{2}\frac{\sinh\frac{3\pi}{2}}{\sinh 3\pi} = (-1)\times\frac{56}{6254} = -0.00895$。

取级数前三项，得：

$$H = \frac{2}{\pi}\left[2\times 0.199 - \frac{2}{3}\times 0.00895\right] = 0.2498$$

即：

$$\frac{t-t_1}{t_2-t_1} = \frac{t-0}{100-0} = 0.2498$$

$$t = 24.98℃$$

[**例 3-14**]　接上题，若各边温度分布如图 3-52 所示，试求沿柱体中心线上的温度。

[**解**]　和上题类似，在柱体中心 $x = y = \dfrac{1}{2}L$，取级数前三项

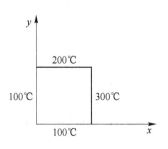

图 3-52　例 3-14 图 1

（1）$\dfrac{t_a - t_1}{t_2 - t_1} = 0.2498 \approx 0.25$

　　　　$t_a - t_1 = 0.25 \times (200 - 100) = 25℃$

（2）$\dfrac{t_b - t_1}{t_3 - t_1} \approx 0.25$

　　　　$t_b - t_1 = 0.25 \times (300 - 100) = 50℃$

叠加得中心线上的温度（图 3-53）为：

$$t - t_1 = t_a - t_1 + t_b - t_1 = 25 + 50 = 75℃$$
$$t = t_1 + 75 = 100 + 75 = 175℃$$

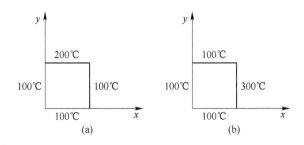

图 3-53　例 3-14 图 2

[**例 3-15**]　某工业用炉的支柱由耐火砖砌成（图 3-54），支柱的长、宽各为 1m，导热系数 $k$ 取 1W/$(m \cdot K)$，其三边的温度均维持在 500K，另一边和空气接触，气流温度 $t_\infty = 300K$，传热膜系数 $h$ 为 10W/$(m^2 \cdot K)$。试求支柱内的温度分布和每米支柱向空气中散热的速率。

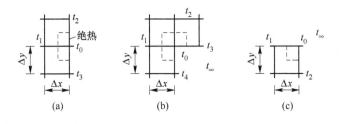

图 3-54　例 3-15 图
（a）绝热边界；（b）对流边界上的内角；（c）对流边界上的外角

[**解**]　（1）用松弛法求解。假定沿支柱高度方向无热量传递，因此可以沿长、宽方向把支柱划分为均匀的小方格，列出每个节点上的节点方程，对每个节点首先假定一个温度，将假定的温度值代入相应的节点方程，一般节点方程中会出现余数，修正余数最大的节点温度并重新计算每个节点的温度和余数，直到每个节点的余数趋近于零，这时的温度分布即为所求，具体步骤如下：

1）列出节点方程组。

取 $\Delta x = \Delta y = 0.25$，由图可见，温度未知的节点共有 12 个，由于对称，可将未知温度的节点减少为 8 个，列出节点方程，余数用 $R_i (i = 1, 2, \cdots, 8)$ 表示。

点 1、3、5 为内部节点，根据下式：

$$t_1+t_2+t_3+t_4-4t_0=0$$

列出这些节点的余数方程：

节点 1：　　　　　　　　$t_2+t_3+1000-4t_1=R_1$

节点 3：　　　　　　　　$t_1+t_4+t_5+500-4t_3=R_3$

节点 5：　　　　　　　　$t_3+t_6+t_7+500-4t_5=R_5$

点 2、4、6 亦为内部节点，由于其左右两侧相互对称，这些节点的余数方程为：

节点 2：　　　　　　　　$2t_1+t_4+500-4t_2=R_2$

节点 4：　　　　　　　　$t_2+2t_3+t_6-4t_4=R_4$

节点 6：　　　　　　　　$t_4+2t_5+t_8-4t_6=R_6$

点 7、8 为对流边界节点，根据下式：

$$-\left(\frac{h\Delta x}{k}+2\right)t_0+\frac{h\Delta x}{k}t_\infty+\frac{1}{2}(2t_1+t_2+t_3)=0$$

且式中 $\dfrac{h\Delta x}{k}=\dfrac{(10)(0.25)}{1}=2.5$，余数方程分别为：

节点 7：　　　　　　　　$2t_5+t_6+2000-9t_7=R_7$

节点 8：　　　　　　　　$2t_6+2t_7+1500-9t_8=R_8$

2）为每个节点假定一个温度，并将假定的温度代入相应的节点方程求余数，结果列表于下：

| $t_1$ | $R_1$ | $t_2$ | $R_2$ | $t_3$ | $R_3$ | $t_4$ | $R_4$ | $t_5$ | $R_5$ | $t_6$ | $R_6$ | $t_7$ | $R_7$ | $t_8$ | $R_8$ |
|---|---|---|---|---|---|---|---|---|---|---|---|---|---|---|---|
| 480 | −10 | 470 | 10 | 440 | 50 | 430 | 20 | 400 | 100 | 390 | 20 | 370 | −180 | 350 | −130 |
|  |  |  |  |  |  |  |  |  | 80 |  |  | 350 | 0 |  | −170 |
|  |  |  |  |  |  |  |  |  |  |  | 1 |  | −19 | 331 | 1 |
|  |  |  |  |  | 70 |  |  | 420 | 0 |  | 41 |  | 21 |  |  |
|  | 8 |  |  | 458 | −2 |  | 56 |  | 18 |  |  |  |  |  |  |
|  |  |  | 24 |  | 12 | 444 | 0 |  |  |  | 55 |  |  |  |  |
|  |  |  |  |  |  |  | 14 |  | 32 | 404 | −1 |  |  |  | 29 |
|  |  |  |  |  | 20 |  |  | 428 | 0 |  | 7 |  | 37 |  |  |
|  |  |  |  |  |  |  |  |  | 4 |  |  | 354 | 1 |  | 37 |
|  |  |  |  |  |  |  |  |  |  |  | 11 |  | 5 | 335 | 1 |
|  | 14 | 476 | 0 |  | 26 |  |  |  |  |  |  |  |  |  |  |
|  | 20 |  |  | 464 | 2 |  | 26 |  | 10 |  |  |  |  |  |  |
|  |  |  | 6 |  | 8 | 450 | 2 |  |  |  | 17 |  |  |  |  |
| 458 | 0 |  | 16 |  | 13 |  |  |  |  |  |  |  |  |  |  |
|  |  |  |  |  |  |  | 6 |  | 14 | 408 | 1 |  |  |  | 9 |
|  | 4 | 480 | 0 |  |  |  | 10 |  |  |  |  |  |  |  |  |
|  |  |  |  |  | 17 |  |  | 432 | −2 |  | 9 |  | 13 |  |  |
|  | 8 | 468 | 1 |  |  |  | 18 |  | 2 |  |  |  |  |  |  |
|  |  |  | 5 |  | 6 | 455 | −2 |  |  |  | 14 |  |  |  |  |
|  |  |  |  |  |  |  | 2 |  | 6 | 412 | −2 |  |  |  | 17 |
|  |  |  |  |  |  |  |  |  |  |  | 0 |  | 15 | 337 | −1 |

| $t_1$ | $R_1$ | $t_2$ | $R_2$ | $t_3$ | $R_3$ | $t_4$ | $R_4$ | $t_5$ | $R_5$ | $t_6$ | $R_6$ | $t_7$ | $R_7$ | $t_8$ | $R_8$ |
|---|---|---|---|---|---|---|---|---|---|---|---|---|---|---|---|
| | | | | | | | | | 8 | | | 356 | −3 | | 3 |
| 487 | 0 | | 9 | | 8 | | | | | | | | | | |
| | 2 | 482 | 1 | | 4 | | | | | | | | | | |
| | 4 | | | 470 | 0 | | 8 | | 10 | | | | | | |
| | | | | | 3 | | | 435 | −2 | | 6 | | 3 | | |
| | | | 3 | | 5 | 457 | 0 | | | | 8 | | | | |
| | | | | | | | 2 | | 0 | 414 | 0 | | | | 7 |

3）调正余数最大的节点温度。由表可见，节点 7 的余数最大。由节点方程可知，余数为负，说明 $t_7$ 的数值偏大，将 $t_7$ 减小为 350K，则 $R_7=0$。节点 7 的温度变化必将引起其邻近节点的余数变动，继续调正余数最大的节点温度，重新计算其邻近节点的余数，直到满足所需的精确度为止。

解得温度分布的近似值为：

$$t_1 \approx 478K，\ t_2 \approx 482K，\ t_3 \approx 470K，\ t_4 \approx 457K$$
$$t_5 \approx 435K，\ t_6 \approx 414K，\ t_7 \approx 356K，\ t_8 \approx 337K$$

每米支柱向空气的散热速率为：

$$\frac{Q}{L} \approx 2h \left[ \frac{\Delta x}{2}(500 - t_\infty) + \Delta x(t_7 - t_\infty) + \frac{\Delta x}{2}(t_8 - t_\infty) \right]$$
$$= 2 \times 10 \times \left[ \frac{0.25}{2} \times (500 - 300) + 0.25 \times (356 - 300) + \frac{0.25}{2} \times (337 - 300) \right]$$
$$= 872.5 W/s$$

（2）用逆矩降法求解。把节点方程组表达为矩降形式，然后求出逆矩降，即可求算出各个节点的温度。

取 $\Delta x = \Delta y = 0.25m$，节点分布仍如附图所示，但由于不再用松弛法，因此各节点方程式中无余数，即 $R_i$ 均为零。现将方程重新整理并依次列出于下：

$$-4t_1 + t_2 + t_3 + 0 + 0 + 0 + 0 + 0 = -1000$$
$$2t_1 - 4t_2 + 0 + t_4 + 0 + 0 + 0 + 0 = -500$$
$$t_1 + 0 - 4t_3 + t_4 + t_5 + 0 + 0 + 0 = 500$$
$$0 + t_2 + 2t_3 - 4t_4 + 0 + t_6 + 0 + 0 = 0$$
$$0 + 0 + t_3 + 0 - 4t_5 + t_6 + t_7 + 0 = -500$$
$$0 + 0 + t_4 + 2t_5 + t_6 + t_7 + 0 = 0$$
$$0 + 0 + 0 + 0 + 2t_5 + 0 - 9t_7 + t_8 = -2000$$
$$0 + 0 + 0 + 0 + 2t_6 + 2t_7 + 9t_8 = -1500$$

用矩阵的形式表达即为：

$$
\begin{bmatrix}
-4 & 1 & 1 & 0 & 0 & 0 & 0 & 0 \\
2 & -4 & 0 & 1 & 0 & 0 & 0 & 0 \\
1 & 0 & -4 & 1 & 1 & 0 & 0 & 0 \\
0 & 1 & 2 & -4 & 0 & 1 & 0 & 0 \\
0 & 0 & 1 & 0 & -4 & 1 & 1 & 0 \\
0 & 0 & 0 & 1 & 2 & -4 & 0 & 1 \\
0 & 0 & 0 & 0 & 2 & 0 & -9 & 1 \\
0 & 0 & 0 & 0 & 0 & 2 & 2 & -9
\end{bmatrix}
\begin{bmatrix}
t_1 \\ t_2 \\ t_3 \\ t_4 \\ t_5 \\ t_6 \\ t_7 \\ t_8
\end{bmatrix}
=
\begin{bmatrix}
-1000 \\ -500 \\ -500 \\ 0 \\ -500 \\ 0 \\ -2000 \\ -1500
\end{bmatrix}
$$

或

$$[A][t] = [c]$$

方程组的解，可用逆矩阵表示，即：

$$[t] = [A]^{-1}[c]$$

现代通用电子计算机已经把矩阵互逆作一从面解得 8 个节点的为标准程序库的一个组成部分，给定 $[A]$ 就可求出 $[A]^{-1}$，从而解得 8 个节点的温度，本题计算结果列出于下：

$$t_1 \approx 489.30K, \quad t_2 \approx 485.15K$$
$$t_3 \approx 472.07K, \quad t_4 \approx 462.01K$$
$$t_5 \approx 437.95K, \quad t_6 \approx 418.74K$$
$$t_7 \approx 356.99K, \quad t_8 \approx 339.05K$$

和松地法相比，由于每个节点的系数为零，所以结果要精确些，当然仍是近似的温度。如果温度场分格愈细（$\Delta x$ 和 $\Delta y$ 取得愈小），节点数愈多，计算结果将愈精确。

[例 3-16]　一烧杯乙醇偶然被倒翻在实验台的光滑表面上，台宽为 1m，空气以 6m/s 的速度平行于实验台的表面流动，空气维持 289K 和 $1.013 \times 10^5 Pa$。在 289K 下，乙醇的饱和蒸汽取 4000Pa，乙醇在空气中的扩散系数为 $1.26 \times 10^{-5} m^2/s$，运动黏度近似取空气的数据，即 $\nu = 1.48 \times 10^{-5} m^2/s$。本题条件下，临界雷诺数取为 $3 \times 10^5$。试计算在 30s 内每平方米表面上挥发的乙醇量。

[解]　长度为 1m 时的雷诺数：

$$Re_L = \frac{u_0 L}{\nu} = \frac{6 \times 1}{1.48 \times 10^5} = 4.05 \times 10^{-5} > Re_c$$

边界层发展为湍流，根据临界雷诺数首先确定临界距离 $L_c$，

$$L_c = \frac{\nu}{u_0} Re_c = \frac{1.48 \times 10^{-5}}{6} \times 3 \times 10^5 = 0.74m$$

所以传质速率应分段计算。

每平方米桌面上挥发的乙醇量可以看作是 $ox_c$ 段层流边界层挥发的乙醇量与 $x_{cL}$ 段湍流边界层挥发的乙醇量之和，即：

$$G_A = G_{AL} + G_{AT}$$

$ox_c$ 段单位宽度实验台上挥发的乙醇量 $G_{AL}$ 可按下式计算：

$$G_{AL} = k_{cL}^0 (L_c \times 1)(C_{As} - C_{A0}) = 0.664 \frac{D_{AB}}{L_c} Re_c^{\frac{1}{2}} Sc^{\frac{1}{3}} L_c (C_{As} - C_{A0})$$

$x_{cL}$ 段挥发的乙醇量为：

$$G_{AT} = G_A(0 \to L)_{\text{湍}} - G_A(0 \to L_c)_{\text{湍}} = 0.0365 \frac{D_{AB}}{L} Re_c^{0.8} ScL(C_{As} - C_{A0}) -$$

$$0.0365 \frac{D_{AB}}{L} Re_c^{0.8} ScL_c(C_{As} - C_{A0})$$

$$= 0.0365 D_{AB} Sc(C_{As} - C_{A0})(Re_L^{0.8} - Re_c^{0.8})$$

式中，液体表面上的乙醇浓度 $C_{As}$ 为：

$$C_{As} = \frac{P_{As}}{RT} = \frac{4000}{(8.314)(289)} = 1.66 \text{mol/m}^3$$

空气主体中的乙醇浓度 $C_{A0} = 0$

$$S_c = \frac{1.48 \times 10^{-5}}{1.26 \times 10^{-5}} = 1.175$$

将已知数据分别代入，得：

$$G_{AL} = 0.664 \times (1.26 \times 10^{-5}) \times (3 \times 10^5)^{\frac{1}{2}} \times (1.175)^{\frac{1}{3}} \times (1.66 - 0) = 0.008027 \text{mol/s}$$

$$G_{AT} = 0.0365 \times (1.26 \times 10^{-5}) \times 1.175 \times 1.66 \times \left[ (4.05 \times 10^5)^{0.8} - (3 \times 10^5)^{0.8} \right]$$
$$= 0.005862 \text{mol/s}$$

代入式得

$$G_A = 0.008027 + 0.005862 = 0.01389 \text{mol/s}$$

故在 60s 内每平方米表面上挥发的乙醇量为:

$$0.01389 \times 30 = 0.4167 \text{mol}$$

[例 3-17]　一湿球温度计为由湿纱布包裹普通温度计的水银球做成。空气吹过纱布, 空气主流的温度为 300K, 相对湿度为 25%, 试求温度计达到定常态后, 所示的空气的湿球温度。

[解]　根据热量衡算, 当达到定常态后:

$$hA(t_g - t_i) = \Delta H k_c A(c_{Ai} - c_{Ag}) \frac{t_g - t_i}{c_{Ai} - c_{Ag}} = \frac{\Delta H k_c}{h}$$

式中, 下标 g 和 i 分别代表气相主流和湿纱布表面; $\Delta H$ 为 $t_i$ 下水蒸气的汽化潜热; $k_c/h$ 之值可根据契尔顿柯尔本类比求得:

$$j_H = j_D$$

即

$$\frac{h}{\rho u_0 c_p} Pr^{2/3} = \frac{k_c^0}{u_0} Sc^{2/3}$$

移项得:

$$\frac{k_c^0}{h} = \frac{1}{\rho c_p} \left( \frac{Pr}{Sc} \right)^{2/3}$$

代入式

$$\frac{t_g - t_i}{c_{Ai} - c_{Ag}} = \frac{\Delta H}{h} \left( \frac{Pr}{Sc} \right)^{2/3}$$

湿球温度 $t_i$ 需用试差法来得。首先假定 $t_i = 286K$, 在平均温度 $(t_g - t_i)/2 = (300 + 286)/2 = 293K$ 下, 查得空气的物性参数为:

$$\rho = 1.205 \text{kg/m}^3, \quad c_p = 1005 \text{J/(kg} \cdot \text{k)}$$
$$\nu = 15.06 \times 10^{-6} \text{m}^2/\text{s}, \quad Pr = 0.686$$

水蒸气在空气中的扩散系数 $D_{AB}$ 取为 $2.37 \times 10^{-5} \text{m}^2/\text{s}$。$Sc = \nu/D_{AB} = 0.635$

空气温度 $t_g = 300K$, 饱和蒸汽压为 3719Pa, 由于相对湿度为 25%, 故水蒸气分压 $p_{Ag} = 3719 \times 0.25 = 929.7 \text{Pa}$, 空气中的水蒸气浓度为

$$c_{Ag} = \frac{p_{Ag}}{RT} = \frac{929.7}{8314 \times 300} = 0.0003727 \text{kmol/m}^3$$

将数据代入式得

$$\frac{300 - t_i}{c_{Ai} - 0.0003727} = \frac{\Delta H}{1.205 \times 1005} \times \left( \frac{0.686}{0.635} \right)^{\frac{2}{3}} = 0.000869 \Delta H$$

用试差法求 $t_i$ 结果列表于下:

| $t_i$/K | $c_{Ai}$/kmol $\cdot$ m$^{-3}$ | $\dfrac{300 - t_i}{c_{Ai} - 0.0003727}$ | $\Delta H$/J $\cdot$ kmol$^{-1}$ | $0.000869\Delta H$ |
|---|---|---|---|---|
| 287.4 | 0.0007129 | 37037 | $4.426 \times 10^7$ | 38464 |
| 287.3 | 0.000709 | 37764 | $4.426 \times 10^7$ | 38468 |
| 287.2 | 0.000705 | 38519 | $4.4272 \times 10^7$ | 38472 |

因此, 湿球温度约为 287.2K。

[例 3-18]　将挤压成型的湿催化剂颗粒倒入干燥器中, 在此干燥器中, 300K 和相对湿度为 25% 的

空气以 0.5m/s 的表观速度 $u$ 通过颗粒床层，颗粒的当量球径为 1.30cm，干颗粒的密度为 $1500kg/m^3$，颗粒初始含有 1.8kg 水/kg 固体。假定处于恒速干燥阶段，干燥速率由外部阻力控制，（1）试求干燥速率；（2）欲提高干燥速率，试分析下列方案中哪一种比较适用？1）颗粒减半；2）空气速度加倍；3）将空气预热到 323K。

[**解**] （1）在恒速干燥阶段。在恒速干燥阶段，根据质量衡算：

$$-\rho_s V \frac{dW_A}{d\theta} = M_A k_c A (c_{Ai} - c_{Ag})$$

式中    $\rho_s$——干颗粒密度；

        $M_A$——水的相对分子质量；

        $V, A$——分别表示颗粒的体积与表面积，对球形颗粒，若直径为 $d_s$，则 $A/V = d_s$；

        $W_A$——固体颗粒中的水分含量，即 kg（水）/kg（干颗粒）。

将上式两端分别除以固体颗粒的初始含水量 $W_{A0}$ 并移项，即可得出干燥速率（以单位时间内除去的初始含水量分率表示）的表达式于下：

$$-\frac{d\left(\frac{W_A}{W_{A0}}\right)}{d\theta} = \frac{6M_A k_c (c_{Ai} - c_{Ag})}{W_{A0} d_s \rho_s}$$

在恒速干燥阶段，湿物料表面上的温度即为湿球温度。由于空气温度和相对湿度与上例相同，所以湿物料表面上的温度即为上例求得的湿球温度。其余物性参数亦可近似应用上例中的数据。

填料层的 $j_H$ 可应用表中公式计算，即：

$$j_H = 1.17 \left(\frac{d_s u_s \rho}{u}\right)^{-0.415} = 1.17 \left(\frac{0.013 \times 0.5}{15.06 \times 10^{-6}}\right)^{-0.415} = 0.0943$$

$$k_c^0 = \frac{j_0 u_s}{Sc^{2/3}} = \frac{j_H u_s}{Sc^{2/3}} = \frac{0.0943 \times 0.5}{0.635^{2/3}}$$

将具体数据代入，有

$$-\frac{d\left(\frac{W_A}{W_{A0}}\right)}{d\theta} = \frac{6 \times 18 \times 0.0638 \times (0.000705 - 0.0003727)}{1.8 \times 0.013 \times 1500} = 6.523 \times \frac{10^{-5} 1}{s} = 0.23481/h$$

（2）方案讨论。

1）颗粒减半。$j_H$ 增大到 $0.5^{-0.415} = 1.33$ 倍，$k_c^0$ 将增大到 1.33 倍，由于 $k_c^0$ 和 $d_s$ 的共同影响，将使干燥速率增大到 $\frac{1.33}{0.5} = 2.66$ 倍。

2）空气速度加倍。$j_D$ 减小到 $2^{-0.415} = 0.75$ 倍，$k_c^0$ 按 $2 \times 0.75 = 1.5$ 倍增加，干燥速率也以 1.5 倍增加。

3）将空气温度升高到 350K。相对湿度不变，用上例的方法可求得湿球温度约 300.5K，相应地

$$c_{Ai} = \frac{3830}{(8314)(300.5)} = 0.001533kmol/m^3$$

结果将使干燥速率增加到 3.49 倍。

比较以上方案可见，只要催化剂能耐 350K 的温度，采用加热空气的方法是较好的。如果催化剂无热敏性，进一步提高空气的温度，干燥速率将更加增大。减小颗粒尺寸和加大空气流速都会加大阻力，消耗更多的能量，一般不宜采用。

[**例3-19**]   常压 25℃下，水沿垂直壁面向下流动和纯二氧化碳相接触。壁面高度为 0.6096m，水的流速为 $u_{av} = 0.326m/s$，水中二氧化碳的初始浓度为零，试求二氧化碳被水吸收的速率。

[**解**]    查得物性数据为：

$$\rho = 997kg/m^3, \ \nu = 0.906 \times 10^{-6} m^2/s$$

$CO_2$ 在水中的溶解度为 $0.03364 \text{kmol/m}^3$

$CO_2$ 在水中的扩散系数为 $7.05 \times 10^{-6} \text{m}^2/\text{h}$，根据下式求出液相传质分系数

$$k_c^0 = \left( \frac{6 D_{AB} u_{av}}{\pi L} \right)^{\frac{1}{2}} = \frac{6 \times (7.05 \times 10^{-6}/3600) \times 0.326}{3.14 \times 0.6096} = 4.47 \times 10^{-5} \text{m/s}$$

被吸收的二氧化碳速率必等于水中增加的二氧化碳速率，即：

$$N_A = \frac{u_{av} \delta}{L} (c_{AL} - c_{A0}) = k_c^0 (c_{A0} - c_A)_{lm}$$

式中，$\delta$ 为液膜厚度，可由下式计算：

$$\delta = \left( \frac{3 u u_{av}}{\rho g} \right)^{\frac{1}{2}} = \left( \frac{3 \times (0.906 \times 10^{-6}) \times 0.326}{9.81} \right)^{\frac{1}{2}} = 0.3005 \times 10^{-3} \text{m/s}$$

$$(c_{A0} - c_A)_{lm} = \frac{(c_{A0} - c_{Ai}) - (c_{A0} - c_{AL})}{\ln \dfrac{c_{A0} - c_{Ai}}{c_{A0} - c_{AL}}}$$

式中，$c_{A0}$ 为界面液相浓度，此处即为 $CO_2$ 在水中的溶解度，即 $c_{A0} = 0.0364 \text{kmol/m}^3$；$c_{AL}$ 为垂直壁下端的液相浓度；$c_{Ai}$ 为垂直壁上端的液相浓度，由于水中二氧化碳的初始浓度为零，故 $c_{Ai} = 0$，将以上数据代入，有

$$\frac{0.326 \times (0.3005 \times 10^{-3})}{0.6096} (c_{AL} - 0) = (4.47 \times 10^{-5}) \frac{c_{AL}}{\ln \dfrac{0.03364}{0.03364 - c_{AL}}} \ln \frac{0.03364}{0.03364 - c_{AL}} = 0.2783$$

解得：$c_{AL} = 0.01079 \text{kmol/m}^3$，因此吸收速率为：

$$N_A = \frac{u_{av} \delta}{L} (c_{AL} - c_{Ai}) = \frac{0.326 \times (0.3005 \times 10^{-3})}{0.6096} (0.01079 - 0) = 1.735 \times 10^{-6} \text{kmol/(m}^2 \cdot \text{s)}$$

[例 3-20] 一块厚 13mm 的钢板，其初始温度各处均匀，为 35℃，突然将其置于某介质中，两表面的温度骤然升至 146℃，并维持不变。试求钢板中心面温度上升至 145℃ 时所经历的时间。已知钢的导温系数 $\alpha = 2.60 \times 10^{-4} \text{m}^2/\text{h}$。

[解] 由于中心面的无因次温度差为：

$$T_c' = \frac{t_c - t_s}{t_0 - t_s} = \frac{145 - 146}{35 - 146} = 0.00901$$

又由于：

$$T_c' = 0.00901 = \left[ \frac{4}{\pi} \left( e^{-\left(\frac{\pi}{2}\right)^2 Fo} - \frac{1}{3} e^{-\left(\frac{3\pi}{2}\right)^2 Fo} + \frac{1}{5} e^{-\left(\frac{5\pi}{2}\right)^2 Fo} - \cdots \right) \right]$$

为了求出时间 $\theta$ 必须利用上式求出 $Fo$，故需用试差法。作为第一次近似，可只取上式右侧中的第一项，算得：

$$Fo = -\left( \frac{\pi}{2} \right)^2 \ln \frac{\pi \times 0.0091}{4} = 2.006$$

故

$$\theta = \frac{Fo L^2}{\alpha} = \frac{2.006 \times (6.5 \times 10^{-3})}{2.60 \times 10^{-4}} = 0.326 \text{h}$$

然后再验算级数中第二项以后的各项，看是否能够忽略。当 $Fo = 2.006$ 时，级数为：

$$s(Fo) = \frac{4}{\pi} \left[ e^{-4.95} - \frac{1}{3} e^{-44.55} + \frac{1}{5} e^{-123.7} \right] = 1.237 \times 0.00708 - 0.424 \times 4.49 \times 10^{-20} + \cdots$$

由上式可以看出，级数收敛得很快，故应用上式时仅取级数的第一项即可。

[例 3-21] 某瞬间平壁的温度分布为：

$$ta + bx + cx^2$$

式中，$t$ 的单位为℃；$x$ 的单位为 m；$a = 900℃$，$b = -300℃/\text{m}$，$c = -50℃/\text{m}^2$。平壁厚 1m，具有均匀

内热源 $q = 1000\text{W}/\text{m}^3$，已知平壁的物性参数为：$\rho = 1600\text{kg}/\text{m}^3$，$k = 40\text{W}/(\text{m}\cdot\text{K})$，$c_p = 4\text{kJ}/(\text{kg}\cdot\text{K})$，试求：

（1）在 $x = 0$ 处输入壁内的热流速率和在 $x = 1\text{m}$ 处输出的热流速率。

（2）平壁内热量储存的变化率。

（3）在 $x = 0$，$x = 0.5\text{m}$ 处温度随时间的变化率。

[解]　（1）以每平方米计在 $x = 0$ 处输入的热流速率为：

$$q_{\text{in}} = -k\frac{\partial t}{\partial x}\Big|_{x=0} = -k(b + 2cx)\big|_{x=0} = -kb = -40 \times (-300)$$
$$= 1.2 \times 10^4 \text{W}/\text{m}^2 = 1.2\text{kW}/\text{m}^2$$

以每平方米计在 $x = 1$ 处输出的热流速率为：

$$q_{\text{out}} = -k\frac{\partial t}{\partial x}\Big|_{x=1} = -40\big[(-300) - 2 \times 50 \times 1\big] = 1.6 \times \frac{10^4\text{W}}{\text{m}^2} = 16\text{kW}/\text{m}^2$$

（2）以每米 3 平壁计，平壁内热量储存的变化率 $q_{\text{st}}$ 为：

$$q_{\text{in}} + q = q_{\text{st}} + q_{\text{out}}$$
$$q_{\text{st}} = q_{\text{in}} + q - q_{\text{out}} = 12 + 1 - 16 = -3\text{kW}/\text{m}^3$$

（3）温度随时间的变化率。对于具有内热源的一维非定常态导热，温度随时间的变化率可由导热微分方程：

$$\frac{\partial t}{\partial \theta} = \alpha\left(\frac{\partial^2 t}{\partial x^2} + \frac{\partial^2 t}{\partial y^2} + \frac{\partial^2 t}{\partial z^2}\right) + \frac{q}{\rho c_p}$$

简化得：

$$\frac{\partial t}{\partial \theta} = \alpha\frac{\partial^2 t}{\partial x^2} + \frac{q}{\rho c_p}$$

式中

$$\alpha = \frac{k}{\rho c_p} = \frac{40}{1600 \times 4 \times 10^2} = 6.25 \times 10^{-6}\text{m}^2/\text{s}$$

$$\frac{\partial^2 t}{\partial x^2} = \frac{\partial^2}{\partial x^2}(a + bx + cx^2) = 2c = -100\text{C}/\text{m}^2$$

此二阶导数和位置无关，所以本题中平壁内温度随时间的变化率亦和位置无关。具体数值为：

$$\frac{\partial t}{\partial \theta} = 6.25 \times 10^{-6} \times (-100) + \frac{1000}{1600 \times (4 \times 10^3)} = -1.49 \times 10^{-4}\text{°C}/\text{s}$$

习　题

3-1　10℃的水，以 $4\text{m}^3/\text{h}$ 的体积流率流过一宽 1m、高 0.1m 的矩形水平流道。假定流动已经充分发展，试求截面上的速度分布方程及通过每米长管道的压力降。（$\mu = 1.307\text{Pa}\cdot\text{s}$）

答案：$u = 6.66(0.0025 - y^2) - \dfrac{\Delta p}{L} = 0.0174\text{Pa}/\text{m}$

3-2　流体在圆管内作定常态层流时，常将压降表示成范宁摩擦因子 $f$ 的函数形式为：

$$-\frac{\text{d}p}{\text{d}z} = f\frac{2\rho u_{\text{b}}^2}{D}$$

试求 $f$ 与 $Re$ 数的关系，并证明下述关系存在：

$$\tau_s = f\frac{\rho u_{\text{b}}^2}{2}$$

式中，$D$ 为圆管内径，$\tau_s$ 为管壁处的剪应力。

答案：$f = \dfrac{16}{Re}$

3-3　压力为 $7kN/m^2$、温度为 303K 的空气以 10m/s 的速度流过面积为 0.3m×0.3m 的平板壁面，板面温度维持在 343K。试计算平板的散热速率。

答案：$q=19.61W$

3-4　直径 1.0mm 的导线，温度保持 400℃，暴露在 40℃ 的对流环境中，$h=150W/(m^2 \cdot ℃)$，求多大的隔热层导热系数可使 0.2mm 厚度的隔热层恰好达到临界半径，隔热层再增厚多少才使传热量比裸导线减少 75%？

答案：$k=0.105W/(m \cdot ℃)$

　　　　隔热层半径 $r=0.1345m$

3-5　160mm 厚平壁，其导热系数 $k=100W/(m \cdot K)$，如图 3-55 所示，$T_1=400K$，$T_2=600K$，试求热量通量及温度梯度。

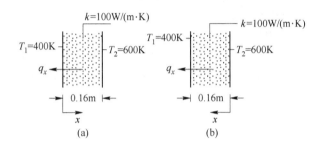

图 3-55　习题 3-5 图

答案：图 3-55（a）$\dfrac{dT}{dx}=1250K/m$，$q=-125kW/m^2$

　　　　图 3-55（b）$\dfrac{dT}{dx}=-1250K/m$，$q=125kW/m^2$

3-6　某间歇管式反应器，管径 ϕ110×5mm，管长 2m，管子由不锈钢制成，液体混合物在管内进行吸热反应，假定反应均匀，单位体积液体混合物的吸热率为 $800W/m^3$，管外为蒸汽冷凝供给反应所需热量，反应温度需维持在 120～130℃ 之间。试问在定常态情况下，蒸汽压力应控制在什么范围？已知液体混合物的导热系数 $k=0.08W(m \cdot ℃)$。

答案：$(2.78～2.49)×10^5Pa$

3-7　一直径为 25mm 的细杆，其一端维持 100℃，杆的表面暴露在 25℃ 的空气中，杆表面和周围空气之间的对流传热膜系数为 $10W/(m^2 \cdot ℃)$，若将细杆分别由纯制和不锈钢制成，试求：（1）将细杆作为无限长杆处理，纯铜和不锈钢杆的长度各为多少？（2）其热损失各为多少？

答案：（1）纯铜长度 $L≥1.32m$

　　　　　　不锈钢杆长度 $≥0.25m$

　　　　（2）纯铜热损失 $Q_0=29.4W$

　　　　　　不锈钢热损失 $Q_0=5.5W$

3-8　温度为 -13℃ 的液态氟利昂流过一段长度为 0.6m、内径为 12mm 的圆管，管壁温度维持恒定，为 15℃。流体的速度为 0.03m/s。流体在进入上述圆管之前已经流过一段相同直径的圆管，故传热开始时速度边界层已经充分发展。试计算氟利昂的出口温度。

氟利昂的物性值可根据其饱和液体确定。

答案：出口温度为 -6.91℃

3-9　试证明双组分系统的一维传质微分方程：

$$\frac{\partial \rho_A}{\partial \theta}+\frac{\partial(\rho_A u_x)}{\partial x}=D_{AB}\frac{\partial^2 \rho_A}{\partial x^2}+r_A$$

及

$$\frac{\partial \rho_B}{\partial \theta} + \frac{\partial (\rho_B u_x)}{\partial x} = D_{AB} \frac{\partial^2 \rho_B}{\partial x^2} + r_B$$

仍满足一维连续性方程：

$$\frac{\partial \rho}{\partial \theta} + \frac{\partial (\rho u_x)}{\partial x} = 0$$

3-10 一直径较大的简单蒸馏塔，苯-甲苯蒸气由塔底进入塔顶蒸气冷凝后部分回流沿塔壁呈膜状流下，取塔中某一固定截面，测得蒸气中平均含苯85.3%（摩尔分数），液膜中平均含苯70%（摩尔分数）。假定气相主流和气液界面间的扩散距离为2mm。截面温度为86.8℃，甲苯的饱和蒸气压为 $4.914 \times 10^4$ Pa，甲苯在苯中的扩散系数 $D_{AB}$ 为 $5.06 \times 10^{-6}$ m²/s，塔的操作压力为 $1.0133 \times 10^5$ Pa，试求单位时间、单位面积上所传递的苯或甲苯各为多少。

答案：甲苯 $N_A = -1.351 \times 10^{-4}$ mol/(m²·s)

苯 $N_B = -N_A = 1.351 \times 10^{-4}$ mol/(m²·s)

3-11 图3-56所示液膜下降的同时进行传质的过程，在竖直的上端，液相中不含组分A，气液相界面上的液相浓度为 $C_{As}$，又气液接触时间有限，组分A只渗透到膜中很短一段距离。试导出此情况下的液相传质分系数。

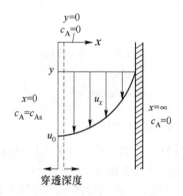

图3-56   习题3-11图

答案：$k_c = \left( \dfrac{6 D_{AB} u_{av}}{\pi L} \right)^{\frac{1}{2}}$

3-12 有一半径 $r_0$ 为25mm的钢球，初始温度均匀，为700K。将此球突然放入某流体介质中，介质的温度恒定，为400K。假定钢球表面与流体之间的对流传热系数为11.36W/(m²·K)，且不随温度而变，钢球的物性常数为：导热系数 $k = 43.3$ W/(m·K)，密度 $\rho = 7849$ kg/m³，比热 $c = 0.460$ kJ/(kg·K)，试求1h后钢球的温度。

答案：$t = 477$ K

3-13 有一块具有两平行端端面的长铝棒，除两端面外，其周围均匀绝热，初始温度均匀，为200℃。突然将铝棒的一端面的温度降至70℃并维护不变。试求：

（1）距降温端面4cm处的温度降至120℃时所需的时间；

（2）在上述时间范围内通过单位端面积的总热量。

答案：$\theta = 37.72$ s

$$\frac{Q_0}{A} = -2.11 \times 10^7 \text{ J/m}^2$$

3-14 某一厚度为 0.305m 的固体平板，初始温度均匀，为 100℃，突然将其置于 0℃ 的流体介质中。由于对流热阻很小，可以忽略不计（$h = \infty$）。设固体平板的一端面与流体介质接触，则此端面的温度可近似维持 0℃；物体相对的另一端面绝热。试应用数值法计算该物体经历 0.6h 后的温度分布。

答案：$t_1 = 0℃$，$t_2 = 31.25℃$，$t_3 = 58.59℃$，$t_4 = 78.13℃$，$t_5 = 89.84℃$，$t_6 = 93.75℃$

3-15 一块大的水平板，浸没在液体中。液体的密度 $\rho = 100 \text{kg/m}^3$，黏度 $\mu = 0$。液层具有足够的深度。初始时平板和液体都处于静止状态，突然使平板以 1.0m/s 的速度水平方向（x 方向）移动，试分别计算经过 25s 和 2500s 以后，在平板之上 0.1m（$y = 0.1$m）处的速度 $u_x$、动量渗透深度及壁面处的剪应力各为多少。

答案：（1）25s：$u_x = 0.1573$m/s，$y = 0.08862$m，$\tau_w = 1.128$Pa

（2）2500s：$u_x = 0.8875$m/s，$y = 0.8862$m，$\tau_w = 0.1128$Pa

3-16 为防止冬天水管冻裂，试估算地下水管所需埋入的深度（图 3-57）。已知土壤的物性参数为：$\rho = 2025 \text{kg/m}^3$，$k = 0.52 \text{W/(m·K)}$，$c_p = 1840 \text{J/(kg·K)}$。

答案：0.677m

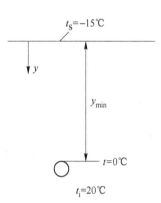

图 3-57 习题 3-16 图

3-17 直径为 3mm 的钢丝在炉内加热到 750℃，取出淬火，淬火浴池离炉子出口处的距离为 2m，到达淬火浴池的温度不得低于 600℃，从加热炉移到淬火浴池的过程中环境温度为 30℃，假定平均的辐射、对流综合传热膜系数为 50W/(m²·K)，试求钢丝移动的最小速度。

答案：0.094m/s

3-18 一直径为 $0.706 \times 10^{-3}$m 的球形热电偶接点，用以测量气流温度，接点表面和气流间的传热膜系数为 400W/(m²·K)，接点的物性参数为：

$k = 20 \text{W/(m·K)}$

$c = 400 \text{J/(kg·K)}$

$p = 8500 \text{kg/m}^3$

若接点的初始温度为 25℃，将其置于 200℃ 的气流中，问需多长时间接点的温度才能达 199℃。

答案：5.2s

3-19 一厚度为 0.04m 的平板，其热扩散系数 $\alpha = 0.0028 \text{m}^2/\text{h}$，平板的初始温度为 70℃，若将平板两侧表面温度同时提高到 292℃，试求平板中心温度升高到 290℃ 所需的时间。

答案：0.287h

3-20 将含碳量为 0.02%（质量分数）的低碳钢置于渗碳大气中 1h，在此过程中，低碳钢的表面浓度维持 0.7% 不变。若碳在钢中的扩散系数取 $1.0 \times 10^{-11} \text{m}^2/\text{s}$，试求离低碳钢表面 0.1mm 处碳的组成；又 1h 内渗入低碳钢内的碳量为多少？

答案：$W_A = 0.55\%$   $G_A = 8.378 \times 10^{-3} \text{kg/m}^2$

# **4** 层流传递相似

流体运动的类型，如果以其速度来划分，其中有两种极端，其一是 $Re \ll 1$ 的流动，其二是 $Re$ 很大的流动，它们分别称为爬流（蠕动流）和有势运动。

当 $Re \ll 1$ 时，惯性力远小于黏性力，此时惯性力可略而不计，运动微分方程可写为：

$$F_g - \frac{1}{\rho} \nabla p + \nu \nabla^2 u = 0 \tag{4-1}$$

连续性方程为：

$$\nabla \cdot u = 0 \tag{4-2}$$

式（4-1）称为奈维-斯托克斯方程，它适用于不可压缩的黏性流体，其正确性已被实验所证实。

当 $Re$ 很大时，惯性力远大于黏性力，如果忽略全部黏性力，则运动微分方程就变为欧拉方程，即：

$$\frac{Du}{D\theta} = F_g - \frac{1}{\rho} \nabla p$$

上式适用于理想可压缩流体和理想不可压缩流体。既然是理想流体，则它在固体壁面上有滑脱（即流体不黏附于固体壁面上）；换言之，这种近似处理不能解决边壁附近流体层的阻力。

为什么 $Re$ 数低可以忽略惯性力，而 $Re$ 数高不能全部忽略黏性力呢？

1864 年，兰金说："在流体边界附近，有一层流体作特殊运动。"即已注意到边界上的流体层有别于其他流体，微小摩擦的流特殊并没有说明。1904 年普朗特发表了"具有微小摩擦的流体的运动"，即边界层理论，上述问题才得以圆满解决。

## 4.1 边界层理论

### 4.1.1 边界层理论

当流体流过固体壁面时，在固体壁面上方有一层很薄的流体，称为边界层。在边界层内流体的流速很小，因此，动量改变率和惯性力也小，但速度梯度较大，因此，剪应力也较大。在边界层外，速度梯度较小，可视为理想流体，仅考虑惯性力而忽略黏性力。

速度边界层的特点是边界层永不消失。即便在充分发展了的层流或湍流情，在进口段仍有边界层存在，此即特点之一。第二，在边界层之内，视为真实流体；边界层之外，视为理想流体。第三，对于湍流边界层，边界层内有 3 个区：层流区、过渡区和湍流区，哪个又可分为层流底层、过渡层和湍流核心，对于层流边界层，则仅有层流区。第四，与运动方向相垂直的同一截面上压力相等，即同一横截面上内外压降等于零。

速度边界层的形成和发展如图 4-1 所示。流体最初以均匀流速流近壁面，当其达到平壁前缘时，毗邻板壁的流体停滞不动，速度为零，从而在垂直于运动方向上建立起一个速度梯度。与此速度梯度相应的剪应力促使靠近壁面的一层流体减速，开始形成边界层随着流体的向前流动，剪应力对其外的流体持续作用，促使更多的流层减速，从而使边界层厚度增加。靠近壁面的流体的流速分布如图 4-1 所示。

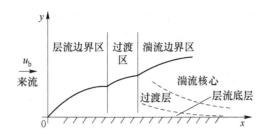

图 4-1　平壁上方湍流边界层的形成

边界层在壁面上逐渐加厚。在边界层厚度较小处，流体的流动为层流，把此区域称为层流区，经过一个距离 $x_c$ 后，流速逐渐增加，变为湍流区，此 $x_c$ 称为临界距离。介于层流区和湍流区之间的区域称为过渡区。在湍流区，紧靠壁面的一层极薄的流体层，其运动速度极慢，称为层流底层；在层流底层和湍流核心之间，有一层既非层流又非湍流的流体层，称为过渡层。临界距离 $x_c$ 与壁面粗糙度、平壁前缘的形状、流体性质和流速有关。壁面愈粗糙、前缘愈钝，$x_c$ 愈短。对于给定的平板，临界雷诺数按下式计算：

$$Re_{xc} = \frac{x_c u_0 \rho}{u}$$

圆直管内边界层的形成和发展与平壁边界层相似，如图 4-2 所示。在计算临界 $Re_c$ 数时，应使用平均速度 $u_0$ 或 $u_b$。对于光滑平壁，临界 $Re$ 数的范围是：$2 \times 10^5 < Re_{xc} < 3 \times 10^6$，一般取 $5 \times 10^6$。对于光滑圆管，临界 $Re_{dc}$ 数的范围是：$2300 < Re_{dc} < 1.2 \times 10^4$。

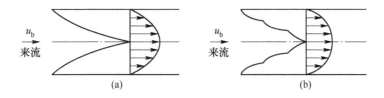

图 4-2　圆管内边界层的形成
（a）层流边界层；（b）湍流边界层

速度边界层厚度的定义是当流体以均匀速度 $u_0$ 流过一平壁时，由平壁前缘开始形成边界层，而且随着运动距离的增加而加厚，从理论上讲，流体速度由平壁前缘的零值变到

边界层外缘处的 $u_0$ 值，需要经过无限长的 $y$ 向距离，所以严格地说，边界层厚度应当为无限大。但实际上为处理问题方便，常以下述两种方法之一定义速度边界层厚度：

（1）若某点速度为 $u_x$，则当 $u_0/u_x = 0.99$ 时，$y$ 方向的距离视为边界层厚度。

（2）首先假设一个表示边界层内速度分布的公式（例如抛物线方程），然后取符合此方程速度分布的条件下，速度为 $u_0$ 处距壁面的 $y$ 向距离为边界层厚度，记为 $\delta$。

需指出：平板上的边界层厚度随距离 $x$ 而变，且与流速、流体性质有关。对于圆管，若边界层已经汇合于管中心，即流型已充分发展，则边界层厚度等于管的内半径且不再改变，如图 4-2 所示。另外，对于对流传热或对流传质，相应地有传热边界层或传质边界层。最后还应指出，速度边界层厚度 $\delta$ 是 $Re$ 数的函数，对于确定的流道，如果流体的物性（$p$、$\mu$ 等）为定值，则边界层厚度仅与流速有关，流速愈快，边界层厚度愈薄。在以后对于对流传热和对流传质机理的讨论中，我们将会发现，在流动边界层内，特别是层流底层内，集中了绝大部分的传热或传质阻力，为此，可以适当地增大流体的运动速度，例如使其呈湍流状态，以此降低边界层厚度，从而强化传热或传质。特殊情况下，也可在流道内壁车矩形槽，或在列管换热器的列管中放置金属丝或麻花铁，以此来破坏边界层的形成，同样能达到强化传热或传质的目的。

边界层厚度一般仅为几毫米，十几毫米，极个别情况也可达到几十毫米。

### 4.1.2　热边界层、热边界层厚度

流体流经固体壁面时，若两者存在温度差，则壁面附近的流体受壁面温度的影响而有一个温度梯度，将此温度梯度的区域称为热边界层，如图 4-3 所示。

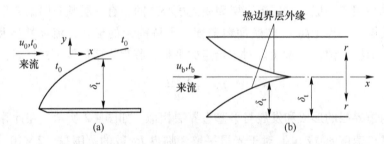

图 4-3　热边界层形成
（a）平壁上的热边界层；（b）圆管内的热边界层

定义 $(t_s - t) = 0.99(t_s - t_0)$ 时与流动方向相垂直的距离为热边界层厚变，以 $\delta_t$ 表示。式中，$t_s$、$t_0$、$t$ 分别为壁温、流体平均温度和壁面上方流体中某点的温度。

### 4.1.3　浓度边界层（扩散边界层、传质边界层）及其厚度

流体通过固体壁面进行传质时，质量传递的全部阻力可视为局限于固体表面上一层具有浓度梯度的流体中，此流体层称为浓度边界层。

定义 $(c_{As} - c_A) = 0.99(c_{As} - c_{A0})$ 时与流体流动方向相垂直的距离为浓度边界层厚度，记为 $\delta_c$。如图 4-4 所示。式中 $c_{As}$、$c_A$、$c_{A0}$ 分别为组分 A 在壁表面上的浓度、壁面上方流体中某一点 A 组分的浓度和流体主体的平均浓度。

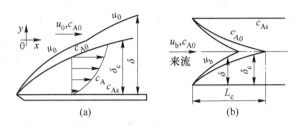

图 4-4 浓度边界层与速度边界层

（a）平壁上的浓度边界层；（b）圆管内的浓度边界层

# 4.2 对流传热和对流传质的机理

### 4.2.1 层流条件下热量传递的机理

在第 3 章，我们讨论了导热，纯粹的导热过程只发生在固体内部，而对于流体，单一的导热过程很难实现，这是因为流体在进行传热时往往处于运动状态。换言之，对流传热包含了流体与流体之间以及流体与固体壁面之间的导热，还包含了运动流体微团以内能的形式把热量从一处转移到另一处的传热过程。

在对流传热中，就流体流动的原因而言，可分为强制对流和自然对流。凡是借助外力产生的流动称为强制对流，而由流体密度差引起的对流称为自然对流，相应的传热过程称为强制对流传热和自然对流传热。如果按流体流动的流型来划分，对流传热又可以分为层流传热和湍流传热。

流体在层流传热时，仍然包含了上述三种热量传递过程：在热流方向上的流体与流体间、流体与固体壁面间、在流动方向上不同位置间的热量传递。由于是层流传热，流体运动速度较缓慢，流体在各个方向上均不会产生漩涡和混合，因此，层流传热可视为导热。由普朗特边界层理论得知，流体进入流道后即形成边界层，假定此边界层为层流边界层，在边界层靠近固体壁面处层流底层始终是存在的，其导热热阻较其他两个热阻要大得多，所以，可以认为层流边界层的导热热阻就是层流底层的热阻。

### 4.2.2 层流条件下质量传递的机理

对流传质的机理与对流传热的机理相似。对流传质是指壁面与运动流体之间，或两个互不相溶的运动流体之间的传质过程。由于流体浓度不同，因此，在扩散方向上的流体与流体间、运动流体与固体壁面间会产生分子传质，流体微团在运动方向上也会把组分从一处传向另一处。

对流传质，按其流动原因可分为强制对流传质和自然对流传质，按其流型可分为层流传质和湍流传质。在层流传质中，层流底层集中了大部分传质阻力。

从以上讨论可以看出，在介质中由于分子的不规则运动，若存在温度差，将发生导热；在组分存在浓度差时，将发生分子传质。在运动的流体主体与界面之间，若有温度差，则会发生对流传热；若有浓度差，则会发生对流传质，这是对流传热和对流传质相似之处。但是，这两类传递过程也存在不同之处。在导热过程中，在热流方向上没有分子的宏观运动，而仅存在热流动。分子扩散则不同，介质中的一个组分或多个组分的分子由高浓度区向低浓度区转移时，会在扩散方向上产生宏观运动，这是因为高浓度区的分子转移至低浓度区的同时，所留空隙需要流体前来补充之故，于是，整个介质也必定处于宏观运动状态之下。

## 4.3    对流传热系数和对流传质系数

### 4.3.1    对流传热系数

由边界层理论得知，不论充分发展后的流型为层流还是湍流，在进口段，层流内层始终是存在的，虽然其厚度很薄，但却占据了总热阻的大部分。流体主体至壁面间的温度分布如图 4-5 实线所示。假定流体平均主体温度为 $t_f$，壁面温度为 $t_s$，则可以认为，全部对流传热的热阻集中于厚度为 $\delta_f$ 的一层液膜内。由于在此液膜内的传热方式为导热，根据傅里叶第一定律，热流速率方程可写为：

$$q = -kA\frac{t_f - t_s}{\delta_f}$$

式中，$\delta_f$ 为虚拟膜厚度，其值极不易测定，为此，令：

$$h = \frac{k}{\delta_f}$$

则上式变为：

$$q = hA(t_f - t_s) \tag{4-2a}$$

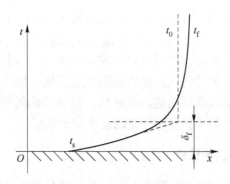

图4-5   流体与壁面间的温度分布

式（4-2a）称为牛顿冷却定律，式中的 $h$ 称为对流传热系数，它是流体的物性、流速、流体与壁面间的温差、壁面几何形状和粗糙度的函数。式（4-2a）中的 $h$ 为壁面上某一点的对流传热系数，也称局部膜系数，记为 $h_x$。一般工程上取平均膜系数，即流体流过距离 $L$ 的平均值 $h_m$，$h_x$ 与 $h_m$ 的关系为：

$$h_m = \frac{1}{L}\int_0^L h_x \mathrm{d}x \tag{4-3}$$

$h_x$ 的求取与壁面附近的温度梯度有关。现仍以平壁为例讨论。设黏附于壁面上的一层静止流体在热流方向上的导热速率 $q$ 为：

$$q = -kA \frac{\mathrm{d}t}{\mathrm{d}y}\bigg|_{y=0} \qquad (4\text{-}4)$$

式中，$k$、$\frac{\mathrm{d}t}{\mathrm{d}y}\big|_{y=0}$ 分别为流体的导热系数和温度梯度，则此热量必然以对流传热的方式传递到流体主体中去。

如果把式（4-2a）应用于平壁边界层，则通过此边界层传递到流体主体中的对流传热速率为：

$$q = hA(t_s - t_0) \qquad (4\text{-}5)$$

式中，$t_0$ 为边界层外流体的均匀温度。

比较式（4-4）和式（4-5），得：

$$h = \frac{k}{t_0 - t_s} \frac{\mathrm{d}t}{\mathrm{d}y}\bigg|_{y=0} \qquad (4\text{-}6)$$

要用式（4-6）求 $h$，必然要先求温度梯度 $\frac{\mathrm{d}t}{\mathrm{d}y}\big|_{y=0}$，为此要求出温度分布，而温度分布只有在求解能量方程后才能确定。能量方程中出现速度分布问题要首先求解运动微分方程和连续性方程。于是上述程序可写为：

$$h_x \leftarrow \frac{\mathrm{d}t}{\mathrm{d}y}\bigg|_{y=0} \leftarrow 温度分布 \leftarrow 能量方程 \leftarrow 速度分布 \leftarrow 运动微分方程连续性方程$$

上述程序仅是一个原则。由于微分方程（组）非线性的特点以及边界条件的复杂性，使得数学分析法仅能求解一些简单的问题，而且目前还只能解层流传热问题，而湍流流动、湍流条件下的热、质传递理论尚不成熟，因此，湍流传热和传质还只能用半经验半理论的关联式求解。

应指出，式（4-2）中对流传热系数 $h$ 的定义虽然是根据湍流传热作出的，但对其他对流传热也适用。层流传热时，$\delta_f$ 较之湍流传热时的虚拟膜要厚。在蒸汽冷凝或沸腾传热时，式（4-2）中的 $t_f$ 分别采用冷凝温度、液体沸腾温度。

### 4.3.2  对流传质系数

描述对流传质的基本方程，与对流传热的牛顿冷却定律类似，用下式表达：

$$N_A = k_c \Delta c_A \qquad (4\text{-}7)$$

式中  $N_A$——对流传质的摩尔通量，$\mathrm{kmol}/(\mathrm{m}^2 \cdot \mathrm{s})$；

$\Delta c_A$——组分 A 在界面处的浓度 $c_{As}$ 与流体主体平均浓度 $c_{Ab}$ 之差，$\mathrm{kmol/m}^3$；

$k_c$——对流传质系数，$\mathrm{m/s}$。

式（4-7）既适于层流传质，也适于湍流传质，所不同的是两种情况下的 $k_c$ 不同。$k_c$ 与流体的物性、流型、浓度差及界面的几何形状等有关，其单位既可以用单位浓度差表示，也可以用质量浓度差、分压（气相）差来表示。对流传质系数与对流传热系数相似，如图 4-6 所示。由图 4-5 和图 4-6 可知，平壁（或圆管）对流传质的浓度分布曲线与对流传热的温度分布曲线类似。在对流传质中，假定传质阻力全部集中在虚拟的层流膜厚度 $\delta'_c$ 中，则对流传质通量等于对流传质系数与虚拟膜 $\delta'_c$ 两侧的浓度差之积。即：

$$N_A = k_c(c_{As} - c_{Af}) \qquad (4\text{-}8)$$

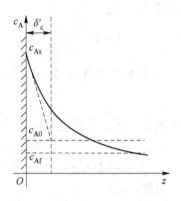

图 4-6   湍流边界层内的浓度分布

由于式中的 $c_{Af}$ 极不易测定，故常用主体平均浓度或混合杯浓度 $c_{A0}$ 来代替 $c_{Af}$。若流体在平壁上的主体速度为 $u_0$，则组分 A 的主体平均浓度 $c_{A0}$ 的定义式为：

$$c_{A0} = \frac{1}{u_0 A}\iint_A u_x c_A \mathrm{d}A$$

式中    $A$——截面积；

       $u_x$——截面上任意一点处的流速；

       $c_A$——截面上任意一点处的浓度。

所以，式（4-8）可写为：

$$N_A = k_c^0(c_{As} - c_{A0}) \tag{4-8a}$$

对于圆直管内的对流传质，可以写为：

$$N_A = k_c^0(c_{As} - c_{Ab}) \tag{4-9}$$

式中，$c_{Ab} = \dfrac{1}{u_0 A}\iint_A u_x c_A \mathrm{d}A$ 也称为主体平均浓度。

## 4.4   平壁层流边界层方程——普朗特边界层方程及布劳修斯解

### 4.4.1   普朗特边界层方程的推导

运动微分方程式（2-43a）、式（2-43b）和式（2-43c）运用于层流边界层时，假定流体在平壁上作二维定常态层流，如图 4-7 所示。此时的运动微分方程为：

$$u_x \frac{\partial u_x}{\partial x} + u_y \frac{\partial u_x}{\partial y} = -\frac{1}{\rho}\frac{\partial p_d}{\partial x} + \nu\left(\frac{\partial^2 u_x}{\partial x^2} + \frac{\partial^2 u_x}{\partial y^2}\right) \tag{4-10a}$$

$$u_x \frac{\partial u_y}{\partial x} + u_y \frac{\partial u_y}{\partial y} = -\frac{1}{\rho}\frac{\partial p_d}{\partial y} + \nu\left(\frac{\partial^2 u_y}{\partial x^2} + \frac{\partial^2 u_y}{\partial y^2}\right) \tag{4-10b}$$

为了求得速度分布、边界层厚度、总曳力和摩擦系数等目标函数，首先要将上两式进行化简，化简可用量级分析法和因次分析法。先用量级分析法初步对进行化简，用符号 $O(\mathrm{ordr})$ 代表数量级。

令：流动方向上的距离 $x$ 的数量级为标准数量级，记为 $x = O(1)$；$x$ 方向上的流动速

度 $u_x$ 的数量级为标准数量级 $O(1)$；

$y$ 方向上距离 $y$ 的数量级 $y = O(\delta)$；

$y$ 方向上速度 $u_y$ 的数量级 $u_y = O(\delta)$。

则有 $\dfrac{\partial u_x}{\partial x} = O(1)$，$\dfrac{\partial u_x}{\partial y} = O\left(\dfrac{1}{\delta}\right)$，$\dfrac{\partial u_y}{\partial x} = O(\delta)$，$\dfrac{\partial u_y}{\partial y} = O(1)$

图 4-7　平壁层流边界层

及

$$\frac{\partial^2 u_x}{\partial x^2} = \frac{\partial}{\partial x}\left(\frac{\partial u_x}{\partial x}\right) = \frac{O(1)}{O(1)O(1)} = O(1)$$

$$\frac{\partial^2 u_x}{\partial y^2} = \frac{\partial}{\partial y}\left(\frac{\partial u_x}{\partial y}\right) = \frac{O(1)}{O(\delta)O(\delta)} = O(\delta^2)$$

$$\frac{\partial^2 u_y}{\partial x^2} = \frac{\partial}{\partial x}\left(\frac{\partial u_y}{\partial x}\right) = \frac{O(\delta)}{O(1)O(1)} = O(\delta)$$

$$\frac{\partial^2 u_y}{\partial y^2} = \frac{\partial}{\partial y}\left(\frac{\partial u_y}{\partial y}\right) = \frac{O(\delta)}{O(\delta)O(\delta)} = O\left(\frac{1}{\delta}\right)$$

现在，要分别对式（4-10a）和式（4-10b）的各项的数量级进行分析。

式（4-10a）的数量级如下（公式中每一项的数量级写在该项的正下方）：

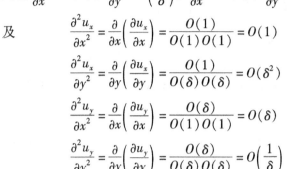

$$u_x \frac{\partial u_x}{\partial x} \quad + \quad u_y \frac{\partial u_x}{\partial y} = -\frac{1}{\rho}\frac{\partial p_d}{\partial x} + \nu\left(\frac{\partial^2 u_x}{\partial x^2} + \frac{\partial^2 u_x}{\partial y^2}\right)$$

$$O(1)O(1) \quad O(\delta)\longrightarrow O\left(\frac{1}{\delta}\right) \qquad\qquad O(1) \quad O(\delta^2)$$

在式（4-10a）中，由于 $\dfrac{\partial^2 u_x}{\partial y^2} \gg \dfrac{\partial^2 u_x}{\partial x^2}$，因此，$\dfrac{\partial^2 u_x}{\partial x^2}$ 可以忽略，于是，$\nu$ 的数量级必为 $O(\delta^2)$。根据方程等号左右两端数量级相等（至少要相当）的原则，上式等号右端第一项 $-\dfrac{1}{\rho}\dfrac{\partial p_d}{\partial x}$ 的数量级应为 $O(1)$。经过上述量级分析，式（4-10a）可写为：

$$u_x \frac{\partial u_x}{\partial x} + u_y \frac{\partial u_x}{\partial y} = -\frac{1}{\rho}\frac{\partial p_d}{\partial x} + \nu\frac{\partial^2 u_x}{\partial y^2} \tag{4-11a}$$

同理，式（4-10b）的数量级为：

$$u_x \frac{\partial u_y}{\partial x} \quad + \quad u_y \frac{\partial u_y}{\partial y} = -\frac{1}{\rho}\frac{\partial p_d}{\partial y} + \nu\left(\frac{\partial^2 u_y}{\partial x^2} + \frac{\partial^2 u_y}{\partial y^2}\right)$$

$$O(1)\longleftarrow O(\delta) \quad O(\delta)O(1) \qquad\qquad O(\delta) \quad O\left(\frac{1}{\delta}\right)$$

在式（4-10b）中，由于 $\dfrac{\partial^2 u_y}{\partial y^2} \gg \dfrac{\partial^2 u_y}{\partial x^2}$，因而 $\dfrac{\partial^2 u_y}{\partial x^2}$ 可以忽略不计，于是 $\nu$ 的数量级必为 $O(\delta^2)$。根据方程等号两端数量级相等原理，$-\dfrac{1}{\rho}\dfrac{\partial p_d}{\partial y}$ 的数量级为 $O(\delta)$。于是，式（4-10b）变为：

$$u_x \frac{\partial u_y}{\partial x} + u_y \frac{\partial u_y}{\partial y} = -\frac{1}{\rho}\frac{\partial p_d}{\partial y} + \nu\frac{\partial^2 u_y}{\partial y^2} \tag{4-11b}$$

比较式（4-11a）和式（4-11b）可知，前者的数量级为 $O(1)$，而后者的数量级为 $O(\delta)$，显然，后者可以忽略。由于是二维流，因此 $z$ 方向的运动微分方程不存在。

现在，还有必要对式（4-11a）再进行化简。式（4-11a）中尚有一项 $-\dfrac{1}{\rho}\dfrac{\partial p_{\mathrm d}}{\partial x}$，现分析此项的大小。从式（4-11b）知，$\dfrac{\partial p_{\mathrm d}}{\partial y}$ 的数量级为 $O(\delta)$，即 $\dfrac{\partial p_{\mathrm d}}{\partial y}=0$，又因为 $z$ 无方向的运动，因此 $\dfrac{\partial p_{\mathrm d}}{\partial x}$ 可以写为常导数 $\dfrac{\mathrm d p_{\mathrm d}}{\mathrm d x}$，由伯努利方程，对于水平流，有：

$$p_{\mathrm d}+\frac{pu_0^2}{2}=\mathrm{const}$$

式中，密度 $\rho$、平均流速 $u_0$ 均为常数，因此，动压力 $p_{\mathrm d}$ 也为常数，即 $\dfrac{\mathrm d p_{\mathrm d}}{\mathrm d x}=0$，所以式（4-11a）最终可简化为：

$$u_x\frac{\partial u_x}{\partial x}+u_y\frac{\partial u_x}{\partial y}=\nu\frac{\partial^2 u_x}{\partial y^2} \tag{4-12}$$

式（4-12）即为普朗特边界层方程。

以上我们运用普朗特的边界层理论，将求解平壁上边界层的二维定常态层流问题简化为求解普朗特边界层方程（4-12）和连续性方程

$$\frac{\partial u_x}{\partial x}+\frac{\partial u_y}{\partial y}=0$$

上式等号左端两项的数量级均为 $O(1)$。

式（4-12）的边界条件为：

（1）在 $y=0$ 处，$u_x=0$；
（2）在 $y=0$ 处，$u_y=0$；
（3）在 $y=0$ 处，$u_x=u_0$。

经过量级分析，运动微分方程被化简为普朗特边界层方程，即式（4-12），问题虽得以简化，但该式仍为一个二阶非线性方程，因此，还要用因次分析法，将其变为常微方程，最后求其解。

### 4.4.2 用因次分析法把普朗特边界层方程化为常微分方程

先对方程的因次进行分析。

在层流界面中，平行于平壁某点的速度分量 $u_x$ 是主体流速 $u_0$，该点的位置 $x$、$y$ 和流体性 $\nu$ 等函数，即：

$$u_x=f(x,y,\nu,u_0)$$

可把上述函数关系式写为如下等式：

$$u_x=Ku_0^a x^b y^c \nu^d \tag{4-13}$$

式中，$K$ 为比例系数。

再将式（4-13）写为因次的形式：

$$\frac{L_x}{\theta}=K\left(\frac{L_x}{\theta}\right)^a L_x^b L_y^c\left(\frac{L_y^2}{\theta}\right)^d \tag{4-14}$$

在式（4-12）中有 6 个未知量，它们是 $u_x$、$u_y$、$x$、$y$，由于 $\rho=M/(xyz)$，而 $x$ 和 $y$ 将作为基本量提出，因此 6 个未知量中的基本量有 4 个，即 $x$、$y$ 和 $M/z$，由因次分析的 $\pi$

定律得知，通过因次分析可以得到两个无因次量，即 $6-4=2$。

下面确定式（4-14）中的指数：

| 等式左端 | | 等式右端 |
|---|---|---|
| $L_x$ | 1 | $a+b$ |
| $L_y$ | 0 | $c+2d$ |
| $\theta$ | $-1$ | $-a-d$ |

把这些指数转化为 $c$ 的函数：

由 $L_y$ 的表达式 $c+2d=0$ 得 $d=-\dfrac{c}{2}$；

由 $\theta$ 的表达式 $-a-d=-1$ 得 $a=1+\dfrac{c}{2}$；

由 $L_x$ 的表达式 $a+b=1$ 得 $b=-\dfrac{c}{2}$。

于是，式（4-13）变为：

$$u_x=Ku_0^a x^b y^c \nu^d=Ku_0^{\left(1+\frac{c}{2}\right)} x^{-\frac{c}{2}} y^c \nu^{-\frac{c}{2}}=Ku_0 \frac{u_0^{\frac{c}{2}} y^c}{x^{\frac{c}{2}} \nu^{\frac{c}{2}}}=Ku_0\left(\frac{u_0^{\frac{1}{2}} y}{x^{\frac{1}{2}} \nu^{\frac{1}{2}}}\right)^c=Ku_0\left(y\sqrt{\frac{u_0}{\nu x}}\right)^c$$

由此可得：

$$\frac{u_x}{u_0}=g\left(y\sqrt{\frac{u_0}{\nu x}}\right) \tag{4-15}$$

令：无因次距离

$$\eta(x,y)=\sqrt{\frac{u_0}{\nu x}} \tag{4-16}$$

则式（4-15）可写为：

$$\frac{u_x}{u_0}=g(\eta) \tag{4-17}$$

为把式（4-12）化简为常微分方程，还须引入流函数的概念，如图4-8所示，基准线 $CD$、流线 $C'D'$ 和与纸面相垂直（$z$ 方向）的单位长度，构成了一条流道。设此流道内的体积流率为 $\mathrm{d}\varphi$，在基准线 $CD$ 上任取一点 $P$，过 $P$ 点分别作两条与 $x$ 轴和 $y$ 轴的平行线，其长度分别为 $(-\mathrm{d}x)$ 和 $(\mathrm{d}y)$。令 $P$ 点处的速度 $\boldsymbol{u}$ 在 $x$、$y$ 方向的速度分量分别为 $u_x$ 和 $u_y$，则穿过 $(\mathrm{d}y)(1)$ 截面的体积流率为 $u_x\mathrm{d}y(1)=u_x\mathrm{d}y$，穿过 $(-\mathrm{d}x)(1)$

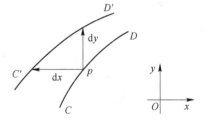

图4-8　流函数与流线

截面的体积流率为 $u_y(-\mathrm{d}r)(1)=-u_y\mathrm{d}x$。假设流体不可压缩，则有 $u_x\mathrm{d}y=-u_y\mathrm{d}x$，等号左右两端均表示体积流率，因此，它们均应等于 $\mathrm{d}\varphi$：

$$\mathrm{d}\varphi=u_x\mathrm{d}y$$
$$\mathrm{d}\varphi=-u_y\mathrm{d}x$$

由于 $\varphi$ 同是 $x$、$y$ 的函数，因此上式可写为偏导数的形式：

$$\frac{\partial \varphi}{\partial y} = u_x \qquad (4\text{-}18a)$$

$$\frac{\partial \varphi}{\partial x} = -u_y \qquad (4\text{-}18b)$$

式（4-18）即为不可压缩流体作二维流动时的流函数定义表达式，式中的 $\varphi$ 即为流函数，其物意义为体积流率。

由式（4-17）得：

$$u_x = u_0 g(\eta)$$

把式（4-18a）代入上式，得：

$$\frac{\partial \varphi}{\partial y} = u_0 g(\eta)$$

积分上式，得：

$$\varphi = \int u_0 g(\eta)\mathrm{d}y \qquad (4\text{-}19)$$

式（4-16）对 $y$ 求微分，得：

$$\mathrm{d}y = \sqrt{\frac{\nu x}{u_0}}\mathrm{d}\eta$$

将上式代入式（4-19），得：

$$\varphi = \int u_0 g(\eta)\sqrt{\frac{\nu x}{u_0}}\mathrm{d}y = \sqrt{u_0 \nu x}\int g(\eta)\mathrm{d}\eta \qquad (4\text{-}20)$$

令 $f(\eta) = \int g(\eta)\mathrm{d}\eta$，把上式代入式（4-20），得：

$$\varphi = \sqrt{u_0 \nu x}f(\eta)$$

或

$$f(\eta) = \frac{\varphi}{\sqrt{u_0 \nu x}} \qquad (4\text{-}21)$$

式中，$f(\eta)$ 为无因次流函数，可用它代替流函数 $\varphi$，即代替 $u_x$、$u_y$。因此，若能解出 $f(\eta)$ 的表达式，即可求出边界层内的速度分布 $u_x$、$u_y$。

现在，用相似变换的方法对式（4-12）各项进行转化。为此，逐一求出该式中的各项：

$$u_x = \frac{\partial \varphi}{\partial y} = \frac{\partial \varphi}{\partial \eta}\frac{\partial \eta}{\partial y} = \frac{\partial}{\partial \eta}\left[f(\eta)\sqrt{u_0 \nu x}\right]\left[\frac{\partial}{\partial y}y\sqrt{\frac{u_0}{\nu x}}\right] = u_0 f'(\eta) \qquad (4\text{-}22a)$$

$$u_y = -\frac{\partial \varphi}{\partial x} = -\frac{\partial}{\partial x}\left[f(\eta)\sqrt{u_0 \nu x}\right] = -\left[\frac{1}{2}\sqrt{\frac{u_0 \nu}{x}}f(\eta) + \sqrt{u_0 \nu x}\frac{\partial f(\eta)}{\partial x}\right]$$

$$= -\left[\frac{1}{2}\sqrt{\frac{u_0 \nu}{x}}f(\eta) + \sqrt{u_0 \nu x}\frac{\partial f(\eta)}{\partial x}\frac{\partial \eta}{\partial x}\right] = -\left[\frac{1}{2}\sqrt{\frac{u_0 \nu}{x}}f(\eta) - \sqrt{u_0 \nu x}\frac{f'(\eta)}{-2x}\eta\right]$$

$$= \frac{1}{2}\sqrt{\frac{u_0 \nu}{x}}\left[\eta f'(\eta) - f(\eta)\right] \qquad (4\text{-}22b)$$

同理可得：

$$\frac{\partial u_x}{\partial x} = -\frac{u_0}{2x}\eta f''(\eta) \qquad (4\text{-}23a)$$

$$\frac{\partial u_x}{\partial y} = u_0 \sqrt{\frac{u_0}{\nu x}} f''(\eta) \tag{4-23b}$$

$$\frac{\partial^2 u_x}{\partial y^2} = \frac{u_0}{\nu x} f'''(\eta) \tag{4-23c}$$

把上述各式代入式（4-12），得：

$$2f''(\eta) + f(\eta)f''(\eta) = 0 \tag{4-24}$$

即

$$2\frac{\mathrm{d}^3 f(\eta)}{\mathrm{d}\eta^3} + f(\eta)\frac{\mathrm{d}^2 f(\eta)}{\mathrm{d}\eta^2} = 0 \tag{4-24a}$$

这是一个关于 $\eta$ 的函数的三阶非线性常微分方程，其边界条件为：

物理坐标　　　　　　　　　　相似坐标

(1) 在 $y=0$ 处 $u_x = 0$;　　　　在 $\eta=0$ 处 $f' = 0$［由式（4-22）得］;

(2) 在 $y=0$ 处 $u_x = 0$;　　　　在 $\eta=0$ 处 $f = 0$［由式（4-23）得］;

(3) 在 $y\to\infty$ 处 $u_x = u_0$;　　在 $\eta\to\infty$ 处 $f' = 1$［由式（4-22）得］。

### 4.4.3　边界层方程的求解

式（4-24）的解可设为无穷级数：

$$f(\eta) = c_0 + c_1\eta + \frac{c_2}{2!}\eta^2 + \frac{c_3}{3!}\eta^3 + \cdots \tag{4-25}$$

式中，$c_0, c_1, c_2, \cdots$ 为待定系数，其值可根据上述边界条件确定。

为此，式（4-2）对 $\eta$ 求一、二、三阶导数，即：

$$f'(\eta) = c_1 + c_2\eta + \frac{c_3}{2!}\eta^2 + \frac{c_4}{3!}\eta^3 + \frac{c_5}{4!}\eta^4 + \cdots \tag{4-26a}$$

$$f''(\eta) = c_2 + c_3\eta + \frac{c_4}{2!}\eta^2 + \frac{c_5}{3!}\eta^3 + \cdots \tag{4-26b}$$

$$f'''(\eta) = c_3 + c_4\eta + \frac{c_5}{2!}\eta^2 + \cdots \tag{4-26c}$$

把边界条件代入式（4-26a），得：

$$c_1 = 0$$

把边界条件代入式（4-25），得：

$$c_0 = 0$$

将式（4-25）、式（4-26b）、式（4-26c）代入式（4-24），得：

$$\left(\frac{c_2}{2!}\eta^2 + \frac{c_3}{3!}\eta^3 + \frac{c_4}{4!}\eta^4 + \frac{c_5}{5!}\eta^5 + \cdots\right)\left(c_2 + c_3\eta + \frac{c_4}{2!}\eta^2 + \frac{c_5}{3!}\eta^3 + \cdots\right) + 2\left(c_3 + c_4\eta + \frac{c_5}{2!}\eta^2 + \cdots\right) = 0$$

经整理，上式可写为：

$$2c_3 + 2c_4\eta + \frac{\eta^2}{2!}(c_2^2 + 2c_5) + \cdots = 0$$

对比上式中两侧的系数，得：

$$2c_3 = 0; \quad 2c_4 = 0; \quad c_2^2 + 2c_5 = 0; \quad \cdots$$

由此可得：$c_3 = 0$，$c_4 = 0$，$c_5 = \dfrac{c_2^2}{2}$，$\cdots$。

将其他不等于零的系数均乘以 $c_2$ 表示，并注意到 $c_0 = c_1 = 0$，所以，式（4-25）变为：

$$f(\eta) = \frac{c_2}{2!}\eta^2 - \frac{1}{2}\frac{c_2^2}{5!}\eta^5 + \frac{11}{4}\frac{c_2^3}{8!}\eta^8 - \frac{375}{8}\frac{c_2^4}{11!}\eta^{11} + \cdots \tag{4-27}$$

$c_2$ 可根据边界条件用数值计算测得，经计算得：

$$c_2 = 0.33206$$

把 $c_2$ 值代入式（4-27），即可得到 $f(\eta)$ 的最终解：

$$f(\eta) = 0.16603\eta^2 - 4.5943 \times 10^{-4}\eta^5 + 2.4972 \times 10^{-6}\eta^8 - 1.4277 \times 10^{-8}\eta^{11} + \cdots \tag{4-28}$$

此即平壁层流边界层方程式（4-12）的精确解。又称布劳修斯解，它于 1908 年由布劳修斯首先提出。

为使用方便，许多学者常把上式列成表格形式，见表 4-1。

**表 4-1   函数 $f(\eta)$ 及其导数值**

| $\eta = y\sqrt{\dfrac{u_0}{\nu x}}$ | $f$ | $f' = \dfrac{u_x}{u_0}$ | $f''$ |
|:---:|:---:|:---:|:---:|
| 0 | 0 | 0 | 0.33206 |
| 0.2 | 0.00664 | 0.06641 | 0.33199 |
| 0.4 | 0.02656 | 0.13277 | 0.33147 |
| 0.6 | 0.05974 | 0.19894 | 0.33008 |
| 0.8 | 0.10611 | 0.26471 | 0.32739 |
| 1.0 | 0.16557 | 0.32979 | 0.32301 |
| 1.2 | 0.23795 | 0.39378 | 0.31659 |
| 1.4 | 0.32298 | 0.45627 | 0.30787 |
| 1.6 | 0.42032 | 0.51676 | 0.29667 |
| 1.8 | 0.52952 | 0.57477 | 0.28293 |
| 2.0 | 0.65003 | 0.62977 | 0.26675 |
| 2.2 | 0.78120 | 0.68132 | 0.24835 |
| 2.4 | 0.92230 | 0.72899 | 0.22809 |
| 2.6 | 1.07252 | 0.77246 | 0.20646 |
| 2.8 | 1.23099 | 0.81152 | 0.18401 |
| 3.0 | 1.39682 | 0.84605 | 0.16136 |
| 3.2 | 1.56911 | 0.87609 | 0.13913 |
| 3.4 | 1.74696 | 0.90177 | 0.11788 |
| 3.6 | 1.92954 | 0.92333 | 0.09809 |
| 3.8 | 2.11605 | 0.94112 | 0.08013 |
| 4.0 | 2.30576 | 0.95552 | 0.06424 |
| 4.2 | 2.49806 | 0.96696 | 0.05052 |
| 4.4 | 2.69238 | 0.97587 | 0.03897 |
| 4.6 | 2.88826 | 0.98269 | 0.02948 |
| 4.8 | 3.08534 | 0.98779 | 0.02187 |

| $\eta = y\sqrt{\dfrac{u_0}{\nu x}}$ | $f$ | $f' = \dfrac{u_x}{u_0}$ | $f''$ |
|:---:|:---:|:---:|:---:|
| 5.0 | 3.28329 | 0.99155 | 0.01591 |
| 6.6 | 4.87931 | 0.99977 | 0.00061 |
| 6.8 | 5.07928 | 0.99987 | 0.00037 |
| 7.0 | 5.27926 | 0.99992 | 0.00022 |
| 7.2 | 5.47925 | 0.99996 | 0.00013 |
| 7.4 | 5.67924 | 0.99998 | 0.00007 |
| 7.6 | 5.87924 | 0.99999 | 0.00004 |
| 7.8 | 6.07923 | 1.00000 | 0.00002 |
| 8.0 | 6.27923 | 1.00000 | 0.00001 |
| 8.2 | 6.47923 | 1.00000 | 0.00001 |
| 8.4 | 6.67923 | 1.00000 | 0.00000 |
| 8.6 | 6.87923 | 1.00000 | 0.00000 |
| 8.8 | 7.07923 | 1.00000 | 0.00000 |

应用边界层方程的精确解，即可求出层流边界层内的速度分布、流动边界层厚度、摩擦曳力及曳力系数等。

**A　边界层厚度**

由表 4-1 可知，当 $u_x/u_0 = 0.9915$ 时，$\eta = 5.0$，即：

$$\delta\sqrt{\frac{u_0}{\nu x}} = 5.0$$

因此，边界层厚度 $\delta$ 可用下式表达：

$$\delta = 5.0xRe_x^{-1/2} \tag{4-29}$$

此式称为流动边界层厚度的精确解，它适用于平壁层流边界层。

**B　摩擦曳力**

距平壁前缘 $x$ 处的摩擦曳力 $F_d$，其计算式可按下述方法推导。

此条件下的牛顿黏性定律可写为：

$$\tau_{sx} = \mu\left.\frac{\partial u_x}{\partial y}\right|_{y=0}$$

式中的速度梯度已由式（4-23b）求出：

$$\left.\frac{\partial u_x}{\partial y}\right|_{y=0} = u_0\sqrt{\frac{u_0}{\nu x}}f''(0)$$

由表 4-1 可知，当 $\eta = 0$ 时，$f''(0) = 0.332$，因而有：

$$\tau_{sx} = 0.332\mu u_0\sqrt{\frac{u_0}{\nu x}} = 0.332\rho u_0^2 Re_x^{-1/2} \tag{4-30}$$

或

$$\frac{\tau_{sx}}{\rho u_0^2} = 0.332 Re_x^{-1/2} \tag{4-30a}$$

若平壁的长×宽 $= L \times 6$，则此壁面所受曳力为：

$$F_d = b \int_0^L \tau_{sx} dx \tag{4-31}$$

把式（4-30）代入式（4-31），积分得：

$$F_d = 0.664 \rho b L u_0^2 Re_L^{-1/2} \tag{4-31a}$$

C　曳力系数的求取

距平壁前缘 $x$ 处的曳力系数为；

$$c_{D_x} = \frac{\tau_{sx}}{\frac{1}{2}\rho u_0^2} = 0.664 Re_x^{-1/2} \tag{4-32}$$

流过长度为 $L$ 时的平均曳力系数为：

$$c_D = \frac{1}{L}\int_0^L c_{D_x} dx = \frac{1}{L}\int_0^L 0.664 Re_x^{-1/2} dx = 1.328 Re_L^{-1/2} \tag{4-32a}$$

流体在流道中流动时，受到固体壁面的摩擦阻力；同时，流体也对固体壁面施加一个反作用力，即曳力，因此，摩擦阻力和曳力是等值反向的，由此可知，阻力系效的数值与曳力系数的数值相等，即：

$$f_L = c_D = 1.328 Re_L^{-1/2} \tag{4-32b}$$

从式（4-31）和式（4-32b）可知，阻力 $F_d$ 和阻力系数 $f_L$ 均以 $x^{-1/2}$ 的速率在衰减，这是因为随着流动距离 $x$ 的增加，边界层厚度增加，剪应力相应减小，从而摩擦阻力减小之故。

必须指出的是，普朗特边界层方程在低雷诺数条件下不再适用。此时的阻力系数应加一个校正值 $4.18 Re_L^{-1}$：

$$f_L = 1.328 Re_L^{-1/2} + 4.18 Re_L^{-1}$$

## 4.5　边界层动量积分方程的推导及求解

### 4.5.1　边界层动量积分方程的推导

由上节得知，布劳修斯用级数衔接法求解普朗特边界层方程时，不仅过程冗长，而且所得结果精度不太高。冯·卡门避开奈维-斯托克斯方程，直接对平壁边界层的动量进行衡算，其方法如下。

如图4-9所示。设流体的密度和黏度分别为 $\rho$ 和 $\mu$，且为定值，从在平壁上作层流流动的流体中取一流体微元，此流体微元为一个六面体，设其长×宽×高 $= dz \times$（1 单位长）$\times l$，该六面体的底与直角坐标系的 $x$ 轴重合，流动边界层厚度为 $\delta$，边界层外流体流速为 $u_0$；在左侧面距壁面 $y$ 处有一微元面积 $dy \times (1)$，单位时间内流过此微元面积的质量为 $\rho u_x dy(1)$，单位时间流过比微元面积的动量为 $\rho u_x^2 dy(1)$，则单位时间流过整个左侧面的动量为：

$$\int_0^l \rho u_x^2 dy(1)$$

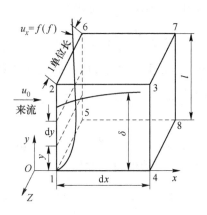

图 4-9 边界层积分动量方程的推导

根据泰勒中值定律，单位时间流出右侧面的动量为，

$$\int_0^l \rho u_x^2 \mathrm{d}y(1) + \frac{\partial}{\partial x}\Big[ \int_0^l \rho u_x^2 \mathrm{d}y(1) \Big] \mathrm{d}x$$

显然，左右两个侧面的动量流率差为：

$$\frac{\partial}{\partial x}\Big[ \int_0^l \rho u_x^2 \mathrm{d}y(1) \Big] \mathrm{d}x \tag{4-33}$$

由于是二维流，设 $z$ 方向无流动，则左右两侧面的动量流率差必由上侧面来补偿，而上侧面已在流动边界层之外，故此流体流速必为 $u_0$，由上侧面补充进 $x$ 方向的动量流率为：

$$u_0 \frac{\partial}{\partial x}\Big[ \int_0^l \rho u_x \mathrm{d}y(1) \Big] \mathrm{d}x \tag{4-34}$$

由式（4-33）和式（4-34）可知，此流体微元沿 $x$ 方向的净动量流率增量为：

$$\frac{\partial}{\partial x}\Big[ \int_0^l \rho u_x^2 \mathrm{d}y(1) \Big] \mathrm{d}x - \frac{\partial}{\partial x}\Big[ \int_0^l \rho u_x u_0 \mathrm{d}y(1) \Big] \mathrm{d}x$$

$$\rho \frac{\partial}{\partial x}\Big[ \int_0^l (u_x - u_0) u_x \mathrm{d}y(1) \Big] \mathrm{d}x \tag{4-35a}$$

此净动量流率增量是由于单位时间沿 $x$ 方向作用于流体微元的外合力而引起的，根据动量定律，外合力由两个力合成：

外合力 = 作用于下截面的剪切力 + 左右两侧面压力差

式中，作用于下截面的剪切力 $= -\tau_s \mathrm{d}r(1)$，$\tau_s$ 为壁面上的应力，$\mathrm{d}z(1)$ 为下底面面积。

$$左右两侧面压力差 = \Big[ -\frac{\partial p}{\partial x} \mathrm{d}x \cdot l(1) \Big]$$

即：

$$外合力 = -\tau_s \mathrm{d}x(1) - \frac{\partial p}{\partial x} \mathrm{d}x l(1) \tag{4-35b}$$

式中，等号右端第一个负号表示剪切力的方向与 $x$ 轴反向，第二个负号表示沿 $x$ 方向压力 $p$ 是下降的。

综合式（4-35a）和式（4-35b），并略去单位长度（1），得：

$$\rho \frac{\partial}{\partial x}\Big[ \int_0^l (u_0 - u_x) u_x \mathrm{d}y = \tau_s + \frac{\partial p}{\partial x} l \Big]$$

上式若用于厚度为 $\delta$ 的流动边界层，则可进行换限处理：

$$\rho \frac{\partial}{\partial x}\Big[ \int_0^l (u_0 - u_x) u_x \mathrm{d}y \Big] = \rho \frac{\partial}{\partial x}\Big[ \int_0^\delta (u_0 - u_x) u_x \mathrm{d}y + \int_\delta^l (u_0 - u_x) u_x \mathrm{d}y \Big]$$

由图 4-9 可以直观地看出，当 $\delta$ 无限接近 $l$ 时，$u_x$ 也无限接近 $u_0$，于是可以认为在积分区间 $\delta \to l$ 以内，$u_x \to u_0$，$\int_\delta^l (u_0 - u_x) u_x \mathrm{d}y = 0$，于是，上式可写为：

$$\rho \frac{\partial}{\partial x}\Big[ \int_0^\delta (u_0 - u_x) u_x \mathrm{d}y \Big] = \tau_s + \frac{\partial p}{\partial x}\delta \tag{4-36}$$

式（4-36）称为冯·卡门边界层动量积分方程。

压力梯度 $\dfrac{\partial p}{\partial x} = 0$，再假定流体为沿 $x$ 方向的一维流动，则式（4-36）可变为常微分方程：

$$\rho \frac{\mathrm{d}}{\mathrm{d}x}\Big[ \int_0^\delta (u_0 - u_x) u_x \mathrm{d}y \Big] = \tau_s \tag{4-37}$$

式（4-36）和式（4-37）既适用于层流边界层，也适用于湍流边界层，但要以相应的速度分布代入其中，计算才正确。另外，上两式只适用于不可压缩流体，而且流体必须沿平壁上方流动。

### 4.5.2　边界层动量积分方程的求解

求解边界层动量积分方程的目的，在于求解流动边界层厚度、剪应力、总曳力和曳力系数等。求解程序即为式（4-37）的求解步骤。第一步，假设一个速度分布并求解之；第二步，积分；第三步，求常导数；第四步，找到流动边界层厚度 $\delta$ 与剪应力 $\tau_s$ 的关系，求 $\delta$；第五步，根据一定的关系式，依次求出剪应力 $\tau_s$、总曳力 $F_d$ 和曳力系数 $C_D$。

#### 4.5.2.1　假设速度分布并求解此速度分布

经观测，流体在平壁上作层流流动时，其速度侧形类似于抛物线形状。因此，速度分布可以有两种假设方式，一为幂函数型，二为正弦函数型，其表达式分别为：

$$u_x = a + by + cy^2 + dy^3 \tag{4-38a}$$

$$u_x = u_0 \sin\Big( \frac{\pi}{2} \frac{y}{\delta} \Big) \tag{4-38b}$$

相比较而言，式（4-38a）运算过程简捷，但精度不太高，式（4-38b）则相反。

现以式（4-38a）为例讨论如下。

为了确定式（4-38a）中的各常数 $a$、$b$、$c$ 和 $d$，需从边界条件入手（图 4-10）。

边界条件为：

（1）在 $y = 0$ 处，$u_x = 0$，由式（4-38a）得知，此时 $a = 0$。

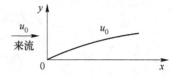

图 4-10　平壁上方的层流边界层

（2）在 $y = 0$ 处，流体流速极小，流体的加速或减速都不是突然的，即剪应力大致恒定不变，而剪应力又正比于速度梯度，换言之，在壁面附近，即在 $y = 0$ 附近，速度梯度大致为常数：

$$\frac{\mathrm{d}u_x}{\mathrm{d}y}\Big|_{y=0} = b + 2cy + 3dy^2 = 常数$$

上式对 $y$ 再求导，得：

$$\frac{\mathrm{d}^2 u_x}{\mathrm{d}y^2}\Big|_{y=0} = 2c + 6dy = 0$$

于是得 $c = 0$。

（3）在 $y = \delta$ 处，$u_x = u_0 = 常数$。

把 $u_0$、$\delta$ 代入式（4-38a），得

$$u_0 = b\delta + d\delta^3 \tag{4-39}$$

上式对 $y$ 求导

$$\frac{\mathrm{d}u_0}{\mathrm{d}y}\Big|_{y=\delta}\frac{\mathrm{d}u_x}{\mathrm{d}y}\Big|_{y=\delta} = b + 3d\delta^2 \tag{4-40}$$

联立求解式（4-39）和式（4-40），得：

$$b = \frac{3}{2}\frac{u_0}{\delta}, \qquad d = -\frac{1}{2}\frac{u_0}{\delta^3}$$

把以上求到的各常数 $a$、$b$、$c$、$d$ 值代入式（4-38a），得速度分布式为：

$$u_x = u_0\Big[\frac{3}{2}\frac{y}{\delta} - \frac{1}{2}\Big(\frac{y}{\delta}\Big)^3\Big] \tag{4-41a}$$

或

$$\frac{u_x}{u_0} = \frac{3}{2}\frac{y}{\delta} - \frac{1}{2}\Big(\frac{y}{\delta}\Big)^3 \tag{4-41b}$$

求积分 $\int_0^{\delta}(u_0 - u_x)u_x\mathrm{d}y$：

$$\int_0^{\delta}u_0\Big(1 - \frac{u_x}{u_0}\Big)u_0\frac{u_x}{u_0}\mathrm{d}y = u_0^2\int_0^{\delta}\Big(1 - \frac{u_x}{u_0}\Big)\frac{u_x}{u_0}\mathrm{d}y = u_0^2\int_0^{\delta}\Big[1 - \frac{3}{2}\frac{y}{\delta} - \frac{1}{2}\Big(\frac{y}{\delta}\Big)^3\Big]\frac{3}{2}\frac{y}{\delta} -$$
$$\frac{1}{2}\Big(\frac{y}{\delta}\Big)^3\mathrm{d}y = \frac{39}{280}u_0^2\delta$$

求导数 $\frac{\mathrm{d}}{\mathrm{d}x}\Big(\frac{39}{280}u_0^2\delta\Big)$：

$$\frac{\mathrm{d}}{\mathrm{d}x}\Big(\frac{39}{280}u_0^2\delta\Big) = \frac{39}{280}u_0^2\frac{\mathrm{d}\delta}{\mathrm{d}x}$$

找到 $\delta$ 与 $\tau_s$ 的关系，求 $\delta$ 之值，在平板壁面处，剪应力可写为：

$$\tau_{sx} = \mu\frac{\mathrm{d}u_x}{\mathrm{d}y}\Big|_{y=0} \tag{4-42}$$

式中等号右端取正值，因为动量传递的方向与 $y$ 的方向相反。式（4-41a）对 $y$ 求导，得：

$$\frac{\mathrm{d}u_x}{\mathrm{d}y}\Big|_{y=0} = \frac{3}{2}\frac{u_0}{\delta} \tag{4-43}$$

把式（4-43）代入式（4-42）得

$$\tau_{sx} = \mu\Big(\frac{3}{2}\frac{u_0}{\delta}\Big) = \frac{3}{2}\frac{\mu u_0}{\delta} \tag{4-42a}$$

而 $\tau_{sx} = \frac{\mathrm{d}}{\mathrm{d}x}\Big[\int_0^{\delta}(u_0 - u_x)u_x\mathrm{d}y\Big]$，因此，有如下关系：

$$\frac{3}{2}\frac{\mu u_0}{\delta} = \frac{39}{280}u_0^2\frac{\mathrm{d}\delta}{\mathrm{d}x}$$

对上式分高变量，得：

$$\delta\mathrm{d}\delta = \frac{140}{13}\frac{\mu}{\rho u_0}\mathrm{d}x \tag{4-44a}$$

积分上式，得：

$$\delta = 4.64\sqrt{\frac{\mu x}{\rho u_0}} + c$$

在 $x = 0$ 处，$\delta = 0$，于是 $c = 0$，并把它代入上式，得流动边界层厚度的计算式：

$$\delta = 4.64\sqrt{\frac{\mu x}{\rho u_0}} = 4.64xRe_x^{-1/2} \tag{4-44b}$$

**4.5.2.2　壁面剪应力 $\tau_{sx}$、总曳力 $F_d$ 和曳力系数 $C_D$ 的求取**

上面已求出流体沿平板壁面流动时层流边界层中壁面处的局部剪应力 $\tau_{sx}$，如式（4-42a）所示，现把式（4-44）之值代入其中，得：

$$\tau_{sx} = \frac{3}{2}\frac{u_0}{\delta}\cdot\mu = \frac{3}{2}u_0\mu\left(4.66xRe_x^{-\frac{1}{2}}\right)^{-1} = 0.323\rho u_0^2Re_x^{-\frac{1}{2}} \tag{4-45}$$

总曳力 $F_d$ 的求取：

若平板的长×宽 $= L\times b$，则当略去形体曳力时，总曳力 $F_d$ 可按下式计算：

$$F_d = b\int_0^L\tau_{sx}\mathrm{d}x = b\int_0^L 0.323\rho u_0^2Re_x^{-\frac{1}{2}}\mathrm{d}x = 0.646\sqrt{\rho\mu Lb^2u_0^3} = 0.646\rho bLu_0^2Re_x^{-\frac{1}{2}} \tag{4-46}$$

须注意，上式积分时被积函数为 $Re_x^{-\frac{1}{2}}$，它含有 $x^{-1/2}$，因而不能把 $Re_x^{-\frac{1}{2}}$ 作为常量提到积分符号之外。总曳力 $F_d$ 还可按其定义式得到：

$$F_d = C_D\frac{\rho u_0^2}{2}(bL) \tag{4-47}$$

式中，$C_D$ 为曳力系数。

曳力系数的求取。联立求解式（4-46）和式（4-47），得：

$$C_D = 1.292Re_L^{-1/2} \tag{4-48}$$

本节和上节讨论了普朗特边界层方程及其解、冯·卡门边界层积分动量方程及其解，并求出了相应的目标函数，现把它们列入表4-2。

**表4-2　平壁层流边界层方程的解**

| 目标函数 | 普朗特边界层方程及 Blasius 解 | 冯·卡门动量积分方程及其解 |
|:---:|:---:|:---:|
| $\delta$ | $5.0xRe_x^{-\frac{1}{2}}$ | $4.64xRe_x^{-\frac{1}{2}}$ |
| $\tau_{sx}$ | $0.332\rho u_0^2Re_x^{-\frac{1}{2}}$ | $0.323\rho u_0^2Re_x^{-\frac{1}{2}}$ |
| $F_d$ | $0.664\rho bLu_0^2Re_L^{-\frac{1}{2}}$ | $0.646\rho bLu_0^2Re_x^{-\frac{1}{2}}$ |
| $C_D$ | $1.328Re_L^{-\frac{1}{2}}$ | $1.292Re_L^{-\frac{1}{2}}$ |

由表4-2可知，由冯·卡门边界层积分动量方程所得近似解，与由普朗特边界层方程得出的精确解十分接近，它们都与实验结果吻合得很好。须指出的是，在应用上列各式进行计算时，流体所处位置应当距平板前缘足够远，即 $L$（或 $x$）$\gg \delta$。

# 4.6 平板壁面上层流传热和层流传质的精确解和近似解

### 4.6.1 平板壁面上层流传热的精确解和近似解

流体在平壁上进行定常态层流传热时，热边界层的形成有两种情况，如图4-11所示。图4-11（a）表示速度边界层和热边界层同时在平壁前缘形成，图4-11（b）表示热边界层滞后一个距离 $x_0$ 再形成。速度边界层的厚度 $\delta$ 与热边界层的厚度 $\delta_t$ 的相对位置有三种可能，一般情况下 $\delta > \delta_t$，也有 $\delta < \delta_t$ 和 $\delta = \delta_t$ 的情况，流动边界层厚度 $\delta_t$ 与热边界层厚度的相对位置，将在后面介绍。

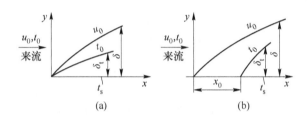

图4-11　流体在平壁上流动时热边界层和速度边界层的发展

本章第3节曾论及，在边界层之外，流体速度、温度或浓度是均匀一致的，在此区间无传递可言。因此，只需要将边界层内的动量、热量和质量传递分析透彻，则动量、热量和质量传递的问题就已解决。本章第5节也已对边界层内的动量传递进行了分析，现在研究边界层内的热量传递问题。

#### 4.6.1.1 平板壁面上层流传热的精确解

**A　能量方程的化简**

我们已经知道，对流传热系数的求解程序为：

奈维-斯托克斯方程连续性方程→速度分布→能量方程→温度分布→温度梯度 $\dfrac{\mathrm{d}t}{\mathrm{d}y}\Big|_{y=0}$→$h_x$

边界层内的能量方程，由于为二维定常态导热，因而式（2-66）化简为如下形式：

$$u_x \frac{\partial t}{\partial x} + u_y \frac{\partial t}{\partial y} = \alpha \left( \frac{\partial^2 t}{\partial x^2} + \frac{\partial^2 t}{\partial y^2} \right) \tag{4-49}$$

上式可通过数量级进一步化简：仍然假定 $x$ 的数量级为 $0(1)$，$y$ 的数量级为 $0(\delta)$，则有以下关系：

$$\frac{\partial^2 t}{\partial x^2} \ll \frac{\partial^2 t}{\partial y^2}$$

因而式（4-49）可写为：

$$u_x \frac{\partial t}{\partial x} + u_y \frac{\partial t}{\partial y} = \alpha \frac{\partial^2 t}{\partial y^2} \tag{4-49a}$$

边界条件为:

(1) 在 $y=0$ 处, $t=t_s$;

(2) 在 $y \to \infty$ 处, $t=t_0$;

(3) 在 $x=0$ 处, $t=t_0$(假定传热由平板前缘开始)。

**B 能量方程的求解**

式(4-49)中的速度分布,已在本章求出:

$$u_x = u_0 f'(\eta)$$

$$u_y = \frac{1}{2} \sqrt{\frac{u_0 \nu}{x}} [\eta f'(\eta) - f(\eta)]$$

为了对式(4-49)进行相似变换,用无因次温度 $T'$ 代替 $t$,并令

$$T' = \frac{t_s - t}{t_s - t_0}$$

于是,式(4-49)变为

$$u_x \frac{\partial T'}{\partial x} + u_y \frac{\partial T'}{\partial y} = \alpha \frac{\partial^2 T'}{\partial y^2} \tag{4-49b}$$

再令无因次位置变量 $\qquad \eta(x,y) = y \sqrt{\dfrac{u_0}{\nu x}} \tag{4-50}$

则 $T'$ 为 $\eta$ 的函数,即 $T' = \phi(\eta)$,于是,式(4-49b)各温度项可写为:

$$\frac{\partial T'}{\partial x} = \frac{\partial T'}{\partial \eta} \frac{\partial \eta}{\partial x} = \left( -\frac{y}{2} x^{-\frac{3}{2}} \sqrt{u_0/\nu} \right) \frac{\partial T'}{\partial \eta} = \left( -\frac{1}{2x} \eta \right) \frac{\partial T'}{\partial \eta} \tag{4-51a}$$

$$\frac{\partial T'}{\partial y} = \frac{\partial T'}{\partial \eta} \frac{\partial \eta}{\partial y} = \sqrt{\frac{u_0}{\nu x}} \frac{\partial T'}{\partial \eta} \tag{4-51b}$$

$$\frac{\partial^2 T'}{\partial y^2} = \frac{\partial}{\partial y} \left( \sqrt{\frac{u_0}{\nu x}} \frac{\partial T'}{\partial \eta} \right) = \frac{\partial \left( \sqrt{\frac{u_0}{\nu x}} \frac{\partial T'}{\partial \eta} \right)}{\partial \eta} \frac{\partial \eta}{\partial y} = \sqrt{\frac{u_0}{\nu x}} \frac{\partial^2 T'}{\partial \eta^2} \cdot \sqrt{\frac{u_0}{\nu x}} = \frac{u_0}{\nu x} \frac{\partial^2 T'}{\partial \eta^2} \tag{4-51c}$$

把式(4-22a)、式(4-22b)、式(4-51a)、式(4-51b)和式(4-51c)代入式(4-49b),得:

$$\frac{\partial^2 T'}{\partial \eta^2} + \frac{Pr}{2} f \frac{\partial T'}{\partial \eta} = 0 \tag{4-52a}$$

式中, $Pr = \dfrac{\nu}{\alpha} = \dfrac{c_p \mu}{k}$ 为普朗特数;$f$ 为已知函数,其值可按式(4-28)求出。

在式(4-52a)中,由于 $T'$ 仅为 $\eta(x,y)$ 的函数,因而可以写为常微分的形式:

$$\frac{d^2 T'}{d\eta^2} + \frac{Pr}{2} f \frac{dT'}{d\eta} = 0 \tag{4-52b}$$

边界条件为:

| 物理坐标 | 相似坐标 |
|---|---|
| (1) 在 $y=0$ 处, $t=t_s$; | $\eta=0$ 处, $T'=0$; |
| (2) 在 $y \to \infty$ 处, $t=t_0$; | $\eta \to \infty$ 处, $T'=1$。 |

方程（4-51）为二阶线性常微分方程，其解有两种情况：$Pr = 1$ 和 $Pr \neq 1$。

（1）当 $Pr = 1$ 时，式（4-52b）可写为：

$$\frac{\mathrm{d}^2 T'}{\mathrm{d}\eta^2} + \frac{f}{2}\frac{\mathrm{d}T'}{\mathrm{d}\eta} = 0 \qquad (4\text{-}52c)$$

边界条件为：

1）在 $\eta = 0$ 处，$T' = 0$；

2）$\eta \to \infty$ 处，$T' = 1$。

此时，式（4-51b）及其边界条件与式（4-24a）及其边界条件相同，因面两者的解的形式也应相同，即表4-1也是温度边界层方程的解，只需用 $T'$ 代替 $f'$ 即可，而且此时无因次温度分布 $u_x / u_0$ 的图形与无因次温度分布 $\dfrac{t - t_s}{t_0 - t_s}$ 图形相同，因而 $\delta_t = \delta$。

（2）当 $Pr \neq 1$ 时，令 $p = \dfrac{\mathrm{d}T'}{\mathrm{d}\eta}$，则式（4-52b）变为：

$$\frac{\mathrm{d}p}{\mathrm{d}\eta} + \frac{Pr}{2}fp = 0$$

上式分离变量后得：

$$\frac{\mathrm{d}p}{\mathrm{d}\rho} = -\frac{Pr}{2}f\mathrm{d}\eta \qquad (4\text{-}52d)$$

对式（4-52）积分两次，得：

$$T' = c_1 \int_0^\eta \mathrm{e}^{-\frac{Pr}{2}\int_0^\eta f\mathrm{d}\eta}\mathrm{d}\eta + c_2 \qquad (4\text{-}53)$$

把边界条件代入上式，得 $c_2 = 0$；$c_1 = \left[ \int_0^\rho \mathrm{e}^{-\frac{Pr}{2}\int_0^\eta f\mathrm{d}\eta}\mathrm{d}\eta \right]^{-1}$，将 $c_1$ 和 $c_2$ 值代入式（4-53），得：

$$T' = \frac{\int_0^\eta \mathrm{e}^{-\frac{Pr}{2}\int_0^\eta f\mathrm{d}\eta}\mathrm{d}\eta}{\int_0^\infty \mathrm{e}^{-\frac{Pr}{2}\int_0^\eta f\mathrm{d}\eta}\mathrm{d}\eta} \qquad (4\text{-}53a)$$

此即平板传热时层流边界层内的温度分布方程。波尔豪森用式（4-53a）计算了 $Pr = 0.6 \sim 50$ 范围内的无因次温度分布图形，计算结果如图4-12所示，从图可知，在不同的 $Pr$ 数下，$\delta \neq \delta_t$，它们之间的关系为：

$$\frac{\delta}{\delta_t} = Pr^{1/3}$$

此时，若采用 $\dfrac{y}{x}Re_x^{1/2}Pr^{1/3}$ 替代 $\dfrac{y}{x}Re_x^{1/2}$ 为横坐标，再画这些曲线，则它们合并为一条单一的曲线，即 $Pr = 1$ 的曲线，如图4-13所示。

C　对流传热系数的求取

由图4-13得知：

$$\frac{\mathrm{d}T'}{\mathrm{d}(\eta Pr^{1/3})} = 0.332$$

即

$$\frac{\mathrm{d}T'}{\mathrm{d}\eta}\bigg|_{\eta = 0} = 0.332 Pr^{1/3} \qquad (4\text{-}54)$$

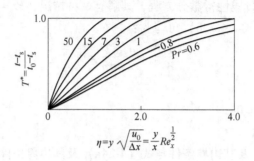

图 4-12　平板传热时层流边界层内的温度分布

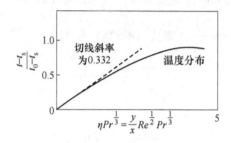

图 4-13　平板传热时层流边界层内温度分布

又由式（4-6）知：

$$h_x = \frac{k}{t_0 - t_s} \frac{\mathrm{d}t}{\mathrm{d}y}\bigg|_{y=0}$$

即

$$h_x = k \frac{\mathrm{d}\left(\dfrac{t - t_s}{t_0 - t_s}\right)}{\mathrm{d}y}\bigg|_{y=0} = k \frac{\mathrm{d}T'}{\mathrm{d}y}\bigg|_{y=0} \tag{4-55a}$$

式中，$\dfrac{\mathrm{d}T'}{\mathrm{d}y}\bigg|_{y=0}$ 已由式（4-50b）求出：

$$\frac{\mathrm{d}T'}{\mathrm{d}y}\bigg|_{y=0} = \sqrt{\frac{u_0}{\nu x}} \frac{\mathrm{d}T'}{\mathrm{d}\eta}$$

把式（4-50b）、式（4-54）代入式（4-55a）得对流传热系数的局部值：

$$h_x = 0.332 \frac{k}{x} Re_x^{1/2} Pr^{1/3} \tag{4-55b}$$

或

$$Nu_x = 0.332 Re_x^{1/2} Pr^{1/3} \tag{4-55c}$$

式中，$Nu_x$ 称为局部努塞尔数。

式（4-55b）和式（4-55c）即为层流传热时求算距平板前缘 $x$ 处局部对流传热系数的计算式。

长度为 $L$ 的平板的平均传热系数可按下式计算：

$$h_m = \frac{1}{L}\int_0^L hx\,\mathrm{d}x = \frac{1}{L}\int_0^L 0.332 \frac{k}{x}\left(\frac{u_0 x}{\nu}\right)^{\frac{1}{2}}\left(\frac{c_p \mu}{k}\right)^{\frac{1}{3}}\mathrm{d}x = 0.664 \frac{k}{L} Re_L^{1/2} Pr^{1/3} \tag{4-56}$$

若采用平均努塞尔数 $Nu_m = \dfrac{h_m L}{k}$ 表示时，则有：

$$Nu_m = 0.664 Re_L^{1/2} Pr^{1/3} \tag{4-56a}$$

比较式（4-55a）与式（4-56）及式（4-55c）和式（4-56a），得知，当 $x = L$ 时，平均膜系数或平均努塞尔数的值为局部值的 2 倍，即：

$$h_m = 2h_x, \qquad Nu_m = 2Nu_x$$

上列各式中物理量的定性温度为膜温，即平板表面与流体主体温度的算术平均值：

$$t_m = \frac{1}{2}(t_s + t_0)$$

式（4-54）~式（4-56a）的适用条件为：恒壁温、光滑平壁上层流边界层，$0.6 < Pr < 50$ 和 $Re_L < 5 \times 10^5$。

最后，讨论流动边界层厚度 $\delta$ 和热边界层厚度 $\delta_t$ 的关系。

前面曾提到，$\dfrac{\delta}{\delta_t} = Pr^{1/3}$，现在从理论分析导出该式。

式（4-54）中的无因次温度梯度在边界层内可近似地认为是恒定值，由此可得如下关系（下标 "0" 和 "s" 分别表示边界层外缘和壁面）：

$$\frac{\mathrm{d}T'}{\mathrm{d}\eta}\bigg|_{\eta=0} = \frac{T_0' - T_s'}{\eta_0 - \eta_s} = \frac{\dfrac{t_s - t_0}{t_s - t_0} - \dfrac{t_s - t_s}{t_s - t_0}}{\delta_t \sqrt{\left(\dfrac{u_0}{\nu x}\right)} - 0} = \frac{1}{\delta_t \sqrt{\dfrac{u_0}{\nu x}}} \tag{4-57}$$

由式（4-54）和式（4-57）得：

$$\frac{1}{\delta_t \sqrt{\dfrac{u_0}{\nu x}}} = 0.332 Pr^{1/3} \tag{4-58}$$

同理，由表 4-1 得：

$$\frac{\mathrm{d}(u_x/u_0)}{\mathrm{d}\eta}\bigg|_{\eta=0} = \frac{\mathrm{d}f'}{\mathrm{d}\eta} = f''(0) = 0.332 \tag{4-59}$$

$$\frac{\mathrm{d}(u_x/u_0)}{\mathrm{d}\eta}\bigg|_{\eta=0} = \frac{\left(\dfrac{u_x}{u_0}\right)_0 - \left(\dfrac{u_x}{u_0}\right)_s}{\eta_0 - \eta_s} = \frac{\dfrac{u_0}{u_0} - 0}{\delta \sqrt{\dfrac{u_0}{\nu x}}} = \frac{1}{\delta \sqrt{\dfrac{u_0}{\nu x}}} \tag{4-60}$$

由式（4-59）和式（4-60）得：

$$\frac{1}{\delta \sqrt{\dfrac{u_0}{\nu x}}} = 0.332 \tag{4-61}$$

比较式（4-58）和式（4-61）得：

$$\frac{\delta}{\delta_t} = Pr^{\frac{1}{3}}$$

流动边界层厚度 $\delta$ 和热边界层厚度 $\delta_t$ 的相对位置，可以通过普朗特数来判断。已定

义 $Pr = \dfrac{\nu}{\alpha}$，$\nu$ 决定着分子动量传递速度，当几何尺寸和流速一定时，$\nu$ 愈大则流动边界层厚度愈大；$\alpha$ 决定着分子能量传递速度，$\alpha$ 愈大则热量传递速度愈快，温度边界层的厚度 $\delta_t$ 愈大。比较式（4-12）和式（4-49）及其边界条件，可以得到如下结论：当 $Pr = 1$ 时，$\delta = \delta_t$，即流动边界层和热边界层重合；当 $Pr < 1$，即 $\nu < \alpha$ 时，$\delta < \delta_t$，即流动边界层在温度边界层下方；而 $Pr > 1$ 时，则 $\delta > \delta_t$，即流动边界层在热边界层上方。

普朗特数 $Pr = \dfrac{\nu}{\alpha}$ 关联了动量传递和热量传递，当 $Pr = 1$ 时，说明动量传递与热量传递可以类比。现在把一些常见物质的 $Pr$ 数描绘在图 4-14 中的数轴上。

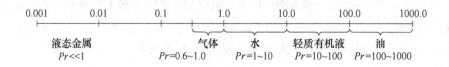

图 4-14　常见物质的 $Pr$ 数

### 4.6.1.2　平板壁面上层流传热的近似解

以上讨论了平板壁面层流传热的精确解。该方法精度高但较烦琐，而且其结果仅适于光滑平壁的层流边界层。

现在介绍另一种简便的方法，即温度边界层的热量流动方程（简称热流方程）。此法虽为近似解，但求解结果精度能满足要求，且层流边界层、湍流边界层的传热均适用。

**A　温度边界层热流方程的推导**

为推导边界层热流方程，需做如下假定：流体呈二维定常态流动，其物性为定值，物系无内热源（$q = 0$），也不计入黏性摩擦产生的热量（$\phi = 0$），流动边界层与热边界层的相互关系为 $\delta_t < \delta < l$，$l$ 为六面体的高。

取图 4-15 所示的流体微元，此流体微元的长×宽×高 $= d_x \times$（1 单位长）$\times l$，流体的速度边界层厚度和热边界层厚度分别为 $\delta$ 和 $\delta_t$，且 $\delta_t < \delta_0$ 流道为平板壁面上方，来流体所具有的速度和温度分别为 $u_0$ 和 $t_0$。

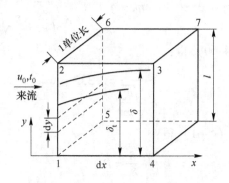

图 4-15　边界层热流方程的推导

类似于本章速度边界层积分动量方程的推导，此流体微元的热平衡如下。

入左侧面的热流速率为：

$$\int_0^l \rho c_p t u_x \mathrm{d}y (1)$$

出右侧面的质量流率，根据泰勒中值定律，有：

$$\int_0^l \rho c_p t u_x \mathrm{d}y (1) + \frac{\partial}{\partial x}\Big[\int_0^l \rho c_p t u_x \mathrm{d}y (1)\Big]\mathrm{d}x$$

在计算上侧面流体带入的热流速率时，应注意其温度为 $t_0$：

$$t_0 \frac{\partial}{\partial x}\Big[\int_0^l \rho c_p t u_x \mathrm{d}y (1)\Big]\mathrm{d}x$$

下侧面是以导热方式向流体微元输入热量，因而遵循傅里叶第一定律

$$-k\frac{\partial t}{\partial y}\Big|_{y=0}\mathrm{d}x(1)$$

流体微元热量衡算的依据为：

$$\sum 入热 = \sum 出热$$

省去单位长度（1），微元体的热平衡为：

$$\int_0^l \rho c_p t u_x \mathrm{d}y + t_0 \frac{\partial}{\partial x}\Big[\int_0^l \rho c_p t u_x \mathrm{d}y(1)\Big]\mathrm{d}x - k\frac{\partial t}{\partial y}\Big|_{y=0}\mathrm{d}x = \int_0^l \rho c_p t u_x \mathrm{d}y + \frac{\partial}{\partial x}\Big[\int_0^l \rho c_p t u_x \mathrm{d}y\Big]\mathrm{d}x$$

消去 $\mathrm{d}x$，上式经化简，得：

$$\frac{\partial}{\partial x}\Big[\int_0^l \rho c_p(t_0 - t)u_x \mathrm{d}y\Big] = k\frac{\partial t}{\partial y}\Big|_{y=0}$$

或

$$\frac{\partial}{\partial x}\Big[\int_0^l (t_0 - t)u_x \mathrm{d}y\Big] = \alpha\frac{\partial t}{\partial y}\Big|_{y=0}$$

若为一维流动，则可把偏导数改写为常导数：

$$\frac{\mathrm{d}}{\mathrm{d}x}\Big[\int_0^l (t_0 - t)u_x \mathrm{d}y\Big] = \alpha\frac{\partial t}{\partial y}\Big|_{y=0} \tag{4-62}$$

此即能量积分方程，也称边界层热流方程。该式既适用于平壁层流边界层，也适用于平壁湍流边界层，两者的区别在于速度分布有别，层流边界层时，速度分布 $u_x$ 为幂函数或正弦函数；湍流边界层时，速度分布遵循布劳修斯七分之一次方定律。现在讨论层流边界层时式（4-62）的解（图 4-16）。

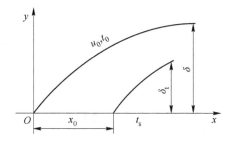

图 4-16  平壁上方边界层的形成

B　能量方程的求解

（1）假设温度分布并求此温度分布。

假设温度分布为：

$$t = a + by + cy^2 + dy^3 \tag{4-63}$$

式中，$a$、$b$、$c$、$d$ 为常数。

式（4-63）的边界条件为：

1）在 $y=0$ 处，$t = t_s$；

2）在 $y = \delta_t$ 处，$t = t_0 = \text{const}$；

3）在 $y = \delta_t$ 处，$\dfrac{\partial t}{\partial y} = \dfrac{\partial t_0}{\partial y} = 0$；

4）在 $y = 0$ 处，$\dfrac{\partial^2 t}{\partial y^2}\Big|_{y=0} = 0$。

上述边界条件 1）的证明。流体在平壁上进行二维流动时的传热微分方程为：

$$u_x \frac{\partial t}{\partial x} + u_y \frac{\partial t}{\partial y} = \alpha \frac{\partial^2 t}{\partial y^2}$$

当 $y=0$ 时，$u_x = 0 = u_y$，上式等号左端为零，而等号右端的 $\alpha$ 为导温系数，它为非零值，因而只有 $\dfrac{\partial^2 t}{\partial y^2} = 0$ 上式才成立。

把边界条件 1）~4）代入式（4-63），求得温度分布为：

$$a = t, \quad b = \frac{3}{2}\frac{t_0 - t_s}{\delta_x}, \quad c = 0, \quad d = -\frac{1}{2}\frac{t_0 - t_s}{\delta_x^3}$$

把各常数代入式（4-63）得温度分布为：

$$\frac{t - t_s}{t_0 - t_s} = \frac{3}{2}\frac{y}{\delta_x} - \frac{1}{2}\left(\frac{y}{\delta_t}\right)^3 \tag{4-64a}$$

（2）求积分 $\displaystyle\int_0^l (t_0 - t) u_x \mathrm{d}y$。

为简化计算，令 $\tau = t - t_s$，$\tau_0 = t_0 - t_s$，则有：

$$\frac{\tau}{\tau_0} = \frac{3}{2}\frac{y}{\delta_t} - \frac{1}{2}\left(\frac{y}{\delta_t}\right)^3 \tag{4-64b}$$

及

$$\int_0^l (t_0 - t) u_x \mathrm{d}y = \int_0^l (\tau_0 - \tau) u_x \mathrm{d}y = \int_0^{\delta_t} (\tau_0 - \tau) u_x \mathrm{d}y + \int_{\delta_t}^l (\tau_0 - \tau) u_x \mathrm{d}y = \int_0^{\delta_t} (\tau_0 - \tau) u_x \mathrm{d}y$$

$$= \int_0^{\delta_t} \left[\tau_0 - \tau_0\left(\frac{3}{2}\frac{y}{\delta_t} - \frac{1}{2}\frac{y^3}{\delta_t^3}\right)\right] u_0 \left[\frac{3}{2}\frac{y}{\delta} - \frac{1}{2}\left(\frac{y}{\delta}\right)^3\right] \mathrm{d}y$$

$$= u_0 \tau_0 \delta\left[\frac{3}{20}\left(\frac{\delta_t}{\delta}\right)^2 - \frac{3}{280}\left(\frac{\delta_t}{\delta}\right)^4\right] = \frac{3}{20} u_0 \tau_0 \delta\left(\frac{\delta_t}{\delta}\right)^2$$

令　$\xi = \delta_t/\delta$

则有：

$$\int_0^l (t_0 - t) u_x \mathrm{d}y = \frac{3}{20} u_0 \tau_0 \delta \xi^2$$

（3）求导数 $\dfrac{\mathrm{d}}{\mathrm{d}x}\Big[\displaystyle\int_0^l (t_0 - t) u_x \mathrm{d}y\Big]$。

$$\frac{d}{dx}\Big[\int_0^l (t_0 - t) u_x dy\Big] = \frac{d}{dx}\Big(\frac{3}{20} u_0 \tau_0 \delta \xi^2\Big) = \frac{3}{20} u_0 \tau_0 \Big(\delta \times 2\xi \frac{d\xi}{dx} + \xi^2 \frac{d\delta}{dx}\Big)$$

（4）找到 $\delta_t$ 与 $\frac{dt}{dy}\Big|_{y=0}$ 的关系，求出 $\delta_t$ 之值。

因为有以下关系：

$$\frac{dt}{dy}\Big|_{y=0} = (t_0 - t_s) \frac{d}{dy}\Big(\frac{t - t_s}{t_0 - t_s}\Big) = (t_0 - t_s) \frac{d}{dy}\Big(\frac{\tau}{\tau_0}\Big) = \frac{3}{2} \frac{\tau_0}{\delta_t} = \frac{3}{2} \frac{\tau_0}{\delta \xi}$$

所以，$\frac{d}{dx}\Big[\int_0^l (t_0 - t) u_x dy\Big] = \alpha \frac{dt}{dy}\Big|_{y=0}$ 可写为：

$$\frac{3}{20} u_0 \tau_0 \Big(\delta \times 2\xi \frac{d\xi}{dx} + \xi^2 \frac{d\delta}{dx}\Big) = \frac{3}{2} \frac{\tau_0}{\delta \xi}$$

上式经化简，得：

$$\frac{1}{10} u_0 \Big(2\delta^2 \xi^2 \frac{d\xi}{dx} + \xi^3 \delta \frac{d\delta}{dx}\Big) = \alpha \qquad (4\text{-}65)$$

式中，$\delta$ 和 $\delta \frac{d\delta}{dx}$ 已在本章中求出：

$$\delta = 4.64 \sqrt{\frac{\mu x}{\rho u_0}} = \Big(\frac{280}{13} \frac{\mu x}{\rho u_0}\Big)^{1/2}$$

$$\delta \frac{d\delta}{dx} = \frac{140}{13} \frac{\mu}{\rho u_0}$$

把此二式代入式（4-65），得：

$$\frac{14}{13} \frac{\mu}{\rho \alpha} \Big(\xi^3 + 4x\xi^2 \frac{d\xi}{dx}\Big) = 1$$

或

$$\xi^3 + \frac{4}{3} x \frac{d\xi^3}{dx} = \frac{13}{14Pr}$$

或

$$\frac{4}{3} x \frac{d\xi^3}{dx} = \frac{13}{14Pr} - \xi^3$$

上式经分离变量，得：

$$\frac{d\xi^3}{\frac{13}{14Pr} - \xi^3} = \frac{3}{4} \frac{dx}{x}$$

或

$$\frac{d\Big(\xi^3 - \frac{13}{14Pr}\Big)}{\xi^3 - \frac{13}{14Pr}} = -\frac{3}{4} \frac{dx}{x}$$

积分上式，得：$\ln\Big(\xi^3 - \frac{13}{14Pr}\Big) = -\frac{3}{4}\ln x + \ln c$

或

$$\xi^3 = \frac{13}{14Pr} + cx^{-\frac{3}{4}} \qquad (4\text{-}66)$$

把边界条件 $x = x_0$ 处 $\delta_t = 0$（即 $\xi = 0$）代入上式，求出积分常数 $c = -\dfrac{13}{14Pr} x_0^{3/4}$。

把 $c$ 代入式（4-66）得：

$$\xi^3 = \frac{13}{14Pr}\Big[1 - \Big(\frac{x_0}{x}\Big)^{\frac{3}{4}}\Big]$$

因而有：

$$\xi = \frac{\delta_t}{\delta} = \frac{Pr^{-1/3}}{1.026}\Big[1 - \Big(\frac{x_0}{x}\Big)^{\frac{3}{4}}\Big]^{1/3} \tag{4-67}$$

若流体一进入平壁就形成热边界层，即 $x_0 = 0$，则上式可写为：

$$\xi = \frac{Pr^{-1/3}}{1.026} \tag{4-67a}$$

C　对流体传热系数的计算

$$h_x = \frac{k}{t_0 - t_s}\frac{\mathrm{d}t}{\mathrm{d}y}\Big|_{y=0} = \frac{k}{t_0 - t_s}\Big(\frac{3}{2}\frac{\tau_0}{\delta\xi}\Big) = \frac{3}{2}\frac{k}{\delta\xi} = \frac{3}{2}k\Big[4.64\Big(\frac{\mu x}{\rho u_0}\Big)^{1/2}\Big]^{-1}\Big\{\frac{Pr^{-\frac{1}{3}}}{1.026}\Big[1 - \Big(\frac{x_0}{x}\Big)^{\frac{3}{4}}\Big]^{\frac{1}{3}}\Big\}^{-1}$$

上式经简化，变为：

$$h_x = 0.332\frac{k}{x}Re_x^{1/2}Pr^{1/3}\Big[1 - \Big(\frac{x_0}{x}\Big)^{\frac{3}{4}}\Big]^{-\frac{1}{3}}$$

若 $x_0 = 0$，即换热从平壁前缘开始，则有

$$h_x = 0.332\frac{k}{x}Re_x^{1/2}Pr^{1/3} \tag{4-68a}$$

或

$$Nu_x = \frac{h_x x}{k} = 0.332Re_x^{1/2}Pr^{1/3} \tag{4-68b}$$

式（4-68a）和式（4-68b）所表达的是位于 $x$ 处的局部值。若求长度为 $L$ 以内的平均值，则可由式（4-68a）积分：

$$h_m = \frac{1}{L}\int_0^L h_x \mathrm{d}x = 0.664\frac{k}{x}Re_L^{1/2}Pr^{1/3} \tag{4-68c}$$

或

$$Nu_m = 0.664Re_L^{1/2}Pr^{1/3} \tag{4-68d}$$

以上各式中物理量的定性温度均取膜温平均值，即：

$$t_m = \frac{1}{2}(t_0 + t_s)$$

式中，$t_0$、$t_s$ 分别表示流体主体温度和壁面温度。

从以上讨论得知，精确解和近似解的结果是一致的。

### 4.6.2　平壁上层流传质的精确解和近似解

如前所述，流体在平壁上进行层流传质时，质量传递的全部阻力可视为局限于固体表面上一层有浓度梯度的流体层内，此流体层称为浓度边界层。在平壁浓度边界层中，固体壁面与流体之间的传质通量已在本章导出：

$$N_A = k_c^0(c_{As} - c_{A0})$$

由于在表面上的质量传递为分子扩散，因而 $N_A$ 还可用费克第一定律写为：

$$N_A = -D_{AB} \frac{dc_A}{dy}\Big|_{y=0}$$

若表面浓度 $c_{As}$ 恒定，上式还可写为：

$$N_A = -D_{AB} \frac{d(c_A - c_{As})}{dy}\Big|_{y=0} \qquad (4\text{-}69)$$

式（4-8）和式（4-69）具有相同的含义，因而有如下关系：

$$k_c^0(c_{As} - c_{A0}) = -D_{AB} \frac{d(c_A - c_{As})}{dy}\Big|_{y=0}$$

或

$$k_c^0 = -\frac{D_{AB}}{(c_{As} - c_{A0})} \frac{d(c_{As} - c_A)}{dy}\Big|_{y=0}$$

即

$$k_c^0 = D_{AB} \frac{d\left(\dfrac{c_{As} - c_A}{c_{As} - c_{A0}}\right)}{dy}\Bigg|_{y=0}$$

或写为无因次形式：

$$\frac{k_{cL}^0}{D_{AB}} = \frac{d(c_A - c_{As})/dy}{(c_{As} - c_{A0})/L} \qquad (4\text{-}70a)$$

式中，$\dfrac{k_{cL}^0}{D_{AB}} = Sh$，称为舍伍德数。

对流传质系数 $k_c^0$ 的求解程序与对流传热系数相似。为了求到浓度梯度，就要求浓度分布，而后者需解对流扩散方程才能得到，此时，必须知道速度分布，为此，需解运动微分方程和连续性方程。此程序可写为：

奈维-斯托克斯方程和连续性方程→速度分布→对流扩散方程→浓度分布→浓度梯度→$k_c^0$

现以平壁二维定常态浓度场为例进行讨论。

### 4.6.2.1 平板壁面上层流传质的精确解

不可压缩流体在平板壁面上进行定常态层流流动时的连续性方程和运动微分方程分别为：

$$\frac{\partial u_x}{\partial x} + \frac{\partial u_y}{\partial y} = 0$$

$$u_x \frac{\partial u_x}{\partial x} + u_y \frac{\partial u_y}{\partial y} = \nu \frac{\partial^2 u^2}{\partial y^2}$$

为求解对流传质系数的需要，还要引入能量方程。平壁热边界层中，若导温系数恒定，则不可压缩流体二维传热的能量方程为：

$$u_x \frac{\partial t}{\partial x} + u_y \frac{\partial t}{\partial y} = \alpha \frac{\partial^2 t}{\partial y^2}$$

浓度边界层内的对流扩散方程可由式（2-84）化简而得。在该式中，定常态 $\dfrac{\partial \rho_A}{\partial \theta} = 0$，

二维传质，$\dfrac{\partial \rho_A}{\partial z} = 0$，$\dfrac{\partial^2 \rho_A}{\partial z^2} = 0$，流体运动距离 $x$ 远比 $y$ 方向的距离大，因而 $\dfrac{\partial^2 \rho_A}{\partial y^2} \gg \dfrac{\partial^2 \rho_A}{\partial x^2}$，

把 $\dfrac{\partial^2 \rho_A}{\partial x^2}$ 略去，在质量传递时，设不发生化学反应，$r_A = 0$，于是，式（2-84）可化简为：

$$u_x \frac{\partial \rho_A}{\partial x} + u_y \frac{\partial \rho_A}{\partial y} = D_{AB} \frac{\partial^2 \rho_A}{\partial y^2} \tag{4-71}$$

式（2-84）、式（4-12）、式（4-49）和式（4-71）的边界条件为：

（1）在 $y = 0$ 处，$\rho_A = \rho_{As}$（或 $C_A = C_{As}$，$t = t_s$，$u_x = u_{xs} = 0$，$u_y = u_{ys}$，$u_{xs}$ 和 $u_{ys}$ 分别为壁面处由于传质在 $x$ 方向和 $y$ 方向产生的速度）；

（2）在 $y \to \infty$ 处，$\rho_A = \rho_{A0}$（或 $C_A = C_{A0}$，$t = t_0$，$u_x = u_0$）；

（3）在 $x = 0$ 处，$\rho_A = \rho_{A0}$（或 $C_A = C_{A0}$，$t = t_0$，$u_x = u_0$）。

上述 4 个方程的求解与本章普朗特边界层方程的精确解（布劳修斯解）相似，首先将上述各式进行相似变换，以便化成无因次的形式。

本章曾引用两个无因次数群 $\eta(x,y)$、$f(\eta)$ 并求出平壁上方层流流动的速度分布 $u_x$、$u_y$，它们分别是：

$$\eta(x,y) = y \sqrt{\frac{u_0}{\nu x}}$$

$$f(\eta) = \frac{\varphi}{\sqrt{u_0 \nu x}}$$

$$u_x = u_0 f' y$$

$$u_y = \frac{1}{2} \sqrt{\frac{u_0 \nu}{x}} \left[ \eta f'(\eta) - f(\eta) \right]$$

把边界层方程化简为：

$$2f'''(\eta) + f(\eta) f''(\eta) = 0$$

或

$$\frac{d^2 f'}{d\eta^2} + \frac{f}{2} \frac{df'}{d\eta} = 0 \tag{4-72}$$

再令

$$U' = \frac{u_x}{u_0} = f' \tag{4-73}$$

则式（4-72）可写为：

$$\frac{d^2 U'}{d\eta^2} + \frac{1}{2} f \frac{dU'}{d\eta} = 0 \tag{4-74}$$

同理，式（4-49）和式（4-71）也可分别化为如下因次形式：

$$\frac{d^2 T'}{d\eta^2} + \frac{Pr}{2} f \frac{dT'}{d\eta} = 0 \tag{4-75}$$

$$\frac{d^2 c_A'}{d\eta^2} + \frac{Sc}{2} f \frac{dc_A'}{d\eta} = 0 \tag{4-76}$$

式中

$$T' = \frac{t_s - t}{t_s - t_0} \qquad (4\text{-}77)$$

$$c_A' = \frac{c_{As} - c_A}{c_{As} - c_{A0}} \qquad (4\text{-}78)$$

式 (4-74)、式 (4-75) 和式 (4-76) 相应的边界条件为：

(1) 在 $\eta = 0$ 处，$c_A' = 0$，$T' = 0$，$U' = 0$，$u_y = u_{ys}$；

(2) 在 $\eta \to \infty$ 处，$c_A' = 1$，$T' = 1$，$U' = 1$。

浓度边界层无因次对流扩散方程 (4-76) 的解，可根据边界条件及方程式的类似性，与动量传递或热量传递类比得出。在边界条件 (1) 中，当溶质 A 的扩散速率不大时，$u_{ys}$ 可近似视为零。另外，除某些气体外，施密特数 $Sc$ 一般不等于 1，求解式 (4-76) 可能有 4 种不同情况：

(1) $Sc = 1$，$u_{ys} = 0$；

(2) $Sc \neq 1$，$u_{ys} = 0$；

(3) $Sc = 1$，$u_{ys} \neq 0$；

(4) $Sc \neq 1$，$u_{ys} \neq 0$；

现在分别讨论之。

**A  $Sc = 1$，$u_{ys} = 0$ 时的传质系数**

由于 $Sc = \dfrac{\nu}{D_{AB}} = 1$，说明速度边界层与浓度边界层重合，即动量传递过程与质量传递过程可以类比，式 (4-74) 与式 (4-76) 类似，由于 $u_{ys} = 0$，因而边界条件也类似，所以式 (4-74) 的解，同样也应为式 (4-76) 的解。

由表 4-1 得：

$$f''(0) = \frac{d(u_x/u_0)}{d\eta}\bigg|_{\eta=0} = \frac{dU'}{d\eta}\bigg|_{\eta=0} = 0.332$$

既然动量传递与质量传递可以类比，故质量传递也可写为：

$$f''(0) = \frac{dc_A'}{d\eta}\bigg|_{\eta=0} = 0.332$$

或写为：

$$\frac{d\big[(c_{As} - c_A)/(c_{As} - c_{A0})\big]}{d\left(y\sqrt{\dfrac{u_0}{\nu x}}\right)}\Bigg|_{y=0} = 0.332$$

于是得：

$$\frac{d\big[(c_{As} - c_A)/(c_{As} - c_{A0})\big]}{dy}\bigg|_{y=0} = 0.332\sqrt{\frac{u_0}{\nu x}} = 0.332\frac{1}{x}Re^{1/2} \qquad (4\text{-}79)$$

把式 (4-79) 代入式 (4-70)，得：

$$k_c^0 = 0.332\frac{D_{AB}}{x}Re_x^{1/2} \qquad (4\text{-}80)$$

或

$$Sh = \frac{k_{cx}^0 x}{D_{AB}}0.332Re_x^{1/2} \qquad (4\text{-}80a)$$

式（4-80）和式（4-80a）适用于平壁层流边界层、$Sc = 1$ 且壁面的传质速率很低（$u_{ys} = 0$）时传质系数的计算。

**B**    $Sc \neq 1$，$u_{ys} = 0$ 时的传质系数

由于 $Sc = \dfrac{\nu}{D_{AB}} \neq 1$，因而动量传递与质量传递不可以类比。但是，分析式（4-75）和式（4-76）可知，由于 $Pr$ 与 $Sc$ 均为描述物性的无因次数群，而且两者的形式相似，又由于 $u_{ys} = 0$，因而式（4-75）和式（4-76）的边界条件也类似，此时，质量传递与热量传递可以类比，所以上述两式具有相同形式的解，即可以应用波尔豪森的解。下面写出的即为传热的波尔豪森解及传质的类比解：

热量传递                 质量传递

$$\delta/\delta_t = Pr^{1/3} \qquad\qquad\qquad \delta/\delta_c = Sc^{1/3}$$

$$\left.\frac{dT'}{d\eta}\right|_{\eta=0} = 0.332 Pr^{1/3} \qquad\qquad \left.\frac{dc'_A}{d\eta}\right|_{\eta=0} = 0.332 Sc^{1/3}$$

$$\left.\frac{dT'}{dy}\right|_{y=0} = 0.332 \frac{1}{x} Re^{1/2} Pr^{1/3} \qquad \left.\frac{dc'_A}{dy}\right|_{y=0} = 0.332 \frac{1}{x} Re^{1/2} Sc^{1/3}$$

把浓度梯度 $\left.\dfrac{dc'_A}{dy}\right|_{y=0} = 0.332 \dfrac{1}{x} Re^{1/2} Sc^{1/3}$ 代入式（4-70），得

$$k_{cx}^0 = 0.332 \frac{D_{AB}}{x} Re^{1/2} Sc^{1/3} \tag{4-81}$$

它与平壁上方层流边界层传热的式（4-55b）相对应：

$$h_x = 0.332 \frac{k}{x} Re_x^{1/2} Pr^{1/3}$$

式（4-81）还可写为下列无因次形式：

$$Sh_x = \frac{k_{cx}^0 x}{D_{AB}} 0.332 Re^{1/2} Sc^{1/3} \tag{4-82}$$

它与平壁上方层流边界层传热的式（4-55c）相对应：

$$Nu_x = \frac{h_x x}{k} = 0.332 Re_x^{1/2} Pr^{1/3}$$

式（4-81）为局部传热膜系数，其值随 $x$ 而变，长度为 $L$ 的平壁上的平均传质系数 $k_{cm}^0$ 为：

$$k_{cm}^0 = \frac{1}{L} \int_0^L k_{cx}^0 dx$$

把式（4-81）代入上式，积分后得：

$$k_{cm}^0 = 0.664 \frac{D_{AB}}{L} Re_L^{1/2} Sc^{1/3} \tag{4-83}$$

或

$$Sh_m = \frac{k_{cm}^0 L}{D_{AB}} = 0.664 Re_L^{1/2} Sc^{1/3} \tag{4-84}$$

式（4-83）和式（4-84）适用于 $Sc > 0.6$、平壁上方传质速率很低时的层流传质。

C　$Sc = 1$，$u_{ys} \neq 0$ 时的传质系数

此时，由于 $Sc = \dfrac{\nu}{D_{AB}} = 1$，说明速度边界层方程式（4-74）与浓度边界层方程式（4-76）相似，而且两种边界层是重合的。但是，由于在 $\eta = 0$ 处 $u_{ys} \neq 0$，因而不能用布劳修斯解法。现在要从边界条件着手，分析浓度边界层方程式（4-76）的解与哪些参数有关。

先分析边界条件（1），在 $\eta = 0$ 处，$u_y = u_{ys} \neq 0$，此时流体不滑脱，$u_x = 0$，由于 $f' = u_x/u_0$ 及 $c_A = c_{As}$，因而 $f' = 0$ 及 $c'_A = \dfrac{c_{As} - c_A}{c_{As} - c_{A0}} = 0$。

由式（4-22b）知，当 $f' = 0$ 时，该式可写为：

$$f = -2u_{ys}\sqrt{\frac{x}{\nu u_0}} = -\frac{2u_{ys}}{u_0}Re_x^{1/2}$$

由于此时 $f' = 0$，因而上式必等于常数：

$$f_s = -\frac{2u_{ys}}{u_0}Re_x^{\frac{1}{2}} = \text{const} \tag{4-85}$$

再看边界条件：在 $\eta \to \infty$ 处，$U' = 1$，$c'_A = 1$，即此边界条件与第一种情况（$Sc = 1$，$u_{ys} = 0$）时的相同。

通过对边界条件的分析，得知在 $\eta = 0$ 处，$u_y = u_{ys} \neq 0$ 条件下，不能用布劳修斯解法求解式（4-76），但有一点可以肯定，该式的解必与 $\dfrac{u_{ys}}{u_0}Re_x^{\frac{1}{2}}$ 有关，其解可由图4-17中的点划线表示。

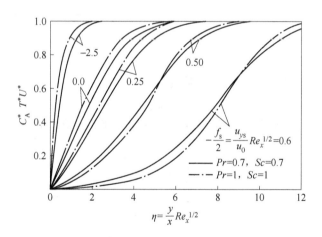

图4-17　平壁上传质时层流边界层中的浓度、温度和速度分布

浓度分布曲线确定之后，即可根据曲线在 $\eta = 0$ 处的斜率进而求取传质系数。

式（4-85）还可改写为：

$$-\frac{f_s}{2} = \frac{u_{ys}}{u_0}Re_x^{\frac{1}{2}}$$

将上式称为喷出或吸入参数。喷出参数 $\dfrac{u_{ys}}{u_0}Re_x^{\frac{1}{2}}$ 的值可正、可负、可为零，视 $u_{ys}$ 的值而定。$u_{ys}$ 为正值时，则参数亦为正值，表示组分 A 由表面向边界层传递（喷出）；反之，$u_{ys}$ 为负值时，表示组分 A 由液体向固体壁面传递（吸入）。当参数值为零时，或 $u_{ys}$ 很小时，表示传递速率很小，参数 $\dfrac{u_{ys}}{u_0}Re_x^{\frac{1}{2}}$ 不再有影响，此时，可用布劳修斯求浓度分布，即利用图 4-16 中 $\dfrac{u_{ys}}{u_0}Re_x^{\frac{1}{2}}=0$，$Sc=1$ 的曲线求浓度 $c'_A$，或者直接用上述 $Sc=1$，$u_{ys}=0$ 时的方法直接求解温度梯度，进而求 $k_{cx}^0$。

D　$Sc\neq1$，$u_{ys}\neq0$ 时的传质系数

此种情况最普遍。$Sc\neq1$，表示动量传递与质量传递不再类比，因而不能用布劳修斯法求浓度分布；$u_{ys}\neq0$，表示平壁上的传质速率较大且不能忽略，同时不能用波尔豪森解。但是，此时的传质系数可用类似式（4-81）的推导方法得到，但此时曲线的斜率不再是 0.332。对于任一喷出（或吸入）参数下的浓度分布曲线，在 $y=0$ 处均有一相应的斜率值，此时，传质系数可按下式求出：

$$Sh_x = \frac{k_{cx}^0}{D_{AB}} = mRe_x^{1/2}Sc^{1/3} \tag{4-86}$$

式中，$m$ 为浓度分布曲线在原点（$y=0$）处的斜率，其值见表 4-3。

表 4-3　在各种喷出（吸入）参数下，浓度分布曲线在原点（$y=0$）处的斜率

| $\dfrac{u_{ys}}{u_0}Re_x^{\frac{1}{2}}$ | 0.60 | 0.50 | 0.25 | 0 | $-2.5$ |
| --- | --- | --- | --- | --- | --- |
| 斜率 $m\big|_{y=0}$ | 0.01 | 0.06 | 0.17 | 0.332 | 1.64 |

在长度为 $L$ 的平壁上，其平均传质系数为：

$$k_{cm}^0 = 2k_{cx}^0\big|_{x=L}$$

上述各式中流体的物性取膜平均温度和膜平均浓度下的值，而膜平均温度和浓度又分别写为：

$$t_m = \frac{1}{2}(t_s + t_0)$$

$$c_{As} = \frac{1}{2}(c_{As} + c_{A0})$$

式中，$c_{As}$ 和 $c_{A0}$ 分别为组分 A 在壁面和在流体主体中的浓度。

### 4.6.2.2　平板壁面上层流传质的近似解

类似于速度边界层中的卡门积分动量方程、温度边界层中的热流方程，也可推导出浓度边界层积分传质方程，求其解后，再经简单运算，就可求出对流传质系数。

A　浓度边界层积分传质方程的推导

取如图 4-18 所示的流体微元。其长 × 宽 × 高 $= dr$（1 单位长）· $l$，流体主体的速度和

浓度分别为 $u_0$ 和 $c_{A0}$，速度边界层厚度和浓度边界层厚度分别为 $\delta$ 和 $\delta_c$，左侧面距 $x$ 轴有一微元面积 $\mathrm{d}y \cdot$（1 单位长）。

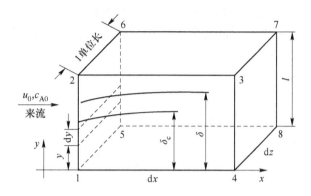

图 4-18　浓度边界层积分传质方程的推导

现以此流体微元对组分 A 作微分质量衡算。入左侧面的质量流率为：

$$\int_0^l \rho_A u_x (1) \mathrm{d}y$$

出右侧面的质量流率为：

$$\int_0^l \rho_A u_x (1) \mathrm{d}y + \frac{\partial}{\partial x}\Big[ \int_0^l \rho_A u_x (1) \mathrm{d}y \Big] \mathrm{d}x$$

上侧面补充的质量流率为：

$$\frac{\partial}{\partial x}\Big[ \int_0^l \rho_{A0} u_x (1) \mathrm{d}y \Big] \mathrm{d}x$$

下侧面以分子扩散的形式向流体微元传入的质量流率为：

$$-D_{AB} \frac{\mathrm{d}\rho_A}{\mathrm{d}y}\Big|_{y=1} \mathrm{d}x(1)$$

根据质量守恒，得：

$$\frac{\partial}{\partial x}\Big[ \int_0^l (\rho_{A0} - \rho_A) \mathrm{d}x(1)\mathrm{d}y \Big] = D_{AB} \frac{\mathrm{d}\rho_A}{\mathrm{d}y}\Big|_{y=0}$$

若为一维传质、省去单位长度（$l$），上式可写为：

$$\frac{\mathrm{d}}{\mathrm{d}x}\Big[ \int_0^l (\rho_{A0} - \rho_A) u_x \mathrm{d}y \Big] = D_{AB} \frac{\mathrm{d}\rho_A}{\mathrm{d}y}\Big|_{y=0}$$

换限，并略去 $\delta_c \sim l$ 区间的积分值，上式可写为：

$$\frac{\mathrm{d}}{\mathrm{d}x}\Big[ \int_0^{\delta_c} (\rho_{A0} - \rho_A) u_x \mathrm{d}y \Big] = D_{AB} \frac{\mathrm{d}\rho_A}{\mathrm{d}y}\Big|_{y=0} \tag{4-87}$$

式（4-87）即为浓度边界层积分传质方程。该式等号两侧同除以组分 A 的相对分子质量，则上式可化为摩尔通量形式：

$$\frac{\mathrm{d}}{\mathrm{d}x}\Big[ \int_0^{\delta_c} (c_{A0} - c_A) u_x \mathrm{d}y \Big] = D_{AB} \frac{\mathrm{d}c_A}{\mathrm{d}y}\Big|_{y=0} \tag{4-87a}$$

式（4-87）和式（4-87a）适用于平壁上方层流传质或湍流传质，两者的区别在于速度分布不同。须注意的是：在推导过程中，需假定 $y$ 方向的扩散速率很小或 $u_{ys}=0$。

B   浓度边界层积分传质方程在层流情况下的近似解

由于流体在平壁上方进行层流传质，因此，需求出相应条件下的速度分布和浓度分布，才能求解式（4-87a）。

速度分布已在本章求出，即

$$\frac{u_x}{u_0} = \frac{3}{2}\frac{y}{\delta} - \frac{1}{2}\left(\frac{y}{\delta}\right)^3$$

现假设浓度分布为：

$$c_A = a + by + cy^2 + dy^3 \tag{4-88}$$

边界条件为：

（1）在 $y=0$ 处，$c_A = c_{As}$；

（2）在 $y=\delta_c$ 处，$c_A = c_{A0}$；

（3）在 $y=\delta_c$ 处，$\dfrac{\partial c_A}{\partial y}=0$；

（4）在 $y=0$ 处，$\dfrac{\partial^2 c_A}{\partial y^2}=0$。

从以上分析可知，浓度边界层积分传质方程式（4-87a）与温度边界层热流方程式（4-62）的形式和边界条件相似，因此，浓度分布方程与温度分布方程也应相似：

温度分布方程                浓度分布方程

$$\frac{t-t_s}{t_0-t_s} = \frac{3}{2}\frac{y}{\delta_t} - \frac{1}{2}\left(\frac{y}{\delta_t}\right)^3 \qquad \frac{c_A-c_{As}}{c_{A0}-c_{As}} = \frac{3}{2}\frac{y}{\delta_c} - \frac{1}{2}\left(\frac{y}{\delta_c}\right)^3 \tag{4-89}$$

把速度分布方程式（4-41b）和浓度分布方程式（4-89）代入式（4-87a），并假设传质由平壁前缘开始，依次进行积分、求导等运算后，得到对流传质系数的表达式：

$$k_{cx}^0 = 0.332\frac{D_{AB}}{x}Re_x^{1/2}Sc^{1/3} \tag{4-90}$$

或

$$Sh = \frac{k_{cx}^0 x}{D_{AB}} = 0.332Re_x^{1/2}Sc^{1/3} \tag{4-90a}$$

距平壁前缘为 $L$ 的整个平壁上的平均对流传质系数为：

$$k_{cm}^0 = 0.664\frac{D_{AB}}{L}Re_L^{1/2}Sc^{1/3} \tag{4-90b}$$

或

$$Sh_m = \frac{k_{cm}^0 L}{D_{AB}} = 0.664Re_x^{1/2}Sc^{1/3} \tag{4-90c}$$

比较精确解和近似解所得结果，发现它们是一致的。

以上详细介绍了平壁上方层流边界层的流动、传热和传质。经计算发现，它们是相似的，现把其结果汇总于表4-4。

表 4-4 平板壁面上方层流边界层的流动、传热和传质

| 比较内容 ＼ 传递方式 | 流动:边界层动量方程 | 传热:边界层热流方程 | 传质:浓度边界层积分传质方程 |
|---|---|---|---|
| 数学模型 | $\dfrac{d}{dx}\displaystyle\int_0^\delta (u_0 - u_x)u_x dy$ $= \nu \dfrac{du_x}{dy}\Big\|_{y=0}$ | $\dfrac{d}{dx}\displaystyle\int_0^{\delta_t} (t_0 - t)u_x dy$ $= \alpha \dfrac{dt}{dy}\Big\|_{y=0}$ | $\dfrac{d}{dx}\displaystyle\int_0^{\delta_c} (c_{A0} - c_A)u_x dy$ $= D_{AB}\dfrac{dc_A}{dy}\Big\|_{y=0}$ |
| 边界条件 | (1) $y=0$ 处, $u_x = 0$; (2) $y=0$ 处, $\dfrac{d^2 u_x}{dy^2} = 0$; (3) $y=\delta$ 处, $u_x = u_0$; (4) $y=\delta$ 处, $\dfrac{du_x}{dy} = 0$ | (1) $y=0$ 处, $t = t_s$; (2) $y=0$ 处, $\dfrac{d^2 t}{dy^2} = 0$; (3) $y=\delta_t$ 处, $t = t_0$; (4) $y=\delta_t$ 处, $\dfrac{dt}{dy} = 0$ | (1) $y=0$ 处, $c_A = c_{As}$; (2) $y=0$ 处, $\dfrac{d^2 c_A}{dy^2} = 0$; (3) $y=\delta_c$ 处, $c_A = c_{A0}$; (4) $y=\delta_c$ 处, $\dfrac{dc_A}{dy} = 0$ |
| 速度 温度 分布 浓度 | $\dfrac{u_x}{u_0} = \dfrac{3}{2}\left(\dfrac{y}{\delta}\right) - \dfrac{1}{2}\left(\dfrac{y}{\delta}\right)^3$ | $\dfrac{t - t_s}{t_0 - t_s} = \dfrac{3}{2}\left(\dfrac{y}{\delta_t}\right) - \dfrac{1}{2}\left(\dfrac{y}{\delta_t}\right)^3$ | $\dfrac{c_A - c_{As}}{c_{A0} - c_{As}} = \dfrac{3}{2}\left(\dfrac{y}{\delta_c}\right) - \dfrac{1}{2}\left(\dfrac{y}{\delta_c}\right)^3$ |
| 边界层厚度 | $\delta = 4.64 x Re_x^{-\frac{1}{2}}$ | $\delta_t = 4.54 x Re_x^{-\frac{1}{2}} Pr^{-\frac{1}{3}}$ | $\delta_c = 4.54 x Re_x^{\frac{1}{2}} Sc^{-\frac{1}{3}}$ |
| 局部摩擦因子 局部传热系数 局部传热系数 | $f_z = 0.646 Re_x^{-\frac{1}{2}}$ | $h_x = 0.332 \dfrac{k}{x} Re_x^{\frac{1}{2}} Pr^{\frac{1}{3}}$ 或 $Nu_x = 0.332 Re_x^{\frac{1}{2}} Pr^{\frac{1}{3}}$ | $k_{c,x}^0 = 0.332 \dfrac{D_{AB}}{x} Re_x^{\frac{1}{2}} Sc^{\frac{1}{3}}$ 或 $Sh_x = 0.332 Re_x^{\frac{1}{2}} Sc^{\frac{1}{3}}$ |
| 平均摩擦因子 平均传热系数 平均传质系数 | $f_m = 1.292 Re_L^{-\frac{1}{2}}$ | $h_m = 0.664 \dfrac{k}{L} Re_L^{\frac{1}{2}} Pr^{\frac{1}{3}}$ 或 $Nu_m = 0.664 Re_L^{\frac{1}{2}} Pr^{\frac{1}{3}}$ | $k_{c,m}^0 = 0.664 \dfrac{D_{AB}}{L} Re_{eL}^{\frac{1}{2}} Sc^{\frac{1}{3}}$ 或 $Sh_m = 0.664 Re_{eL}^{\frac{1}{2}} Sc^{\frac{1}{3}}$ |

# 4.7 管内层流传热和层流传质

## 4.7.1 管内层流传热

圆管内流体与管壁之间的换热在工程上最为常见。这类传热有两种可能:其一是流体一进入管内传热随即发生,即速度边界层和传热边界层同时形成,此类传热在进口段的动量传递和热量传递较复杂,问题的求解也困难;其二是速度边界层先形成,待速度边界层充分发展后传热才开始。第二类传热较简单,研究也较充分。现仅讨论后一种。

假定流体在圆直管内进行定常态层流流动(图 4-19),求解对流传热系数的程序仍然是:

$$h \leftarrow \dfrac{dt}{dr}\Big\|_{r=r_i} \leftarrow 温度分布 \leftarrow 能量方程 \leftarrow 速度分布 \leftarrow N\text{-}S 方程和连续性方程$$

### 4.7.1.1 速度分布

假定 $u_z$ 为轴向流速,且边界层已充分发展,则 $u_z$ 与半径 $r$ 的关系为:

$$u_z = 2u_b \left[ \left( 1 - \left( \frac{r}{r_i} \right)^2 \right) \right] \tag{4-91}$$

式中，$u_b$ 和 $r_i$ 分别为主体流速和管内径。

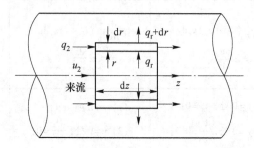

图 4-19   圆管层流传热时的薄壳能量衡算

### 4.7.1.2   能量方程

在图 4-18 中取长为 $dz$，厚为 $dr$ 的流体微元。对于定常态层流传热，沿径向传入流体微元的热量与沿轴向输入流体微元热量之和，必等于在这两个方向上输出的热量之和。

沿径向以导热方式传入的热流速率：

$$q_r = -k(2\pi r dz) \frac{\partial t}{\partial r}$$

沿径向以导热方式输出的热流速率：

$$q_{r+dr} = -q_r + \frac{\partial q_r}{\partial r} dr = -k(2\pi r dz) \frac{\partial t}{\partial r} - k(2\pi dz) \frac{\partial}{\partial r} \left( r \frac{\partial t}{\partial r} \right) dr = -k(2\pi dz) \left[ r \frac{\partial t}{\partial r} + \frac{\partial}{\partial r} \left( r \frac{\partial t}{\partial r} \right) dr \right]$$

沿轴向以对流传热传入的热流速率为：

$$q_z = 2\pi r dr \rho u_z c_p t$$

沿轴向以对流传热输出的热流速率为：

$$q_{z+dz} = 2\pi \rho u_z c_p r dr \left( t + \frac{\partial t}{\partial z} dz \right)$$

流体微元的热平衡为：

$$q_r + q_z = q_{r+dr} + q_{z+dz}$$

把上列各式代入上式，经化简后，得：

$$\frac{1}{u_z r} \frac{\partial}{\partial r} \left( r \frac{\partial t}{\partial r} \right) = \frac{1}{\alpha} \frac{\partial t}{\partial z} \tag{4-92}$$

此即流体在圆管内作定常态层流流动及轴对称定常态传热的能量方程。式中 $\alpha$ 为导温系数，一般可假定为常量。

### 4.7.1.3   温度分布

温度分布需从能量方程求出。对于速度及温度分布已达到充分发展情况下的层流传热，无因次温度比 $(t_s - t)/(t_s - t_b)$ 与轴向距离无关而仅为径向 $(r/r_i)$ 的函数，即

$$\frac{\partial}{\partial z} \left( \frac{t_s - t}{t_s - t_b} \right) = 0 \tag{4-93}$$

及

$$\left( \frac{t_s - t}{t_s - t_b} \right) = f \left( \frac{r}{r_i} \right) \tag{4-93a}$$

式中，$t_s$、$t_b$ 分别为壁面温度和主体温度，它们均随轴向距离 $z$ 而变化。

$$t_b = \frac{\int_0^{r_i} u_z t (2\pi r)\,dr}{\int_0^{r_i} u_z (2\pi r)\,dr} \tag{4-94}$$

为了求解管内传热方程（4-92），先对该式右侧中的 $\partial t/\partial z$ 一项进行分析。为此，先将式（4-93）中的导数求出：

$$\left(\frac{\partial t_s}{\partial z} - \frac{\partial t}{\partial z}\right) - \frac{t_s - t}{t_s - t_b}\left(\frac{\partial t_s}{\partial z} - \frac{\partial t_b}{\partial z}\right) = 0 \tag{4-95}$$

流体在管内进行层流传热时，可能有两种情况：管壁的热通量恒定（简称恒壁热通量）和管壁温度恒定（简称恒壁温）。现分别讨论其温度梯度。

（1）恒壁热通量（即 $q/A = $ 常数）。此时，式（4-5）可改写为：

$$\frac{q}{A} = h(t_b - t_s) \tag{4-96}$$

既然 $\dfrac{q}{A}$ 为常数，则 $(t_b - t_s)$ 也为常数，因此，有：

$$\frac{\partial t_s}{\partial z} = \frac{\partial t_b}{\partial z}$$

将此关系代入式（4-95），得：

$$\frac{\partial t}{\partial z} = \frac{\partial t_s}{\partial z} = \frac{\partial t_b}{\partial z} = 常数 \tag{4-97}$$

由此可见，在此条件下壁温和主体温度与轴向 $z$ 成直线关系。

（2）恒壁温（即 $t_s = $ 常数）。此时，$\partial t_s/\partial z = 0$，则式（4-95）可写为：

$$\frac{\partial t}{\partial z} = \frac{t_s - t}{t_s - t_b}\left(\frac{\partial t_b}{\partial z}\right)$$

把式（4-93a）代入上式，得：

$$\frac{\partial t}{\partial z} = \frac{t_s - t}{t_s - t_b}\left(\frac{\partial t_b}{\partial z}\right) = \left[f\left(\frac{r}{r_i}\right)\right]\frac{\partial t_b}{\partial z} \tag{4-98}$$

即 $\partial t/\partial z$ 随 $r$ 而变。

下面，以恒壁热通量为例，讨论能量方程的解。

由式（4-97）知，此时的式（4-92）可写为常微分方程。把式（4-91）代入其中，于是，式（4-92）可改写为：

$$\frac{d}{dr}\left(r\frac{dt}{dr}\right) = \frac{2u_b}{\alpha}\left[1 - \left(\frac{r}{r_i}\right)^2\right]r\frac{dt}{dz} \tag{4-99}$$

上式的边界条件为：

（1）在 $r = 0$ 处，$\dfrac{dt}{dr} = 0$；

（2）在 $r = r_i$ 处，$t = t_s$。

对式（4-99）积分一次，得：

$$r\frac{dt}{dr} = \frac{2u_b}{\alpha}\left(\frac{r^2}{2} - \frac{r^4}{4r_i^2}\right)\frac{dt}{dz} + c_1 \tag{4-100}$$

对式（4-100）再积分，得：

$$t = \frac{2u_b}{\alpha}\left(\frac{r^2}{4} - \frac{r^4}{16r_i}\right)\frac{dt}{dz} + c_1\ln r + c_2 \tag{4-100a}$$

上两式中的 $c_1$、$c_2$ 为积分常数。其值可由边界条件确定。把边界条件（1）代入式（4-100），得

$$c_1 = 0$$

再把边界条件（2）代入式（4-100a），得：

$$c_2 = t_s - \frac{3}{8}\frac{u_b}{\alpha}r_i^2\left(\frac{dt}{dz}\right)$$

把 $c_1$、$c_2$ 代式（4-100a），得：

$$t_s - t = \frac{u_b}{8r_i^2\alpha}(3r_i^4 - 4r_i^2r^2 + r^4)\frac{dt}{dz} \tag{4-101}$$

此即恒壁热通量情况下的温度分布方程。

### 4.7.1.4   温度梯度 $\dfrac{dt}{dr}\Big|_{r=r_i}$

为求得对流传热系数 $h$，须求取温度梯度 $\dfrac{dt}{dr}\Big|_{r=r_i}$ 及 $(t_s - t_b)$。

先求 $(t_s - t_b)$，根据主体温度的定义，把式（4-94）改写为：

$$t_s - t_b = \frac{\int_0^{r_i} u_z(t_s - t)2\pi r dr}{\int_0^{r_i} u_z 2\pi r dr} \tag{4-102}$$

将式（4-101）代入式（4-102），积分化简后得：

$$t_s - t_b = \frac{11}{48}\frac{u_b r_i^2}{\alpha}\frac{dt}{dz} \tag{4-103}$$

再求 $\dfrac{dt}{dr}\Big|_{r=r_i}$ 将式（4-101）对 $r$ 求导，得：

$$\frac{dt}{dr}\Big|_{r=r_i} = \frac{u_b r_i}{z\alpha}\left(\frac{dt}{dz}\right) \tag{4-104}$$

对流传热系数 $h$ 的求取，可仿照式（4-6）：

$$h = \frac{k}{t_b - t_s}\frac{dt}{dy}\Big|_{y=0} \tag{4-105}$$

式中，$y$ 是由管壁算起的垂直距离，它与 $r$ 的关系为 $y = r_i - r$，以新变量 $r$ 代入式（4-105），则该式变为：

$$h = \frac{k}{t_s - t_b}\frac{dt}{dy}\Big|_{r=r_i} = -\frac{k}{r_i}\frac{d}{d(r/r_i)}\left(\frac{t_s - t}{t_s - t_b}\right)_{r=r_i} \tag{4-106}$$

由上式可见，温度充分发展后对流传热系数与轴向距离 $z$ 无关。把式（4-30）、式（4-104）代入式（4-106），得：

$$h = \left(\frac{k}{\frac{11}{48}\frac{u_b r_i^2}{\alpha}\frac{dt}{dz}}\right)\left(\frac{u_b r_i}{2\alpha}\frac{dt}{dz}\right) = \frac{24}{11}\frac{k}{r_i} \tag{4-107}$$

此即圆管内层流传热系数的计算式。该式还可以改写为：

$$Nu = \frac{hd}{k} = \frac{2r_i h}{k} = \frac{48}{11} = 4.36 \tag{4-108}$$

式（4-107）、式（4-108）适用于圆管定常态层流、速度边界层和热边界层均充分发展、恒壁热通量时的传热。由式（4-108）还可知此条件下的努塞尔数为定值。

如果管内层流传热的条件为恒壁温，即 $t_s$ 为定值，则 $\partial t / \partial z$ 不为常数，式（4-92）也就不能化为常微分方程简单求解。但葛雷兹曾经对此条件下的传热进行分析求解，在 $z$ 充分长的情况下，可用下式求努塞尔数：

$$Nu = \frac{hd}{k} = 3.66 \tag{4-109}$$

由上式也可看出，低温条件下的努塞尔数也为定值。不过，它与恒壁热通量情况下的努塞尔数相差较大。

须指由，上述结论是在速度边界和边界层均已充分发展条件下得到的。从所得结果可以看出，不论是恒壁热通量还是恒壁温，努塞尔数均为常数。事实上，努塞尔数是个变数，在管道进口段，由于热边界层厚度为零，传热阻力非常小，因而局部努塞尔数为 $\infty$，而后沿着流体流动方向（$z$ 方向）急剧减少，最后趋某一恒定值。

考虑到进口段的影响，管内层流传热的平均或局部努塞尔数可用下式计算：

$$Nu = Nu_\infty + \frac{k_1 \left( \dfrac{\mathrm{d}}{x} RePr \right)}{1 + k_2 \left( \dfrac{\mathrm{d}}{x} RePr \right)^n} \tag{4-110}$$

式中，$Nu$、$Nu_\infty$ 分别为不同条件下（指恒壁热通量、恒壁温）条件下的努塞尔和流体流过很长距离后的努塞尔数。

$k_1$、$k_2$ 和 $n$ 均为常数，其值见表4-5。

**表4-5 式（4-110）中的各常数值**

| 壁面状态 | 速度侧形 | $Pr$ | $Nu$ | $Nu_\infty$ | $k_1$ | $k_2$ | $n$ |
|---|---|---|---|---|---|---|---|
| 恒壁热通量 | 抛物线正在发展 | 任意0.7 | 局部 | 4.36 | 0.023<br>0.036 | 0.0012<br>0.0011 | 1.0 |
| 恒壁温 | 抛物线正在发展 | 任意0.7 | 平均 | 3.66 | 0.0668<br>0.1040 | 0.040<br>0.016 | 2/3<br>0.8 |

在管内层流传热的计算中，严格地说，定性温度应当用式（4-94），但它随流动距离而变，求算困难，一般近似取进出口温度的算术平均值为定性温度：

$$t_b = \frac{1}{2}(t_{b1} + t_{b2})$$

式中，$t_b$、$t_{b1}$、$t_{b2}$ 分别为定性温度，流体在进口、出口处的温度。

## 4.7.2 管内层流传质

研究管内层流传质的目的在于寻求对流传质系数的计算式。其方法有两个，其一：选一薄壳圆柱体为控制体，进行质量衡算，最后求得管内层流传质时的对流传质系数 $k_c^0$；

方法之二是对二元系统柱坐标系的对流扩数方程进行化简，然后求解层流传质微分方程，即得传质系数 $k_c^0$。这两种方法的结果是相同的，现在介绍第二种方法。

流体在管内作层流传质时，假设总浓度 $\rho$ 为定值，不存在化学反应时，二元系统的对流扩散方程为：

$$u_r\frac{\partial\rho_A}{\partial r}+\frac{u_\theta}{r}\frac{\partial\rho_A}{\partial\theta}+u_z\frac{\partial\rho_A}{\partial z}+\frac{\partial\rho_A}{\partial\theta'}=D_{AB}\Big[\frac{1}{r}\frac{\partial}{\partial r}\Big(r\frac{\partial\rho_A}{\partial r}\Big)+\frac{1}{r^2}\frac{\partial^2\rho_A}{\partial\theta^2}+\frac{\partial^2\rho_A}{\partial z^2}\Big]\qquad(4\text{-}111)$$

当流体仅沿轴向（$z$ 方向）作定常态层流流动，忽略组分 A 的轴向扩散时，上式可简化为：

$$u_z\frac{\partial\rho_A}{\partial z}=D_{AB}\Big[\frac{1}{r}\frac{\partial}{\partial r}\Big(r\frac{\partial\rho_A}{\partial r}\Big)\Big]\qquad(4\text{-}112)$$

假定流体与管壁的温度相等，流体与管壁仅存在对流传质，流体在进入管内后，速度边界层和传质边界层都在发展，但是二者的厚度及进口段长度通常都不相等，则管内层流传质存在以下三种情况：

（1）流体一进入管中便开始传质，在进口段距离内速度分布和浓度分布都在发展。

（2）流体进入管内后，先不进行传质，待速度分布充分发展后，才进行传质。

（3）在离进口足够远的地方，速度分布和浓度分布均达到充分发展。

第二种情况研究最充分，现介绍如下。

此时，把速度分布式（4-91）代入式（4-112），得：

$$\frac{\partial\rho_A}{\partial z}=\frac{D_{AB}}{zu_b[1-(r/r_i)^2]}\Big(\frac{\partial^2\rho_A}{\partial r^2}+\frac{1}{r}\frac{\partial\rho_A}{\partial r}\Big)\qquad(4\text{-}113)$$

式（4-113）的边界条件，与管内层流传热的相似，可分为两类：

（1）组分 A 在管壁处的通量恒定。

（2）组分 A 在管壁处的浓度恒定。

由于管内层流传质的数学模型及边界条件与管内层流传热的相似，因而它们的解也必然相似。其解分别为：

（1）恒壁传质通量时：

$$k_c^0=\frac{24}{11}\frac{D_{AB}}{r_i}\qquad(4\text{-}114)$$

或
$$Sh=\frac{k_c^0d}{D_{AB}}=\frac{2k_c^0r_i}{D_{AB}}=4.36\qquad(4\text{-}115)$$

（2）恒壁浓度时：

$$Sh=3.66\qquad(4\text{-}116)$$

所谓恒壁传质通量和恒壁浓度均指组分 A 而言。

上三式适用于流动距离 $z$ 足够长。流动进口段距离 $L_c$ 和传质进口段距离 $L_c$ 约为：

$$\frac{L_c}{d}=0.05Re\qquad(4\text{-}117a)$$

$$\frac{L_c}{d}=0.05ReSc\qquad(4\text{-}117b)$$

类似于管内层流传热，为计入进口段对传质的影响，求算 $Sh$ 的公式为：

$$Sh = Sh_\infty + \frac{k_1\left(\dfrac{d}{x}ReSc\right)}{1 + k_2\left(\dfrac{d}{x}ReSc\right)^n} \tag{4-118}$$

式中，$k_1$、$k_2$ 和 $n$ 均为常数，其值见表4-6。

表4-6　式（4-118）中各项参数

| 管壁条件 | 速度分布 | $Sc$ | $Sh$ | $Sh_\infty$ | $k_1$ | $k_2$ | $n$ |
|---|---|---|---|---|---|---|---|
| 恒壁传质通量 | 抛物线正在发展 | 任意0.70 | 局部 | 4.36 | 0.023<br>0.036 | 0.0012<br>0.0011 | 1.0 |
| 恒壁浓度 | 抛物线正在发展 | 任意0.70 | 平均 | 3.66 | 0.0668<br>0.104 | 0.04<br>0.016 | 2/3<br>0.8 |

上列各式中的物理量可按进出口温度、浓度的算术平均值求取。

$$t_b = \frac{1}{2}(t_i + t_e)$$

$$c_{Ab} = \frac{1}{2}(c_{Ai} + c_{Ae})$$

式中，下标 i 和 e 分别表示进出口。

# 4.8　边界层分离

前已论及，当不可压缩流体纵向流过平板壁面上方时，边界层外流速均匀，沿流动方向无速度变化，压力保持不变；而在边界层内，由于压力在垂直于流动方向上的变化可以忽略不计，因而流体沿平壁流动时边界层内外压力是相同的。

但如果流动方向 $x$ 的流道横截面积发生变化或流体流过曲面物体时边界层外流体的速度和压力均发生变化，即 $du_x/dz \neq 0$ 及 $dp/dz \neq 0$，则由边界层动量方程式（4-11b）得知，在 $y = 0$ 处，$u_x = u_y = 0$，该式变为：

$$\mu \frac{\partial^2 u_x}{\partial y^2}\bigg|_{y=0} = \frac{dp}{dx}$$

压力梯度对于边界层分离起着重要的作用。

### 4.8.1　边界层分离现象

假定有一流体流经突然扩大管，如图4-20（a）所示，由于流体具有惯性，进入扩大管后的流体不会在交界截面 A—A′ 突然由于流体散布开来而是逐渐扩展到整个空间，即流体沿 ADC 流动（假设此扩大管对称于 OO′轴，现仅讨论其中一半），于是，在截面 A-A′ 处就产生了边界层分离现象。在死角 ABCD 内，靠近流线 AD 的流体被带动向前运动，而靠近管壁 BC 的流体则逆向运动，以补充沿流线 AD 流走的流体，从而在 ABCD 内产生强大的旋涡。流体在突然扩大管内的速度侧形如图4-20（b）所示。

除上述扩大管外，突然缩小管、管道中有障碍物、绕尖角的流动、绕圆柱体的流动等，都会产生边界层分离现象。

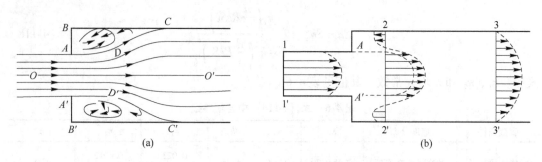

图 4-20    流体在扩大管中流动（a）及流体在扩大管中的速度分布（b）

### 4.8.2    边界层分离过程

理想流体作绕流运动时，其流线是对称的，如图 4-21（a）所示。但实际流体绕过圆柱体运动时，情况就十分复杂。如图 4-21（b）（c）当流体在靠近 $A$ 点时，流体主体是一个减速增压的过程，到达 $A$ 点时，速度减为零而压力最大（称 $A$ 点为驻点、停滞点、奇点），先到达 $A$ 点的流体速度虽降为零，但是它们被后续流体驱赶，被迫改变流向面向 $A$ 点的两侧流去。在由 $A$ 点接近 $B$ 点的过程，是一个增速、减压的过程，即 $(\partial u_x/\partial y)_{y=0} > 0$，$\mathrm{d}p/\mathrm{d}x < 0$；所减少的压力，一部分转化为动能，一部分用于克服黏性应力。到达 $B$ 点时，速度变为最大，而压力减至最小。过了 $B$ 点，流体主体和边界层中流动着的流体处于减速增压过程，即 $(\partial u_x/\partial y)_{y=0} < 0$，$\mathrm{d}p/\mathrm{d}x > 0$。把 $\mathrm{d}p/\mathrm{d}x > 0$ 的情况称为逆向压力梯度。减速的原因在于边界层内的剪应力和逆向压力梯度的共同作用。当壁面附近的流体到达 $p$ 点时，在 $Re = Du_0\rho/u$ 相当低的情况下，动能消耗殆尽，从而形成一个新的停滞点 $p$，在 $p$ 点，速度为零而压力较上游大，由于流体是不可压缩的，先到达 $p$ 点的流体被后续而来的流体驱赶开，但是，这些流体已被迫离开壁面和原流线方向，继续向下游流去。把此种边界层流体脱离壁面的现象称为边界层分离，$p$ 点称为分离点，在 $p$ 点，$\left(\dfrac{\partial u_x}{\partial y}\right)_{y=0} = 0$，即速度分布曲线在物体表面处的切线与固体表面相垂直。$p$ 点之后，形成了流体的空白区，但是，在逆向压力梯度的作用下，必有倒流（或称回流）前来补充，这些倒流的流体不能到达高压力的 $p$ 点，而是在 $p$ 点前就被迫退回，从而产生流体旋涡，从图 4-21（c）可以看

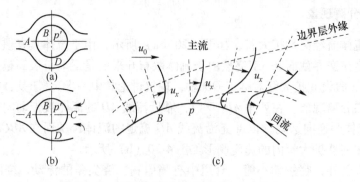

图 4-21    流体绕圆柱体流动时发生边界分离

出，此时在主流与回流两区之间，存在一个分界面，这个分界面称为分离面。圆弧 $\overset{\frown}{Ap}$ 所对应的圆心角 $\theta$ 是 $Re_x$ 的函数，当 $Re_x < 2 \times 10^5$ 时，在圆柱体表面上形成的边界层为层流边界层，此时 $\theta = 85°$。但当 $Re_x > 2 \times 10^5$ 例如 $Re_x = 6.7 \times 10^5$ 时，$\theta = 140°$，此时的边界层为湍流边界层。

综上所述，流体绕圆柱体流动时其速度和压力的变化见表4-7。

表4-7　流体绕圆柱体流动时其速度和压力的变化

| 速度压力 ＼ 位置 | A 点前 | A 点 | A 点~B 点 | B 点 | B 点~p 点 | p 点 | p 点~C 点 |
|---|---|---|---|---|---|---|---|
| $(\partial u_x / \partial y)_{y=0}$ | <0 | =0 | >0 | 最大 | <0 | =0 | <0 |
| $\mathrm{d}p/\mathrm{d}x$ | >0 | 最大 | <0 | 最小 | >0 | >0 | >0 |

产生边界层分离的原因是逆向压力梯度对分离点流体的作用以及边壁附近流体的黏性摩擦，即边界层内剪应力的存在。

### 4.8.3　边界层分离的后果

由以上分析可知，边界层分离造成具有旋涡运动的尾流，后者又是产生形体曳力的重要原因；另外，边界层分离改变了流线分布（图4-21）；最后，边界层分离改变了压力分布，而压力分布的改变又使得边界层分离的条件发生变化。不少研究者还认为，边界层分离还影响传热和传质。

埃克特和索埃根对于 $Re$ 数为 20～600 的空气流，计算了其表面不同位置上的局部努赛尔数，如图4-22所示。该图描述了停着点附近 $Nu$ 的平滑变化，在低 $Re$ 下，膜系数由停滞点开始连续减小，但在尾流区又回升。

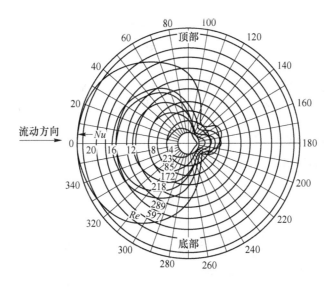

图4-22　边界层分离对传热系数的影响

吉特对高 $Re$ 数的情况进行了研究，其结果如图4-23所示。图中纵坐标为 $Nu$ 数，横

坐标为 $\widehat{Ap}$ 对应的圆心角。从图中可知，在 $Re_d > 1.4 \times 10^5$ 时，每条曲线都有两个极小值，第一个最小值出现在层流到湍流的转换点；第二个最小值出现在湍流边界层分离的时候。这可作如下解释：在边界层由层流转变为湍流时，传热急剧加强，另一方面边界层分离时，旋涡运动的增强也强化了传热。

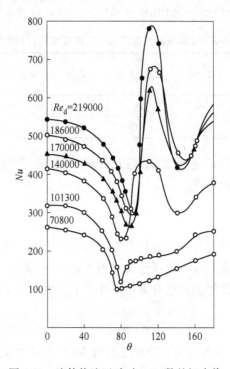

图 4-23   流体绕流运动时，$Nu$ 数的极小值

## 例 题

**[例 4-1]**    温度为 20℃的空气在常压下以 3m/s 的速度流过一块宽 1.5m 的平板壁面。试计算距平板前缘 1.0m 处的边界层厚度及进入边界层的质量流率；并计算这一段平板壁面的曳力系数与承受的摩擦曳力。

假定临界雷诺数 $Re_{xc} = 5 \times 10^5$。

**[解]**    由有关数据表中查出空气在 $1.013 \times 10^5 \mathrm{Pa}$ 及 20℃的物性值为：

$$\mu = 1.81 \times 10^{-5} \mathrm{Pa \cdot s}$$
$$\rho = 1.205 \mathrm{kg/m^2}$$

计算 $x = 0.5 \mathrm{m}$ 处的雷诺数：

$$Re_L = \frac{Lu_0\rho}{\mu} = \frac{1.0 \times 3 \times 1.205}{1.81 \times 10^{-5}} = 1.997 \times 10^5 < 5 \times 10^5$$

故在距平板前缘 0.5m 处的边界层为层流边界层。

（1）求边界层厚度 $\delta$。

$$\delta = 4.64 x Re^{-\frac{1}{2}} = 4.64 \times 1.0 \times (1.997 \times 10^5)^{-\frac{1}{2}} = 0.01038 \mathrm{m} = 10.38 \mathrm{mm}$$

（2）求算进入边界层的质量流率。在任意的 $x$ 位置上，进入边界内的质量流率 $\omega_s$ 可依如下积分式求出：

$$\omega_x = \int_0^\delta \rho u_x b \mathrm{d}y \tag{1}$$

式中，$b$ 为平板的宽度，$u_x$ 为距平板垂直距离 $y$ 处流体的速度，层流边界层内的速度分布可用下式表示：

$$u_x = u_0 \left[ \frac{3}{2} \frac{y}{\delta} - \frac{1}{2} \left( \frac{y}{\delta} \right)^3 \right] \tag{2}$$

将式（2）代入式（1），并积分得：

$$\omega_x = \int_0^\delta \rho u_0 \left[ \frac{3}{2} \frac{y}{\delta} - \frac{1}{2} \left( \frac{y}{\delta} \right)^3 \right] b \mathrm{d}y = \frac{5}{8} \rho u_0 b \delta \tag{3}$$

代入已知数据，得：

$$\omega_x = \frac{5}{8} \times 1.205 \times 3 \times 1.5 \times 0.01038 = 0.0352 \mathrm{kg/s} \tag{4}$$

（3）求曳力系数及曳力，由下式得：

$$C_D = 1.292 Re_x^{-1/2} = 1.292 \times (1.997 \times 10^5)^{-1/2} = 0.00289 \tag{5}$$

$$F_d = C_D \frac{\rho u_0^2}{2} bL = 0.00289 \times \frac{1.205 \times 3^2}{2} \times 1.5 \times 1.0 = 0.0235 \mathrm{N} \tag{6}$$

[例 4-2]　常压下的空气以 $1 \mathrm{m/s}$ 的平均流速流过直径为 $\phi 25 \times 2.5 \mathrm{mm}$ 的列管换热器，空气的平均温度为 50℃。试应用平板壁面边界层厚度的公式估算进口段长度，并用郎格哈尔公式（图 4-24）：

$$\frac{Le}{D} = 0.0575 Re$$

进行验证。

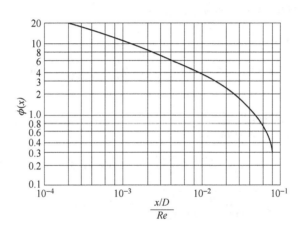

图 4-24　例 4-2 图

[解]　$1.013 \times 10^5 \mathrm{Pa}$、50℃下空气的物性：

$$\rho = 1.093 \mathrm{kg/m^3}$$

$$\mu = 1.96 \times 10^{-5} \mathrm{Pa \cdot s}$$

计算雷诺数：

$$Re = \frac{D u_b \rho}{\mu} = \frac{20 \times 10^{-3} \times 1 \times 1.093}{1.96 \times 10^{-5}} = 1115$$

说明边界层充分发展后为层流流动。

平板层流边界层厚度为：

$$\delta = 4.64 \sqrt{\frac{\mu x}{\rho u_0}}$$

或

$$x = \left(\frac{\delta}{4.64}\right)^2 \frac{\rho u_0}{\mu}$$

将求算平板边界层厚度的公式用于圆管时，可令 $\delta = D/2 = 10 \times 10^{-3}$ m 及 $u_0 = 2u_b$（此关系在边界层未充分发展前，亦近似适用），于是进口段长度为：

$$x = \left(\frac{10 \times 10^{-3}}{4.64}\right)^2 \frac{1.093 \times 2 \times 1}{1.96 \times 10^{-5}} = 0.518\text{m}$$

如采用郎格哈尔公式计算，则得：

$$x = 0.0575 DRe = 0.0575 \times 20 \times 10^{-3} \times 1115 = 1.28\text{m}$$

由计算结果可以看出，采用平板边界层厚度公式估算圆管进口段长度，会产生很大误差。

[例4-3]　25℃的空气在常压下以6m/s的速度流过一薄平板壁面。试求算距平板前缘0.15m处的边界层厚度 $\delta$，并计算该处 $y$ 方向上距壁面1mm处的 $u_x$、$u_y$ 及 $u_x$ 在 $y$ 方向上的速度梯度 $\partial u_x/\partial y$ 值。

已知空气的运动黏度为 $1.55 \times 10^{-5}$ m/s，密度为 $1.185$kg/m³。

[解]　首先计算距平板前缘0.15m处的雷诺数，确定流型：

$$Re_x = \frac{u_0 x}{\nu} = \frac{6 \times 0.15}{1.55 \times 10^{-5}} = 5.806 \times 10^4 < 2 \times 10^6$$

流动在层流边界层范围之内。

（1）求边界层厚度

$$\delta = 5x Re_x^{-1/2} = 5 \times 0.15 \times (5.806 \times 10^4)^{-1/2} = 3.11 \times 10^{-3}\text{m} = 3.11\text{mm}$$

（2）求算 $y$ 方向上距壁面1mm处的 $u_x$、$u_y$ 及 $\dfrac{\partial u_x}{\partial y}$

已知：$x = 0.15$m，$y = 0.001$m

$$\eta = y\sqrt{\frac{u_0}{\nu x}} = 0.001\sqrt{\frac{6}{1.55 \times 10^{-5} \times 0.15}} = 1.606$$

当 $\eta = 1.606$ 时，得：

$$f = 0.420, \quad f' = 0.516, \quad f'' = 0.296$$
$$u_x = u_0 f' = 6 \times 0.516 = 3.096\text{m/s}$$
$$u_y = \frac{1}{2}\sqrt{\frac{u_0 \nu}{x}}(\eta f' - f) = \frac{1}{2}\sqrt{\frac{6 \times 1.55 \times 10^{-5}}{0.15}} \cdot (1.606 \times 0.516 - 0.420) = 0.00493\text{m/s}$$
$$\frac{\partial u_x}{\partial y} = u_0\sqrt{\frac{u_0}{\nu x}}f'' = 6\sqrt{\frac{6}{1.55 \times 10^{-5} \times 0.15}} \times 0.296 = 2.86 \times 10^{-3}\text{s}^{-1}$$

查表4-1，当 $\eta = 1.606$ 时，得：

$$f = 0.420, \quad f' = 0.516, \quad f'' = 0.296$$

所以

$$u_x = u_0 f' = 6 \times 0.516 = 3.096\text{m/s}$$
$$u_y = \frac{1}{2}\sqrt{\frac{u_0 \nu}{x}}(\eta f' - f) = \frac{1}{2}\sqrt{\frac{6 \times 1.55 \times 10^{-5}}{0.15}} \cdot (1.606 \times 0.516 - 0.420) = 0.00493\text{m/s}$$
$$\frac{\partial u_x}{\partial y} = u_0\sqrt{\frac{u_0}{\nu x}}f'' = 6\sqrt{\frac{6}{1.55 \times 10^{-5} \times 0.15}} \times 0.296 = 2.86 \times 10^3\text{s}^{-1}$$

[例4-4]　一毕托管装于飞艇下托架起始边后101.6mm处，此毕托管用来监测气流速度的变化，其范围为8.94～35.76m/s。下托架可近似地看作为平板，压力梯度可以忽略不计。空气温度是4.44℃，压力是 $839.727 \times 10^2$Pa。试问毕托管应该安放在离下托架多远处才在边界层以外？

[解]　查表得动力黏度 $\mu = 1.77 \times 10^{-5}$N·s/m²，密度 $\rho$ 可由理想气体方程式确定：

$$\rho = \frac{p}{RT}$$

因此

$$\rho = \frac{83972.7}{286.75 \times 277.59} = 1.055 \text{kg/m}^3$$

运动黏度为

$$\nu = \frac{\mu}{\rho} = \frac{1.77 \times 10^{-5}}{1.055} = 1.68 \times 10^{-5} \text{m}^2/\text{s}$$

要说明这个流动是层流流动，则必须加以检验，在给定位置上的边界层厚度与雷诺数的平方根成长比，见下式

$$\frac{\delta}{x} = 4.91 Re_x^{-1/2} \approx 5.0 Re_x^{-1/2}$$

因此，在最高速度时出现临界状态，有

$$Re = \frac{u_0 x}{\nu}$$

$$Re_{\max} = \frac{35.76 \times \frac{101.6}{1000}}{1.68 \times 10^{-5}} = 216263 < 10^5$$

所以为层流流动：

$$Re_{\min} = \frac{8.94 \times \frac{101.6}{1000}}{1.68 \times 10^{-5}} = 54066$$

因此

$$\delta_{\max} = \frac{5.0x}{Re_{\min}^{1/2}} = \frac{5.0 \times 101.6}{54066^{1/2}} = 2.185 \text{mm}$$

故毕托管必须安放在比这距离大的地方，由于这点处的边界层很薄，所以这是很容易达到的。

[例 4-5] 数据同习题 4-2，试用近似求解法计算：（1）$x = 0.13$m 处的边界层厚度。（2）$x = 0.13$m，$y = 0.891 \times 10^{-3}$m 处的 $u_x$ 和 $\frac{\partial u_x}{\partial y}$ 值。

[解]（1）边界层厚度：

$$\delta = 4.64 x Re_x^{-1/2} = 4.64 \times 0.13 \times \left[ \frac{6 \times 0.13}{15.06 \times 10^{-6}} \right]^{-1/2} = 2.65 \times 10^{-3} \text{m}$$

（2）速度 $u_x$：

$$u_x = u_\infty \left[ \frac{3}{2} \left( \frac{y}{\delta} \right) - \frac{1}{2} \left( \frac{y}{\delta} \right)^3 \right] = 6 \times \left[ \frac{3}{2} \left( \frac{0.891 \times 10^{-3}}{2.65 \times 10^{-3}} \right) - \frac{1}{2} \left( \frac{0.891 \times 10^{-3}}{2.65 \times 10^{-3}} \right)^3 \right] = 2.912 \text{m/s}$$

速度梯度

$$\frac{\partial u_x}{\partial y} \bigg|_{y=0.891 \times 10^{-3}} = u_\infty \left( \frac{3}{2\delta} - \frac{3}{2} \frac{y^2}{\delta^3} \right) \bigg|_{y=0.891 \times 10^{-3}}$$

$$= 6 \times \left[ \frac{3}{2 \times 2.65 \times 10^{-3}} - \frac{3}{2} \frac{(0.891 \times 10^{-3})^2}{(2.65 \times 10^{-3})^3} \right]$$

$$= 3.012 \times 1031 \text{m/s}$$

和精确解的结果对比见下表：

| 项　目 | $x = 0.13$m 处 $\delta$ | $x = 0.13$m | $y = 0.891 \times 10^{-3}$ 处 |
|---|---|---|---|
| | | $u_x/\text{m} \cdot \text{s}^{-1}$ | $\dfrac{\partial u_x}{\partial y} / \text{s}^{-1}$ |
| 精确解 | $2.86 \times 10^{-3}$ | $3.0$ | $3.151 \times 10^3$ |
| 近似解 | $2.65 \times 10^{-3}$ | $2.912$ | $3.012 \times 10^3$ |

由此例可见近似解和精确解所得结果比较接近。

[例4-6]  数据同习题4-2，若平壁长0.2m，宽为1.0m。试求总的摩擦阻力；如长、宽互换（即将平壁沿水平方向旋转90°），结果如何？

[解]  临界雷诺数一般取为 $Re_{x,c} = 5 \times 10^5$

$$x_c = 5 \times 10^5 \frac{\nu}{u_\infty} = 5 \times 10^5 \times \frac{15.06 \times 10^{-6}}{6} = 1.255\text{m}$$

故无论沿流动方向的长度为0.2m或1.0m，均属层流。

（1）平壁长0.2m，宽1.0m

$$f = 1.292 Re_x^{-1/2} = 1.292 \times \left( \frac{6 \times 0.20}{15.06 \times 10^{-6}} \right)^{-1/2} = 0.004577$$

$$F_d = f(Lb)\frac{\rho u_\infty^2}{2} = 0.004577 \times 0.2 \times 1.0 \times \frac{1.205 \times 6^2}{2} = 0.004577 \times 4.338 = 0.01986\text{N}$$

（2）平壁长1.0m，宽0.2m

$$f = 1.292 \times \left( \frac{6 \times 1.0}{15.06 \times 10^{-6}} \right)^{-1/2} = 0.002047$$

$$F_d = 0.002047 \times 0.2 \times 1.0 \times \frac{1.205 \times 6^2}{2} = 0.002047 \times 4.338 = 0.00888\text{N}$$

由此例可见，由于平均摩擦因子 $f$ 随着沿平壁距离 $x$ 的增加而减小，因此虽然是同一块平壁，和流体接触的面积不变，但沿流动方向的距离较大（1m）时，$F$ 即较小。

[例4-7]  常压下温度为30℃的空气以10m/s的流速流过一光滑平板表面，设临界雷诺数 $Re_{x,c} = 3.2 \times 10^5$，试判断距离平板前缘0.4m及0.8m两处的边界层是层流边界层还是湍流边界层，并求出层流边界层相应点处的边界层厚度。

[解]  30℃的物性：$\rho = 1.165\text{kg/m}^3$，$\mu = 1.86 \times 10^{-5}\text{Pa} \cdot \text{s}$

$x_1 = 0.4\text{m}$ 处：

$$Re_{x1} = \frac{x_1 u_0 \rho}{\mu} = \frac{0.4 \times 10 \times 1.165}{1.86 \times 10^{-5}} = 2.505 \times 10^5 < Re_{xe}$$

为层流边界层

$$\delta_1 = 4.64 x_1 Re_{x1}^{-1/2} = 4.64 \times 0.4 \times (2.505 \times 10^5)^{-1/2} = 3.7 \times 10^{-3}\text{m} = 3.7\text{mm}$$

$x_2 = 0.8\text{m}$ 处：

$$Re_{x2} = 2Re_{x1} = 5.0 \times 10^5 > Re_{x,c}$$

为湍流边界层

$$\delta_2 = 0.376 L Re_x^{-1/5} = 0.376 \times 0.8 \times (5.0 \times 10^5)^{-1/2} = 21.8\text{mm}$$

[例4-8]  常压下20℃的空气，以15m/s的速度掠过一温度为100℃的光滑平板壁面，试求临界长度处的速度边界层厚度、温度边界层厚度及膜系数。设传热由平板前缘开始，试求算临界长度段单位宽度平板壁面的总传热速率。

设

$$Re_{x,c} = 5 \times 10^5$$

[解]  计算膜温度：

$$t_m = \frac{t_s + t_0}{2} = \frac{100 + 20}{2} = 60℃$$

在60℃下，空气的物性值为：

$$\nu = 0.189 \times 10^{-4}\text{m/s}$$

$$k = 2.893 \times 10^{-2}\text{W/(m} \cdot ℃)$$

$$Pr = 0.698$$

求临界长度：

由于

$$Re_{x,c} = \frac{x_c u_0}{\nu} = 5 \times 10^5$$

故

$$x_c = 5 \times 10^5 \times \frac{0.189 \times 10^{-4}}{15} = 0.63\text{m}$$

求边界层厚度 $\delta$。

由下式，得：

$$\delta = 5.0\sqrt{\frac{\nu x_c}{u_0}} = 5.0 \times \sqrt{\frac{0.189 \times 10^4 \times 0.63}{15}} = 4.45 \times 10^{-3}\text{m} = 4.45\text{mm}$$

求温度边界层厚度 $\delta_t$。

由下式，得：

$$\delta_t = \frac{\delta}{Pr^{1/3}} = \frac{4.45 \times 10^{-3}}{0.698^{1/3}} = 5.01 \times 10^{-3}\text{m} = 5.01\text{mm}$$

求膜系数 $h_x$、$h_m$ 和传热速率 $q$。

得：

$$h_x = 0.332k\sqrt{\frac{u_0}{\nu x}}Pr^{1/3} = 0.332 \times 2.893 \times 10^{-2}\sqrt{\frac{15}{0.189 \times 10^{-4} \times 0.63}} \times 0.698^{\frac{1}{3}}$$

$$= 9.56\text{W}/(\text{m}^2 \cdot ℃)$$

故 $h_m = 2 \times 9.56 = 19.12\text{W}/(\text{m}^2 \cdot ℃)$。

通过长度（$L$）为 0.63m，宽度为 1m 平板壁面的传热速率为：

$$q = h_m A(t_s - t_0) = h_m L(1)(t_s - t_0) = 19.12 \times 0.63 \times (100 - 20) = 963.6\text{W}$$

　　[例 4-9]　流体流经表面粗糙的平壁，测得局部传热膜系数 $h_x = a^{-0.1}$。式中 $a$ 为常数，$x$ 为离平壁前缘的距离，试求 $x$ 在 $0 \to L$ 范围内的平均传热膜系数，并用图 4-25 表示 $h_x$ 和 $h$ 随 $x$ 的变化关系。

　　[解]　$h$ 仅随 $x$ 方向而变，若垂直纸面取一单位长度，则平均传热膜系数即为：

$$h = \frac{1}{L(1)}\int_0^L h_x \mathrm{d}x = \frac{a}{L}\int_0^L x^{-0.1}\mathrm{d}x = \frac{a}{L}\left(\frac{x^{-0.1+1}}{1-0.1}\right)\Big|_0^L = 1.11aL^{-0.1}$$

或

$$\frac{h}{h_{x=L}} = 1.11$$

$h$ 和 $h$ 随 $x$ 的变化示于图 4-25 中。

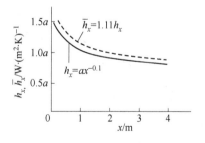

图 4-25　例 4-9 图

　　[例 4-10]　20℃空气，以 $u_0 = 10\text{m/s}$ 的速率平行于壁面流动，平壁宽 0.5m，壁温 100℃，已知临界雷诺数为 $5 \times 10^5$，试求：（1）临界长度 $x_c$。（2）层流段的 $\delta$、$\delta_t$ 和 $h_x$ 并将 $\delta$、$\delta_t$ 和 $h_x$ 对离平壁前缘距离 $x$ 作图 4-26。（3）层流段传热量。

[解] 平均温度为$\dfrac{t_0 - t_s}{2} = \dfrac{20 + 100}{2} = 60℃$，空气的物性值：

$$\nu = 18.97 \times 10^{-6} \text{m}^2/\text{s}$$

$$k = 0.02893 \text{W}/(\text{m} \cdot \text{K})$$

$$Pr = 0.698$$

（1）计算$x_c$。

$$x_c = Re_{xc} \frac{\nu}{u_0} = 5 \times 10^5 \frac{18.97 \times 10^{-6}}{10} = 0.9485 \text{m}$$

（2）计算$\delta$、$\delta_t$和$h_x$（见下表）。

$$\delta = 4.64x \left( \frac{\nu}{u_0 x} \right)^{1/2} = 4.64 \times \left( \frac{18.97 \times 10^{-6}}{10} \right)^{1/2} x^{1/2} = 0.00639 x^{1/2}$$

$$\delta_t = 4.54 \left( \frac{\nu}{u_0 x} \right)^{1/2} x Pr^{-1/3} = 4.54 \times \left( \frac{18.97 \times 10^{-6}}{10} \right)^{1/2} 0.698^{-1/3} x^{1/2} = 0.007049 x^{1/2}$$

$$h_x = 0.332 \frac{k}{x} Re_x^{1/2} Pr^{1/3} = 0.332 \times 0.02893 \times \left( \frac{18.97 \times 10^{-6}}{10} \right)^{1/2} \times 0.698^{\frac{1}{3}} x^{-\frac{1}{2}} = 6.185 x^{-\frac{1}{2}}$$

| $x$ | $\delta$ | $\delta_t$ | $h_x$ |
| --- | --- | --- | --- |
| 0 | 0.00 | 0.0 | $\infty$ |
| 0.1 | 0.00202 | 0.00223 | 19.56 |
| 0.2 | 0.00286 | 0.00315 | 13.83 |
| 0.3 | 0.00350 | 0.00386 | 11.29 |
| 0.4 | 0.00404 | 0.00446 | 9.78 |
| 0.5 | 0.00452 | 0.00499 | 8.75 |
| 0.6 | 0.00495 | 0.00546 | 7.99 |
| 0.7 | 0.00535 | 0.00590 | 7.39 |
| 0.8 | 0.00571 | 0.00630 | 6.92 |
| 0.9 | 0.00606 | 0.00668 | 6.52 |
| 0.9485 | 0.00622 | 0.00686 | 6.35 |

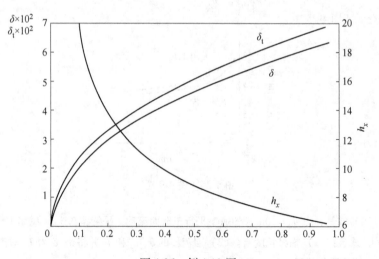

图 4-26 例 4-10 图

（3）层流段传热。

$$Q = hA(t_s - t_0)$$
$$h = 2h_x = 2 \times 6.35 = 12.7 \text{W}/(\text{m}^2 \cdot \text{℃})$$
$$A = 0.9485 \times 0.5 = 0.474 \text{m}^2$$

代入得：

$$Q = 12.7 \times 0.474 \times (100 - 20) = 482 \text{W}$$

**[例4-11]**　常压和30℃的空气以10m/s的均匀流速流过一薄平板表面。试求算距平板前缘10cm处的边界层厚度（用精确解）；又当 $u_x/u_0 = 0.516$ 时，试求算该处的 $u_x$、$u_y$ 及 $\dfrac{\partial u_x}{\partial y}$ 的值。设临界雷诺数 $Re_{xc} = 5 \times 10^5$。

**[解]**　30℃的物性值：

$$\rho = 1.165 \text{kg/m}^3, \quad \mu = 1.86 \times 10^{-5} \text{Pa} \cdot \text{s}$$
$$Re_x = \frac{xu_0\rho}{\mu} = \frac{0.1 \times 10 \times 1.165}{1.86 \times 10^{-5}} = 6.26 \times 10^4 < Re_{xc}$$

所以为层流边界层

$$\delta = 5.0xRe_x^{-1/2} = 5.0 \times 0.1 \times (6.26 \times 10^4)^{-1/2} = 2.0 \times 10^{-3} \text{m}$$

当 $\dfrac{u_x}{u_0} = 0.516$ 时，查得 $\eta = 1.6$，$f(\eta) = 0.42032$，$f''(\eta) = 0.29667$

$$u_x = 0.516, \quad u_0 = 0.516 \times 10 = 5.16 \text{m/s}$$
$$u_y = \frac{1}{2} \frac{u_0}{\sqrt{Re_x}} [\eta f'(\eta) + f(\eta)] = \frac{1}{2} \frac{10}{\sqrt{6.26 \times 10^4}} (1.6 \times 0.516 - 0.42032)$$
$$= 8.1 \times 10^{-3} \text{m/s}$$
$$\frac{\partial u_x}{\partial y} = \frac{\partial(u_0 f')}{\partial y} = u_0 f'' \frac{\partial y}{\partial y} = \frac{u_0}{x} f'' \sqrt{Re_x} = \frac{10}{0.1}(0.29007) \sqrt{6.26 \times 10^4} = 7422.7$$

**[例4-12]**　设平板壁面上层流边界层的温度分布方程为：

$$t - t_s = a + by + cy^2 + dy^3$$

试应用适当的边界条件求出 $a$、$b$、$c$、$d$ 各值及温度分布方程。

**[解]**　所应用的边界条件为：

（1）$y = 0$，$t = t_s$；

（2）$y = \delta_t$，$t = t_0$；

（3）$y = \delta_t$，$\dfrac{\partial t}{\partial y} = 0$；

（4）$y = 0$，$\dfrac{\partial^2 t}{\partial y^2} = 0$。

将此4个边界条件代入温度分布方程，可得如下联立方程：

$$\begin{cases} a = 0 \\ a + b\delta_t + c\delta_t^2 + d\delta_t^3 = t_0 - t_s \\ b + 2c\delta_t + 3d\delta_t^2 = 0 \\ 2c = 0 \end{cases}$$

解之得：$a = 0$，$b = \dfrac{3}{2}(t_0 - t_s)\dfrac{1}{\delta_t}$，$c = 0$，$d = -\dfrac{1}{2}(t_0 - t_s)\dfrac{1}{\delta_t^3}$

则温度方程为：

$$\frac{t - t_s}{t_0 - t_s} = \frac{3}{2}\left(\frac{y}{\delta_t}\right) - \frac{1}{2}\left(\frac{y}{\delta_t}\right)^3$$

[**例 4-13**]　常压和 40℃的空气以 1.2m/s 的流速流过内径为 25mm 的圆管，管壁外侧利用蒸汽冷凝加热，使管内壁面维持恒温 100℃，圆管长度为 2m，试求算管内壁与空气之间的平均对流传热系数 $h_m$ 和传热速率，并求算出口温度。

[**解**]　设出口温度为 85℃，则：

$$t_{定性} = (40 + 85)/2 = 62.5$$

查得 62.5℃空气的物性：

$$\rho = 1.053 \text{kg/m}^3$$
$$\mu = 2.023 \times 10^{-5} \text{Pa} \cdot \text{s}$$
$$Pr = 0.696$$
$$k = 2.91 \times 10^{-2} \text{W/(m} \cdot \text{K)}$$
$$c_p = 1.017 \text{J/kg}$$

$$Re_d = \frac{d u_b \rho}{\mu} = \frac{0.025 \times 1.2 \times 1.0532}{2.023 \times 10^{-5}} = 1562 < 2000$$

所以管内流动为层流，

$$L_t = 0.05 Re Pr d = 0.05 \times 1562 \times 0.696 \times 0.025 = 1.36 \text{m} < 2 \text{m}$$

所以流动与传热均正在发展。

$$Nu_m = Nu_\infty + \frac{K_1\left(\frac{d}{x} Re_d \cdot Pr\right)}{1 + K_2\left(\frac{d}{x} Re_d \cdot Pr\right)^n} = 3.66 + \frac{0.104 \times \left(\frac{0.025}{2} \times 1562 \times 0.696\right)}{1 + 0.016 \times \left(\frac{0.025}{2} \times 1562 \times 0.696\right)^{0.8}} = 4.91$$

$$h_m = \frac{Nu_m k}{d} = \frac{4.91 \times (2.91 \times 10^{-2})}{0.025} = 5.72 \text{W/(m}^2 \cdot \text{K)}$$

$$dq = h_m (\pi d dl)(t_s - t) = \rho u_b \frac{\pi}{4} d^2 c_p dt$$

分离变量并积分：

$$\int_{t_{b1}}^{t_{b2}} \frac{dt}{t_s - t} = \frac{4 h_m}{\rho u_b c_p d}\int_0^l dl$$

$$\ln \frac{t_s - t_{b1}}{t_s - t_{b2}} = \frac{4 h_m l}{\rho u_b c_p d}$$

$$\ln \frac{100 - 40}{100 - t_{b2}} = \frac{4 \times 5.72 \times 2}{1.053 \times 1.2 \times 1017 \times 0.025}$$

从而可得 $t_{b2} = 85.6$℃，与假设相符合。

$$q = \rho u_b \frac{\pi}{4} c_p d^2 (t_{b2} - t_{b1}) = 1.053 \times 1.2 \times \frac{3.14}{4} \times 0.025^2 \times 1017 \times (85.6 - 40) = 28.74 \text{W}$$

[**例 4-14**]　有一块厚度 100mm，长度为 0.2m 的萘板。在萘板的一个面上有 0℃的常压空气吹过，气速为 10m/s。试求算经过 10h 以后萘板厚度减少的百分数。

在 0℃下，萘-空气系统的扩散系数为 $5.14 \times 10^{-6} \text{m}^2/\text{s}$。萘的蒸气压为 $5.66 \times 10^2 \text{Pa}$。固体萘的密度为 $1152 \text{kg/m}^3$，临界雷诺数 $Re_{xc} = 3 \times 10^5$。

[**解**]　查 0℃下空气的物性值为：

$$\rho = 1.293 \text{kg/m}^3, \quad \mu = 1.75 \times 10^{-5} \text{N} \cdot \text{s/m}^2$$

$$Sc = \frac{\mu}{\rho D_{AB}} = \frac{1.75 \times 10^{-5}}{1.293 \times 5.14 \times 10^{-6}} = 2.63$$

计算 $Re_L$

$$Re_L = \frac{L u_0 \rho}{\mu} = \frac{0.2 \times 10 \times 1.293}{1.75 \times 10^{-5}} = 1.478 \times 10^5 < Re_{xc}$$

故在萘板上形成层流边界层，由于萘在空气中的扩散系数很低，$u_{ys} \approx 0$，$Sc \neq 1$，故可利用下式计算传质系数：

$$k_{cm}^0 = k_{cm} = 0.664 \frac{D_{AB}}{L} Re_L^{1/2} Sc^{1/3} = 0.664 \times \frac{5.14 \times 10^{-6}}{0.2} \times 147800^{1/2} \times 2.63^{1/3} = 0.00905 \text{m/s}$$

可采用下式计算传质通量，

$$N_A = k_c (c_{As} - c_{A0})$$

式中，$c_{A0}$ 为边界层外萘的浓度，由于该处流动的是纯空气，故：

$$c_{A0} = 0$$

$c_{As}$ 为表面处气相中的饱和浓度，可通过萘的蒸气压 $p_{As}$ 计算：

$$y_A = \frac{c_{As}}{c} = \frac{p_{As}}{p}$$

式中，$c$ 为表面处气相中萘和空气的总浓度：$c = c_{As} + c_{Bs}$，由于 $c_{As}$ 很小，故可近似地认为：

$$c \approx C_{Bs}$$

故

$$\frac{p_{As}}{p} = \frac{c_{As}}{c_{Bs}} = \frac{p_{As}}{p} \frac{M_B}{\rho}$$

$$p_{As} = \frac{p_{As}}{p} \frac{M_A}{M_B} \rho = \frac{5.66 \times 10^2}{1.013 \times 10^5} \times \frac{128}{29} \times 1.293 = 3.19 \times 10^{-2} \text{kg/m}^3$$

$$c_{As} = \frac{p_{As}}{M_A} = \frac{3.19 \times 10^{-2}}{128} = 2.49 \times 10^{-4} \text{kmol/m}^3$$

故

$$N_A = 0.0136 \times (2.49 \times 10^{-4} - 0) = 2.25 \times 10^{-6} \text{kmol/(m} \cdot \text{s)}$$

设萘板表面积为 $A$，且由于萘板扩散所减小的厚度为 $b$，有：

$$Ab\rho_s = N_A M_A A \theta$$

故得

$$b = \frac{N_A M_A \theta}{\rho_s} = \frac{2.25 \times 10^{-6} \times 128 \times 10 \times 3600}{1152} = 9.00 \times 10^{-3} \text{m} = 9\text{mm}$$

故萘板厚度减少的百分数为：

$$\frac{9}{100} \times 100\% = 9\%$$

[例4-15]　大量的26℃的水以0.1m/s的流速流过固体苯甲酸平板，板长0.2m，已知苯甲酸在水中的饱和溶解度为 0.0295kmol/m³，扩散系数为 $1.24 \times 10^{-9}$ m²/s。试求算经1h后，每平方米苯甲酸平板上苯甲酸溶于水中的量。设 $Re_x = 3 \times 10^5$。

[解]　水在26℃时物性值为：

$$\rho = 997 \text{kg/m}^3, \quad \mu = 0.873 \times 10^{-3} \text{Pa} \cdot \text{s}$$

计算 $Re_L$：

$$Re_L = \frac{L u_0 \rho}{\mu} = \frac{0.2 \times 0.1 \times 997}{0.873 \times 10^{-3}} = 2.28 \times 10^4 < 3 \times 10^5$$

故为层流边界层，可用下式计算平均对流传质系数：

$$k_{Lm}^0 = 0.664 \frac{D_{AB}}{L} Re_L^{\frac{1}{2}} Sc^{\frac{1}{3}} = 0.664 \times \frac{1.24 \times 10^{-9}}{0.2} \times 22800^{\frac{1}{2}} \times \left( \frac{0.873 \times 10^{-3}}{997 \times 1.24 \times 10^{-9}} \right)^{1/3}$$

$$= 5.534 \times 10^{-6} \text{m/s}$$

本题为组分 A（苯甲酸）通过停滞组分 B（水）的扩散问题，传质通量可用下式计算：

$$N_A = k_{Lm} (c_{As} - c_{A0})$$

式中，$k_{Lm} = \frac{k_{Lm}^0}{x_{Bm}}$。

由于溶液很稀，$x_{Bm} \approx 1$，故 $k_{Lm} \approx k_{Lm}^0$。又水量很大，可认为 $c_{A0} = 0$。苯甲酸表面处的 $c_{As} = 0.0295 kmol/m^3$。于是可得：

$$N_A = 5.534 \times 10^{-6} \times (0.0295 - 0) = 1.63 \times 10^{-7} kmol/(s \cdot m^2)$$

故经 1h 后，每平方米平板苯甲酸的溶解量为：

$$1.63 \times 10^{-7} \times 3600 = 5.87 \times 10^{-4} kmol/m^2$$

[例 4-16]　试证明组分 A、B 组成的双组分系统中，在一般情况下进行分子扩散时（有主体流动，$N_A \neq N_B$），在总浓度 $c$ 恒定条件下，$D_{AB} = D_{BA}$。

[证明]
$$N_A = -cD_{AB}\frac{dx_A}{dz} + x_A(N_A + N_B) \tag{1}$$

$$N_B = -cD_{BA}\frac{dx_B}{dz} + x_B(N_A + N_B) \tag{2}$$

式（1）+ 式（2）：

$$N_A + N_B = -c\left(D_{AB}\frac{dx_A}{dz} + D_{BA}\frac{dx_B}{dz}\right) + (x_A + x_B)(N_A + N_B)$$

因为
$$x_A + x_B = 1$$

所以
$$\frac{dx_A}{dz} = -\frac{dx_B}{dz}$$

因而
$$D_{AB}\frac{dx_A}{dz} - D_{BA}\frac{dx_B}{dz} = 0$$

所以
$$D_{AB} = D_{BA}$$

[例 4-17]　常压和 288.5K 的空气以 10m/s 的流速流过一光滑的萘平板。已知萘在空气中的扩散系数 $D_{AB} = 5.182 \times 10^{-6} m^2/s$，临界雷诺数 $Re_{xc} = 3 \times 10^5$。试求算距萘平板前缘 0.3m 处传质边界层的厚度。

[解]　288.5K 空气的物性值：

$$\nu = 1.461 \times 10^{-6} m^2/s$$

$$Re_{x1} = \frac{x_1 u_0}{\nu} = \frac{0.3 \times 10}{1.461 \times 10^{-5}} = 2.05 \times 10^5 < Re_{xc}$$

所以为层流边界层

$$\delta_1 = 4.64 x_1 Re_{x1}^{-1/2} = 4.64 \times 0.3 \times (2.05 \times 10^5)^{-1/2} = 3.07 \times 10^{-3} m$$

$$\delta_D = \delta_1 Sc^{-1/2} = \delta_1\left(\frac{\nu}{D_{AB}}\right)^{-1/3} = (3.07 \times 10^{-3})\left(\frac{1.461 \times 10^{-5}}{5.182 \times 10^{-6}}\right)^{-1/3} = 2.17 \times 10^{-3} m$$

[例 4-18]　常压和 45℃ 的空气以 3m/s 的流速在萘板的一个面上流过，萘板的宽度为 0.1m，长度为 1m，试求算萘板厚度减薄 0.1mm 时所需的时间。

[解]　已知：45℃ 和 1atm 下萘在空气中的扩散系数为 $6.92 \times 10^{-6} m^2/s$，萘的蒸气压为 0.555mmHg，固体萘密度为 $1152 kg/m^2$，分子量为 128kg/kmol。

常压下 45℃ 空气的物性值为：

$$\rho = 1.11 kg/m^3, \quad \mu = 1.935 \times 10^{-5} Pa \cdot s$$

$$Re_L = \frac{Lu_0\rho}{\mu} = \frac{1 \times 3 \times 1.11}{1.935 \times 10^{-5}} = 1.72 \times 10^5 < Re_{xc} = 5 \times 10^5$$

所以为层流边界层

$$k_{cm}^0 = 0.664\frac{D_{AB}}{L}Re_L^{1/2}Sc^{1/3}$$

$$Sc = \frac{\nu}{D_{AB}} = \frac{\mu}{\rho D_{AB}} = \frac{1.935 \times 10^{-5}}{1.11 \times 6.92 \times 10^{-6}} = 2.52$$

所以

$$k_{cm}^0 = 0.664 \times \frac{6.92 \times 10^{-6}}{1} \times (1.72 \times 10^5)^{\frac{1}{2}} \times 2.52^{1/3} = 2.59 \times 10^{-3} \text{m/s}$$

因为空气中萘含量很少，所以 $y_{Bm} = 1$，萘扩散很慢，所以 $u_{ys} \approx 0$，则 $k_{cm} \approx k_{cm}^0$，

$$N_A = k_{cm}(c_{As} - c_{A0}) = k_{cm}\left(\frac{p_{AS}}{RT} - 0\right) = (2.59 \times 10^{-3}) - \frac{0.555 \times 101325}{760 \times 8314 \times 318}$$

$$= 7.26 \times 10^{-8} \text{kmol/(m}^2 \cdot \text{s)}$$

$$N_A A \theta M_A = \delta A \rho_s$$

$$\theta = \frac{\delta \rho_s}{N_A M_A} = \frac{0.1 \times 10^{-3} \times 1152}{7.26 \times 10^{-8} \times 128 \times 3600} = 3.44\text{h}$$

## 习　题

4-1　65.56℃和绝对压力为 $1.013 \times 10^5$ Pa（$\nu = 0.1856 \times 10^{-4} \text{m}^2/\text{s}$）的空气以 12.192m/s 的速度沿光滑平板流动。试问在层流流动时高平板前缘多长才使边界层厚度达到 4.7mm？

答案：$x = 0.58\text{m}$

4-2　一块薄平板，置于空气流中，空气的温度为 293K，$\nu = 15.06 \times 10^{-6} \text{m}^2/\text{s}$，$\rho = 1.205\text{kg/m}^3$，$u_\infty = 6\text{m/s}$，试求距平板前缘 0.13m，$\frac{u_x}{u_\infty} = 0.5$ 处的 $y$、$\delta$、$u_x$、$u_y$ 和 $\partial u_x/\partial y$。

答案，$y = 8.91 \times 10^{-4}\text{m}$，$\delta = 2.86 \times 10^{-3}\text{m}$，$u_x = 3\text{m/s}$，$u_y = 5.01 \times 10^{-3}\text{m/s}$，$\partial u_x/\partial y = 3.151 \times 10^3 \text{s}^{-1}$

4-3　常压下温度为 20℃的水以 5m/s 的均匀流速流过一光滑平板表面，试求出层流边界层转变为湍流边界层时临界距离 $x_c$ 值的范围。

答案：$x_c = 0.04 \sim 0.60\text{m}$

4-4　温度为 20℃的水以 1m/s 的流速流过宽度为 1m 的光滑平板表面，试求算：

（1）距离平板前缘 $x = 0.15\text{m}$ 及 $x = 0.3\text{m}$ 两点处的边界层厚度；

（2）$x = 0 \sim 0.3\text{m}$ 一段平板表面上的总曳力。

答案：（1）$\delta_1 = 1.94 \times 10^{-3}\text{m}$，$\delta_2 = 2.75 \times 10^{-3}\text{m}$；（2）$F_d = 0.364\text{N}$

4-5　常压下，温度为 20℃的空气以 6m/s 的流速流过平板表面，试计算临界点处的边界层厚度、局部曳力系数以及在该点处通过边界层截面的质量流率。设 $Re_{xc} = 5 \times 10^5$。

答案：$\delta = 8.2 \times 10^{-3}\text{m}$

$$c_{Dxc} = 9.33 \times 10^{-4}$$

$$\frac{\omega}{b} = 0.037\text{kg/(m} \cdot \text{s)}$$

4-6　常压下，温度为 40℃的空气以 12m/s 的流速流过长度为 0.15m 宽度为 1m 的光滑平板，试求算平板上下两面总共承受的曳力。

答案：$F_d = 0.0965\text{N}$

4-7　温度为 278K 压力为 $2.0 \times 10^4 \text{N/m}^2$ 的空气以 1.5m/s 的流速流入内径为 25mm 的圆管，试利用平板边界层厚度的计算式和经验公式估算进口段长度，并对计算结果加以比较，分析其不同的原因。

答案：$L_e = 775\text{m}$，$L_e' = 0.157\text{m}$

4-8　常压和 394K 的空气由光滑平板壁面流过。平板壁面温度 $t_s = 373\text{K}$，空气流速 $u_0 = 15\text{m/s}$，临界雷诺数 $Re_{xc} = 5 \times 10^5$，试求算临界长度 $x_c$，该处的速度边界层厚度 $\delta$ 和温度边界层厚度、局部对流传热系数 $h_x$、层流段的平均对流传热系数 $h_m$ 的值。

答案：$x_c = 0.81\text{m}$，$\delta = 5.3 \times 10^{-3}\text{m}$

$$\delta_t = 6.0 \times 10^{-3}\text{m}, \; h_{xc} = 8.36\text{W}/(\text{m}^2 \cdot \text{K})$$

$$h_m = 2h_{xc} = 16.72\text{W}/(\text{m}^2 \cdot \text{K})$$

4-9　温度为 333K 的水，以 35kg/h 的质量流率流过内径为 25mm 的圆管，管壁温度维持恒定为 353K。已知水进入圈管时，流动已经充分发展。水流过 4m 管长并被加热，测得水的出口温度为 345K，试求算水在管内流动时的平均对流传热系数 $h_m$。

答案：$h_m = 124.0\text{W}/(\text{m}^2 \cdot \text{K})$

4-10　试证明由组分 A、B 组成的双组分混合物中进行分子扩散时，通过固定平面的总摩尔通量 $N$ 不等于总质量通量 $n$ 除以平均分子量 $M_n$，即

$$N \neq n/M_m$$

其中，$M_m = x_A M_A + x_B M_B$。

4-11　在平板壁面上的层流边界层中发生传质时，组分 A 的浓度分布方程可采用下式表示：

$$c_A = a + by + cy^2 + dy^3$$

试应用适当的边界条件求出 $a$、$b$、$c$、$d$ 各值。

答案：$a = c_{As}$, $b = 3/2(c_{A0} - c_{As})\dfrac{1}{\delta_D}$

$$c = 0, \; d = -1/2(c_{A0} - c_{As})\dfrac{1}{\delta_D^3}$$

4-12　温度为 26℃ 的水，以 0.1m/s 的流速流过长度为 1m 的固体苯甲酸平板，试求算距平板前缘 0.3m 以及 0.6m 两处的浓度边界层厚度 $\delta_D$、局部传质系数 $k_{cx}^0$ 及整块平板的传质通量 $N_A$。

答案：$\delta_{D1} = 8.4 \times 10^{-4}\text{m}$, $k_{cx1}^0 = 2.26 \times 10^{-6}\text{m/s}$

$$\delta_{D2} = 1.2 \times 10^{-3}\text{m}, \; k_{cx2}^0 = 1.60 \times 10^{-6}\text{m/s}$$

$$N_A = 7.31 \times 10^{-8}\text{kmol}/(\text{m}^2 \cdot \text{s})$$

4-13　温度为 298K 的水以 0.1m/s 的流速流过内径为 100mm，长度为 2m 的苯甲酸圆管。已知苯甲酸在水中的扩散系数为 $1.24 \times 10^{-9}\text{m/s}$，在水中的饱和溶解度为 $0.028\text{kmol/m}^3$，试求算平均传质系数 $k_{cm}$、出口浓度及全管的传质速率。

答案：$k_{cm} = 3.45 \times 10^{-6}\text{m/s}$, $c_A = 7.6 \times 10^{-4}\text{kmol/m}^3$

$$g_A = 5.97 \times 10^{-9}\text{kmol/s}$$

4-14　在直径为 50mm、长度为 2m 的圆管内壁面上的一薄层水膜，常压和 25℃ 的绝干空气以 0.5m/s 的流速吹入管内，试求算平均传质系数 $k_{cm}$、出口浓度和传质速率。

答案：$k_{cm} = 3.0 \times 10^{-3}\text{m/s}$, $c_A = 1.9 \times 10^{-4}\text{kmol/m}^3$

$$g_A = 7.75 \times 10^{-7}\text{kmol/s}$$

# 参 考 文 献

［1］ 王绍亭，陈涛．动量、热量与质量传递［M］．天津：天津科学技术出版社，1980.

［2］ 裴俊红．传递原理及其应用［M］．北京：化学工业出版社，2007.

［3］ 韩兆熊．传递过程原理［M］．杭州：浙江大学出版社，1988.

［4］ 戴干策，任德呈，范自晖．化学工程基础［M］．北京：中国石化出版社，1991.

［5］ 刘廉．传递过程原理［M］．北京：高等教育出版社，1990.

［6］ 国井大藏．传递动力学［M］．北京：烃加工出版社，1990.

［7］ L. 普朗特．流体力学概论［M］．北京：科学出版社，1984.

［8］ 戴干策，陈敏恒．化工流体力学［M］．北京：化学工业出版社，2005.

［9］ 宁平，冯权莉．活性炭-微波处理典型有机废水［M］．北京：冶金工业出版社，2015.

［10］ 冯权莉，宁平，唐光明．微波-活性炭处理有机废气［M］．北京：冶金工业出版社，2017.

［11］ R B Bird, W E Stewart, E N Lightfoot. Transport phenomena［M］. NewYork：Wiley, 1960.

［12］ C O Bellntt, J E Myers. Momentum, Heat, and Mass Transfer［M］. 3rd. New York：McGrawHill Book Company, 1982.

［13］ C J Gankoplis. Transport Process and Unit Operations［M］. London：London INC, 1978.

［14］ J R Welty, C E Wicks, R E Wilson. Fundamentals of Momentum, Heat and Mass Transfer［M］. 3rd. New York：Willy and Sons, 1984.

［15］ D H Schlichting. Bounday-Layer［M］. New York：McGraw-Hill, 1979.